《先进复合材料工学》

编 著 者 名 单

第 1 章　　石川隆司,福田博,荻原慎二

第 2 章　　小笠原俊夫,石川隆司

第 3 章　　边　吾一,石川隆司

第 4 章　　青木隆平

第 5 章　　青木隆平

第 6 章　　几田信生

第 7 章　　青木隆平

第 8 章　　末益博志,石川隆司

第 9 章　　末益博志

第 10 章　　青木隆平,小祝弘道,石川隆司

第 11 章　　木元顺一

第 12 章　　石川隆司

第 13 章　　石川隆司,田中丰巳

第 14 章　　小笠原俊夫,滨本健司

第 15 章　　荒木隆人

第 16 章　　尾崎毅志

编著者所属单位

青木隆平	东京大学研究生院教授
荒木隆人	石川岛播磨重工业公司
几田信生	湘南工科大学教授
石川隆司	宇宙航空研究开发机构
小笠原俊夫	宇宙航空研究开发机构编辑担当负责人
荻原慎二	东京理科大学副教授
尾崎毅志	三菱电机公司
木元顺一	川崎重工业公司
小祝弘道	中菱工程公司
末益博志	上智大学教授
田中丰巳	三菱电机公司
滨本健司	富士重工业公司
福田博	东京理科大学教授
边 吾一	日本大学教授

装备科技译著出版基金

先进复合材料工学

[日本]边　吾一　石川隆司　编著

王荣国　等译

国防工业出版社

·北京·

著作权合同登记　图字:军-2012-070号

图书在版编目(CIP)数据

先进复合材料工学/(日)边　吾一,(日)石川隆司编著;王荣国译.
—北京:国防工业出版社,2014.3
ISBN 978-7-118-09178-6

Ⅰ.①先… Ⅱ.①边…②石…③王… Ⅲ.①复合材料 Ⅳ.①TB33

中国版本图书馆 CIP 数据核字(2014)第 037840 号

※

国防工业出版社出版发行

(北京市海淀区紫竹院南路23号　邮政编码100048)
北京嘉恒彩色印刷有限公司
新华书店经售
*
开本 710×1000　1/16　印张 13　字数 308 千字
2014 年 3 月第 1 版第 1 次印刷　印数 1—2500 册　定价 56.00 元

(本书如有印装错误,我社负责调换)

国防书店:(010)88540777　　发行邮购:(010)88540776
发行传真:(010)88540755　　发行业务:(010)88540717

译 者 序

　　本书是由日本大学著名专家边　吾一教授和日本宇宙航空研究开发机构著名专家石川隆司研究员组织编写的有关先进复合材料方面的一本专著,参加本书各章节编写的作者有石川隆司、福田博、荻原慎二、小笠原俊夫、边　吾一、青木隆平、几田信生、末益博志、小祝弘道、木元顺一、田中丰巳、滨本健司、荒木隆人及尾崎毅志均为目前日本复合材料领域内一流的专家学者。本书汇集了先进复合材料领域内的最新研究成果和实例,包括复合材料中断裂力学的研究方法、粘接连接中的化学和力学问题、复合材料结构的损伤容限、设计要点及复合材料在飞机、火箭和人造卫星等结构上的应用实例,并提出了未来复合材料潜在的应用价值,反映了先进复合材料的发展方向,在日本本书被广泛作为研究生教材使用。经作者同意,译者将该著作翻译介绍到中国,期望对我国从事复合材料结构设计、力学性能研究以及复合材料开发应用的工程技术人员和研究生起到一定的参考价值。

　　本书由王荣国教授主持翻译,并对全书进行了校核。参加本书翻译及校核的人员还有张树萍、李有青、刘丙阳、钱民中、刘文博、徐忠海、白淳岳等长年从事复合材料研究及应用的各位专家教授。另外,本书翻译过程中得到了赫晓东教授的全面指导,在此一并表示衷心的感谢!

　　由于译者水平有限,译文难免存在错误和不妥之处,恳请广大读者批评指正。

王荣国

2014 年 3 月

原著者发刊寄语

——为先进复合材料更广泛的应用

日本复合材料学会成立已经走过 30 年的历程。这期间,经过了各种各样的曲折,不断发展了复合材料理论和技术,最近在各个领域迅速开花。例如:在航空领域,使用先进复合材料减重 50% 的客机已经登场;在通用机械领域,如果没有高模量碳纤维复合材料就不可能有超高速印刷机的辊子;即便在土木建筑领域,从耐震结构改进开始,也孕育着朝阳技术。

2001 年 4 月,随着原航空宇宙技术研究所独立法人化,设置了先进复合材料评价技术开发中心,开始为构建先进复合材料数据库搜集数据。同时,日本复合材料学会组织了"关于构建先进复合材料数据库调查研究委员会"的活动。该委员会(委员长:边 吾一,日本大学教授),汇集了产学官第一线有学识经验者,并由上述中心牵头,在构建先进复合材料数据库中以公平立场出发建言献策,指导并执笔编写了先进复合材料用于航空宇宙结构件的理论和使用指南手册的先导部分。具体说,重新推敲每年度该手册的草稿,并且逐渐补充内容并归拢,面向一般读者,最终出版了与军标 MIL – HDBK – 17 有些差异的《先进复合材料工学》一书。《先进复合材料工学》一书的特点如下所述:

① 对 MIL – HDBK – 17 未述及的部分进行补遗;

② 对 MIL – HDBK – 17 的部分内容进行释疑;

③ 可作为研究生院低年级、企业初级技术工作者的参考书。

本书的内容集 4 年间本委员会编著手册活动的大成,是各位作者全心力作的结晶。这点受到培风馆各位的关注,以前所未有的速度,出版了《先进复合材料工学》这本书。当然本书也是日本复合材料学会 30 周年纪念活动的一个环节,在值得纪念的年份出版,确实是值得庆贺。

上述委员会报告提到,编集本书的工作中除得到委员长日本大学教授边 吾一的帮助外,还得到笔者的同事宇宙航空研究研发机构先进复合材料评价技术开发中心的小笠原俊夫的鼎力支持,在此深表谢意。

本书能对提高年轻学者、技术人员复合材料研究技术水平有所帮助,能对复合材料在所有领域扩展有所贡献的话,作为作者之一、祈愿学会发展的我将无比高兴,这对本学会的纪念活动的确具有深远的意义。

日本复合材料学第 14 届会长
石川隆司
2005 年 4 月

目 录

1 单向增强材料特性的计算方法

1.1 引　言

在航空航天等尖端领域中作为结构件使用的复合材料几乎均为长纤维增强复合材料。仔细观察实际长纤维增强复合材料结构可见,有单向带铺层、纤维缠绕(FW)、三维织物及其他织物增强的结构。但基本上都是纤维单向排列的单向增强复合材料(简写成单向增强材料或单向材料)。因此,论及纤维和树脂构成的复合材料力学性能时基本指单向增强材料性能。这种特征可用图 1.1 表示。图中"阶段1"带下划线的单向材料性能预测将在本章简述,这一阶段称为微观力学。织物的特性也可以基于单向材料性能叙述,见第 3 章的内容[1.1]。作为对象的素材尺寸稍稍变大的"阶段 2"有代表性的考虑方法是层合板理论,也将在第 3 章中介绍。

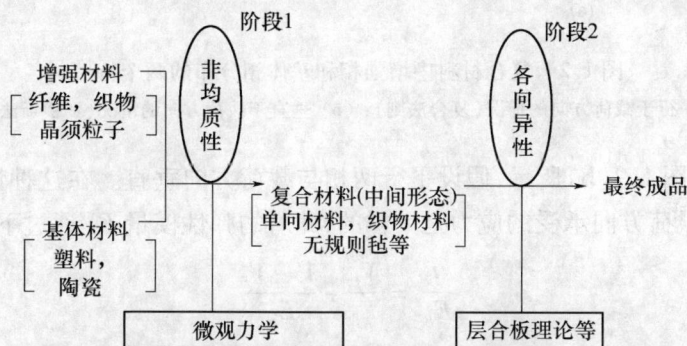

图 1.1　复合材料力学体系

1.2　单向增强材料弹性模量预测:复合法则／从上下边界到严密解

在由增强纤维和基体构成的复合材料力学性能预测中,关于弹性模量的预测,在研究阶段论文几乎已经全部完成[1.2]。留下的唯一课题就是增强纤维空间随机分布的影响,这方面也已做出了粗略推论并掌握了其趋势。

忽略这个理论体系,只取简单而有用的就是所谓的复合法则(Rule of Mixture,

ROM)和罗伊斯(Reuss)法则。这两个法则公式的模型如图 1.2 所示。(a)是增强相和基体相与载荷方向平行排列的情况,此时如忽略泊松比的影响,那么增强相和基体相沿载荷方向应变一样的假设是成立的,因此,复合材料沿载荷方向的弹性模量记作 E_L 时,有

$$E_L = E_{fL}V_f + E_m(1 - V_f) \tag{1.1}$$

这是复合材料等效弹性模量的复合法则。式中的 E_{fL} 是图 1.2 中增强相(阴影部分)的弹性模量,E_m 是基体的弹性模量,V_f 是增强相的体积含量。因此,如果已知组成材料的弹性模量和体积含量,则容易预测出复合材料沿纤维方向的弹性模量。(1.1)式也是由两相构成的复合材料体系弹性模量的上限。

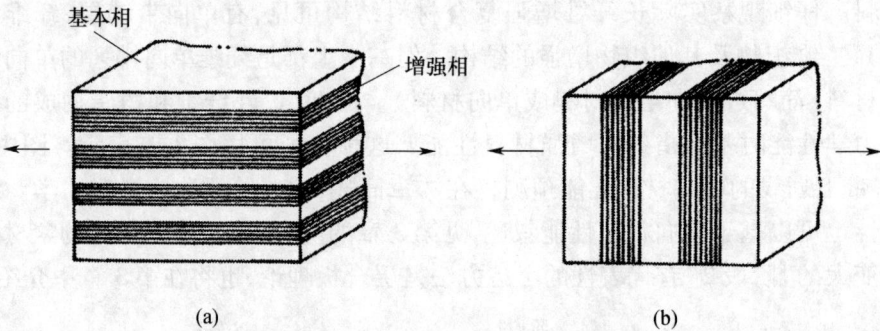

图1.2 复合材料中增强相和基体相分布的两个特例
(a) 平行于载荷方向的情况(复合法则);(b) 垂直于载荷方向的情况(罗伊斯法则)。

另外,如图 1.2(b)所示,假设平行两相与载荷方向垂直。在这种情况下,可以认为各相沿载荷方向承受的应力是一样的,此时的弹性模量 E_R 通过下式计算。

$$\frac{I}{E_R} = \frac{V_f}{E_f} + \frac{1 - V_f}{E_m} \tag{1.2}$$

式中:E_f 为图 1.2(b)中增强材料沿载荷方向的弹性模量,含 $E_{fL} \neq E_f$ 的情况。

(1.2)式算得的是罗伊斯法则两相复合材料体系弹性模量的下限。

单向增强材料沿纤维方向的弹性模量 E_L 的预测如前所述可用复合法则(1.1)式,但横向(与纤维垂直方向)弹性模量的预测用罗伊斯法则时,应力完全不一样,预测值过小,所以不适用。于是,考虑引进一个经验系数 C,结合参考文献[1.3]实验结果得出下式:

$$E_T = CE_L + (1 - C)E_R \tag{1.3}$$

式中:C 为 0.2 左右比较合适。与实验吻合较好的 C 与 V_f 的关系[1.4]如下:

$$C = 0.4V_f - 0.025 \tag{1.4}$$

单向增强材料中面内剪切弹性模量 G_{LT} 也具有与 E_T 非常相似的性能。将

(1.3)式引入 C 表示如下：

$$G_{LT} = C\{G_{fLT}V_f + G_m(1 - V_f)\} + (1 - C)\frac{G_{fLT}G_m}{G_mV_f + G_{fLT}(1 - V_f)} \qquad (1.5)$$

式中：G_{fLT} 为纤维的剪切弹性模量；G_m 为基体的剪切弹性模量。

沿纤维方向拉伸时表示横向收缩的泊松比与 E_L 一样满足复合法则，可写为下式[1.2,1.5]：

$$\nu_L = \nu_{fL}V_f + \nu_m(1 - V_f) \qquad (1.6)$$

这样对于正交各向异性材料中的单向增强材料平面应力条件下的独立弹性模量 E_L、E_T、G_{LT}、ν_L 可以一并解出，但是，通过引进经验系数而求解得到的 E_T 和 G_{LT} 与实验值吻合不好。为了解决这一问题，石川等人[1.2,1.5]针对纤维六角形或正方形规则排列的情况，采用爱里(Airy)应力函数的傅里叶(Fourier)展开半解析方法，导出 E_T 和 G_{LT} 的解。为了说明此解，首先将纤维六角形排列的几何学关系示于图 1.3 中。利用这个近似对称的形状，将爱里应力函数按极坐标(r,θ)进行傅里叶展开，如果满足对称条件，由边界条件确定其系数并求解。边界条件的边界不连续，但是由于所选的离散点满足条件，因此该方法是选点法的一种。解法的详细内容参见参考文献[1.5]。该解从级数一致收敛性看接近精确解，而且也与六角形排列的有限元解一致，因而具有较高的精确度。

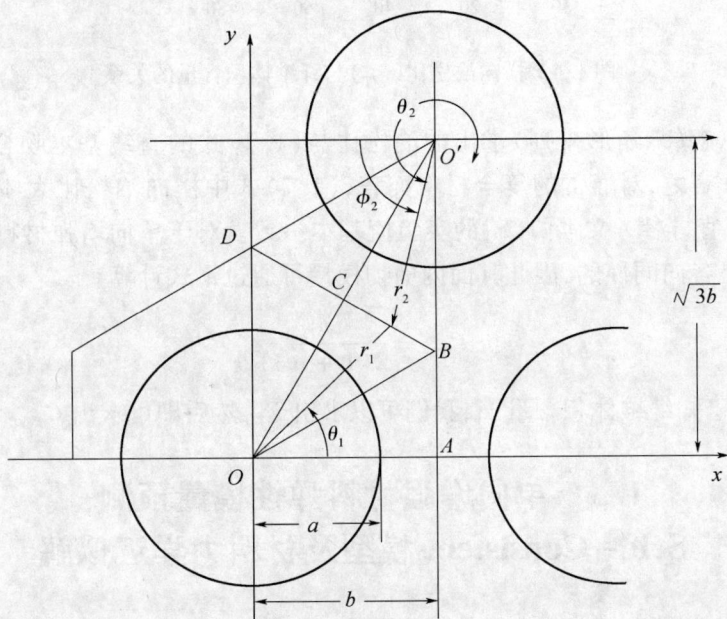

图 1.3　计算严密解的六角形排列模型的几何学关系

图 1.4 给出了横向泊松比与纤维体积含量的关系,但在六角形排列的情况下, ν_{TT} 和体积含量的关系可以画出特征曲线。这一关系如参考文献[1.5]所述,纤维具有各向异性,即使与图 1.4 的情况完全不同时,弹性模量也大体相似。利用这一点,作为纤维体积含量从 40% 到 65% 的近似关系,GFRP、CFRP 分别用下式表示。

$$\text{GFRP}: \nu_{TT} = 0.6 - 0.375 V_f$$
$$\text{CFRP}: \nu_{TT} = 0.55 - 0.25 V_f \qquad (1.7)$$

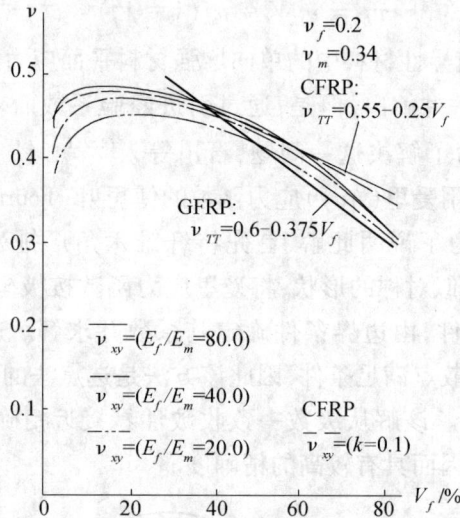

图 1.4　横向泊松比(ν_{TT})与纤维体积含量的关系

由严密解(六角形排列)求出的泊松比与(1.7)式的直线基本吻合,如图 1.4 所示。换而言之,对通常的复合材料而言,(1.7)式中横向泊松比大体上没问题,(1.7)式的值与参考文献[1.6]的实验值基本一致。对于单向增强材料而言,纤维横截面内是各向同性的,因此其面内剪切模量可通过下式计算。

$$G_{TT} = \frac{E_T}{2(1 + \nu_{TT})} \qquad (1.8)$$

可见,已知纤维体积含量 V_f,我们可以求出 E_T,然后即可求出 G_{TT}。

1.3　单向增强材料弹性模量预测:
Self – Consistent 模型及材料力学近似解

在复合材料研究初期,作为弹性模量的预测理论,经常出现的被称为"Self – Consistent"模型的一组理论体系。这其中有从 Hashin 和 Rosen 同心圆柱组合体的考虑方法[1.7]到 Eshelby 的介于物理论之间的扩展理论体系。作为本章背景,以得到尽可能实用解为目标,将教材中较少引用的 Whitney – Riley 解[1.8]与从上述石川解得到的结果组合,通过简单的手算或表算软件评价 E_T。图 1.5 为最简单"Self – Consistent"模型同心圆筒示例。

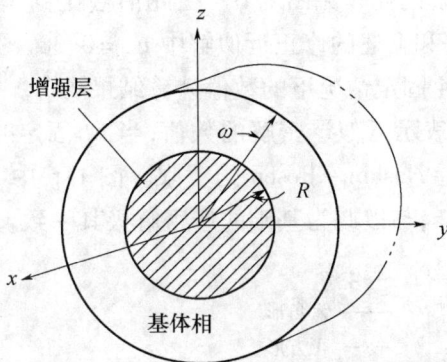

图 1.5 最简单"Self – Consistent"模型同心圆筒示例

本书省略了解的推导过程,Whitney – Riley 解用下式表示:

$$E_T = \frac{2k(V_f)(1 - \nu_{TT})E_L}{E_L + 4k(V_f)\nu_L^2} \qquad (1.9)$$

式中

$$k(V_f) = \frac{(k_f + G_m)k_m - (k_f - k_m)G_m V_f}{k_f + G_m - (k_f - k_m)V_f} \qquad (1.10)$$

(1.10)式中的 k_f、k_m 分别是纤维、树脂平面应变条件下的体积弹性模量,分别由下式计算。

$$k_f = \frac{E_{fT}}{2(1 - \nu_{f\theta} - 2\kappa\nu_{fL}^2)} \qquad (1.11)$$

$$k_m = \frac{E_m}{2(1 - \nu_m - 2\nu_m^2)} \qquad (1.12)$$

(1.11)式中的 κ 是纤维弹性模量的各向异性比,用 $\kappa = E_{fT}/E_{fL}$ 表示。纤维各向同性的情况下,$\kappa = 1$,$\nu_{f\theta} = \nu_{fL} = \nu_f$,从而得到与(1.12)式同样的算式。在 Whitney – Riley 的论文中,导出(1.9)式后,假设 $\nu_{TT} = \nu_L$,求出 E_T。如果不用这个假设,就必须另外求出 ν_{TT},这从理论上讲难以求解。现在随着对弹性模量了解的增加,由(1.6)式和(1.7)式也可知,这两个值有很大不同,很难相等。因此,正如在 1.2 节中阐述的那样,假设可以用不太依赖其他材料常数的(1.7)式的关系来设定(1.9)式中的 ν_{TT},那么其他所有值都可以通过基本材料常数值和 V_f 求出,后来称该方法为 Whitney 修正法。值得注意的一点是,在原论文中 ν_L 也是用独立算式计算的,但在 Whitney 修正法中,ν_L 是用(1.6)式复合法则计算的,在原论文中 E_L 是用修正法和复合法则求出的。

对于玻璃纤维增强单向复合材料（GFRP：$E_f/E_m=20\sim22$，在本书的计算中，取值 20（$E_m=3.42\text{GPa}$，$E_f=68.4\text{GPa}$），在部分参考书中取 22），经典解、石川的严密解和上述 Whitney 修正解的比较见图 1.6。在此泊松比 ν_f 均为 0.2，ν_m 在 0.34～0.38 范围内。在严密解和上述的修正近似解中 $\nu_m=0.38$，图 1.6 中显示结果与用 Whitney 修正法 $\nu_{TT}=0.4$ 固定情况下的数值计算结果吻合。据此可以判定 Whitney 修正法将 ν_{TT} 作为变数，表示近似严密解的数值，当 ν_{TT} 固定时，V_f 变高则迅速偏离严密解，原论文的解接近 Hashin-Rosen 的上限。图 1.6 中 Foye 单向材料横向弹性模量适用有限元解[1.9]，与以此为基础的严密解极其一致。

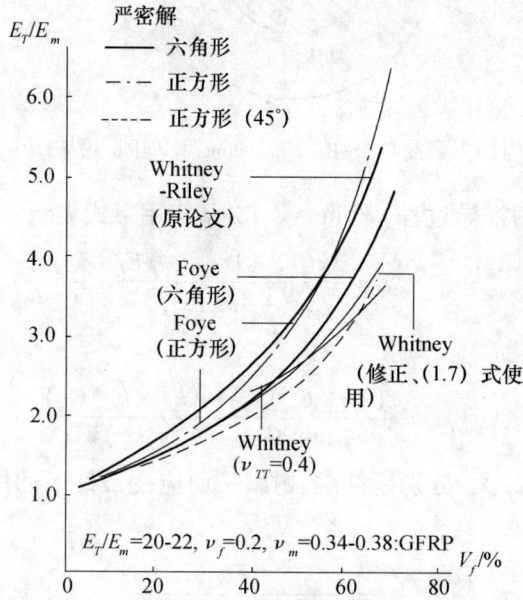

图 1.6　E_T/E_m 与 V_f 关系的严密解和由其他方法解的比较

1.4　单向增强材料弹性模量预测：导入几何学经验系数的对数函数近似解

现在复合材料的应用越来越广泛，对由单向增强材料弹性模量简单公式导出的近似解精度的要求也越来越高。在 1.3 节中已阐述了其中的一种方法，在此我们引入材料力学的思维方法和几何配置与纤维间距有关的经验参数，可得到简单近似解[1.10]。为了得到最简单的形式，还要最后导入经验参数。单向材料的横截面如图 1.7 所示，假设纤维截面为正六角形。这样单向材料的纤维体积含量 V_f 与图 1.7 中几何参数 a/b 间存在下式关系：

$$V_f = \left(\frac{a}{b}\right)^2 \qquad (1.13)$$

为了简化起见,按 $1/2 < b/a < 1$ 处理,即限定 V_f 在 25% 以上。在图 1.7 中沿 T_2 方向切一个 $\mathrm{d}T_1$ 的小微元,此时考虑只有一根纤维通过即 $0 < T_1/b < 1 - a/b$ 的情况。

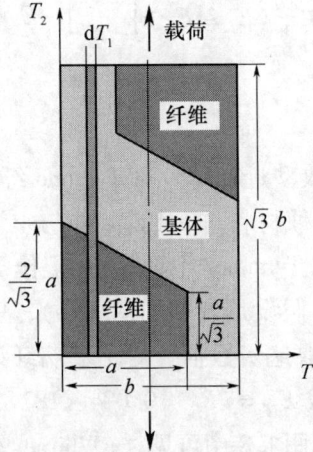

图 1.7   假设纤维截面为六角形时六角排列模型的几何状态[1.10]

在此使用参考文献[1.11,1.12]中的材料力学方法,在所取 $\mathrm{d}T_1$ 的微分区域内,载荷方向的力平衡。于是将表示纤维端部位置的函数形式写为 $F(T_1)$,这一微分部分沿 T_2 方向的弹性模量为

$$E_{T_2} = \cfrac{E_f E_m}{\left\{\cfrac{E_m F(T_1)}{\sqrt{3}b} + E_f\left(1 - \cfrac{F(T_1)}{\sqrt{3}b}\right)\right\}} \qquad (1.14)$$

式中:$F(T_1)$ 为斜率为 $1/\sqrt{3}$ 的直线,则式(1.14)可转换成下式:

$$E_{T_2} = \cfrac{E_f E_m}{\left\{E_m\left(\cfrac{2a}{3b} - \cfrac{T_1}{3b}\right) + E_f\left(1 - \cfrac{2a}{3b} + \cfrac{T_1}{3b}\right)\right\}} \qquad (1.15)$$

当微分部分跨过两根纤维区域,即在 $1 - a/b < T_1/b < 1/2$ 之间时,考虑实际圆形纤维这样排列时[1.12],接近这个纤维的区域成为应力集中区域,这个高的应力控制着横截面的弹性模量。在此导入六角形纤维模型中,纤维间隔比实际更大,为了将其简单处理,将这一部分纤维的实际间距 $4(a-b)/\sqrt{3}$ 假设为 $1/2$,其中 $1/2$ 是经验几何参数。这样的 V_f 与(1.13)式有所差异,这也是原有的假设,那么在此区间沿 T_2 方向的弹性模量可按下式求出。

$$E_{T_2} = \cfrac{E_f E_m}{\left\{E_m\left(\cfrac{1}{3} + \cfrac{2a}{3b}\right) + E_f\left(\cfrac{2}{3} + \cfrac{2a}{3b}\right)\right\}} \qquad (1.16)$$

将这些公式沿 T_1 方向积分,则可按下式求出两个区间中这个模型的所有弹性模量。

$$E_T = \frac{6E_f E_m}{(E_f - E_m)} \ln\left[\frac{(E_f - E_m)\left(1 - \frac{a}{b}\right)}{\left\{3E_f - \frac{2a}{b}(E_f - E_m)\right\}} + 1\right] + \frac{3E_f E_m \left(\frac{2a}{b} - 1\right)}{E_m\left(1 + \frac{2a}{b}\right) + 2E_f\left(1 - \frac{a}{b}\right)}$$

$$(1.17)$$

式中:ln 为自然对数函数。

(1.17)式被称为对数函数型近似解。对 Tyranno 纤维/环氧树脂、玻璃纤维/环氧树脂及碳纤维/环氧树脂三种材料进行计算,并与上述严密解结果进行比较,如图 1.8 所示。对于特殊情况的 Tyranno/环氧树脂(记作 TFRP)而言,纤维是 Tyranno 纤维,取 $E_f = 185\text{GPa}$,$\nu_f = 0.2$(假设是各向同性纤维),基体材料模量 $E_m = 3.42\text{GPa}$,$\nu_m = 0.38$,以下的环氧树脂均取这一数值。对于玻璃纤维/环氧树脂,$E_f = 68.6\text{GPa}$;对于碳纤维/环氧树脂,E_f 变成 $E_{fT} = \kappa E_{fL} = 0.084 \times 187\text{GPa}$,式中 κ 是前节所述的纤维弹性模量的各向异性比。从图 1.8 中可见,与 Whitney 修正法的解也很吻合。从这些结果可知,对于碳纤维/环氧树脂而言,对数函数型近似解与严密解稍有偏离;对于其他情况,尤其是 $V_f = 60\%$ 附近时结果非常一致。碳纤维/环氧树脂的严密解中由于引入了较大的各向异性泊松比($\nu_{fr\theta} = 0.42$),在对数函数型近似解中没有,这是产生差异的原因之一。另外如图 1.8 所示,Whitney 修正法的解在 V_f 较大时与严密解有良好的一致性,在 $V_f = 60\%$ 附近时严密解夹在两个近似解之间。

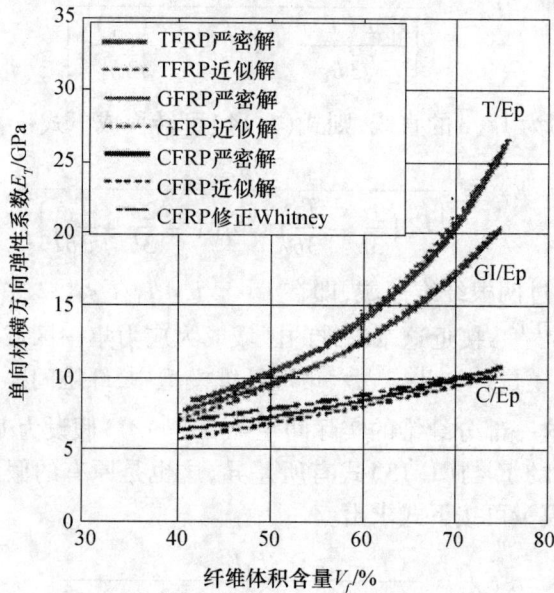

图 1.8　由简易六角形纤维模型得到对数函数近似解与严密解的比较

将(1.17)式中的 E_f、E_m 用 G_f 和 G_m 置换可得下式：

$$G_{LT} = \frac{6G_f G_m}{(G_f - G_m)} \ln\left[\frac{(G_f - G_m)\left(1 - \frac{a}{b}\right)}{\left\{ 3G_f - \frac{2a}{b}(G_f - G_m) \right\}} + 1 \right] + \frac{3G_f G_m\left(\frac{2a}{b} - 1\right)}{G_m\left(1 + \frac{2a}{b}\right) + 2G_f\left(1 - \frac{a}{b}\right)}$$

(1.18)

这些近似解在某些 V_f 点处与实验值吻合很好，通过调整上述 1/2 几何学经验系数参数，能够转换成其他 V_f 点的弹性模量公式。这种情况下，这个修正项假设为 $1/n$，将上述的讨论展开，只修正(1.17)式的常数项，其形式如下：

$$E_T = \frac{6E_f E_m}{(E_f - E_m)} \ln\left[\frac{(E_f - E_m)\left(1 - \frac{a}{b}\right)}{\left\{ 3E_f - \frac{2a}{b}(E_f - E_m) \right\}} + 1 \right] + \frac{3E_f E_m\left(\frac{2a}{b} - 1\right)}{E_m\left\{\frac{4a}{nb} - \left(\frac{4}{n} - 3\right)\right\} + \left(\frac{4}{n}\right)E_f\left(1 - \frac{a}{b}\right)}$$

(1.19)

在(1.19)式中距离为 1/2 即 $n = 2$ 时，可以得到(1.17)式。具体顺序是：可由(1.13)式已知 V_f 值求出 a/b 值，将其与组成材料的弹性模量及 E_T 实验值代入(1.19)式，解出 $1/n$ 相关方程，就可以求出具体的修正系数。

1.5　纤维随机分布对单向增强材料弹性模量的影响

在已有的研究中，考虑的是纤维规则排列的单向增强材料的弹性模量的求解，后续关心的是纤维随机分布的影响如何。关于这一点，采用有限元法进行了数值模拟，如图 1.9(a)所示，单元格是假设纤维随机分布构成的横截面，计算出响应值。如果考虑随机性，则可得到比规则排列高很多的弹性模量，沿纤维方向的剪切模量 G_{LT} 也明显具有这种趋势。从实用的观点出发，随机性如何影响弹性模量？其影响机理是什么？希望对此有一定的理解，因此，在本节试图用图示说明以达到了解纤维几何学配置的随机性对弹性模量有怎样影响的目的。

首先，纤维随机分布不是如图 1.9(a)所示那样，而是如图 1.9(b)所示在并列方向排列的单元格中有很多纤维依照某一 V_f 值排列，考虑沿纤维方向的剪切状态。六角形排列（粗线）和正方形排列（细线）的严密解如图 1.10 所示。实线是剪切模量比为 80 的情况，虚线是剪切模量比为 20 的情况。作为沿纤维方向剪切模量与 V_f 关系的特征，最紧密填充即纤维与纤维的接近率极大时，弹性模量有急速上升的趋势。下面的图示也说明在材料参数比为 80 的情况下明显表现出正方形排列这一特征，这就是图 1.9(b)所示的 55% ~ 75%（平均 65%）的等分布情况。如图 1.10 所示剪切载荷作用在分布面内，复合材料的剪切弹性模量就变成了严密解和分布形式一次力矩的平均值,在图中连接 V_f 等于 55% 和 75% 解的直线的中点和严密解中点附近得到一个解(黑色圆点)。V_f 分布不是等分布,用具有同样 65% 分布曲线的密度函数给出平均值的话,剪切弹性模量的预期值见图 1.10 中的白色圆圈,比上述的黑色圆点小,得到比 $V_f = 65\%$ 时严密解(星形记号)高的值。用这个图示说明纤维分布的随机性可得到比规则排列更高的弹性模量预测值。

纤维随机分布的单向材料沿纤维方向作用
剪切载荷 τ_{LT} 时的宏观示意图

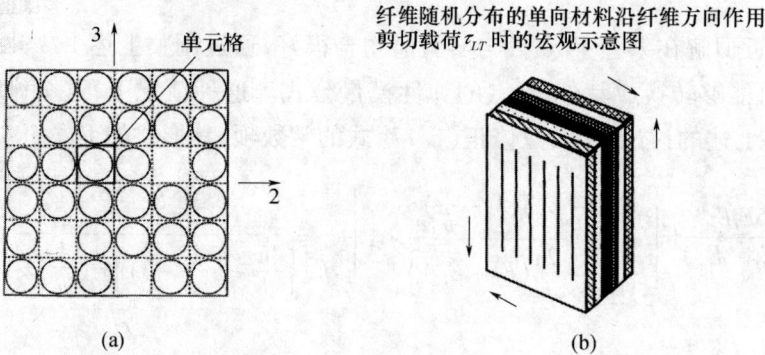

(a)　　　　　　　　　　(b)

图 1.9　关于横截面内纤维分布的随机性处理示例

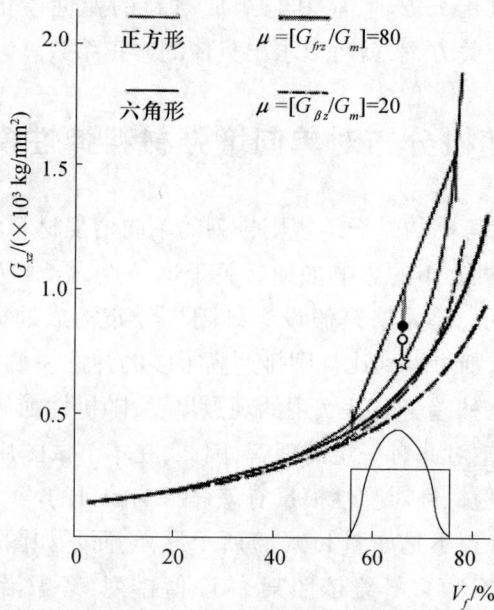

图 1.10　沿纤维方向剪切弹性模量的严密解和随机性的影响

如图 1.6 或图 1.8 所示的情况,横向弹性模量 E_T 与 V_f 的关系曲线不是急剧下凸的,因此可以认为随机性对 E_T 的影响比较小,这也与参考文献[1.13]的结论吻合。在参考文献[1.14]的 E_T 预测中对正方形排列模型解的性质进行注释,在正方形排列模型中也可得到 G_{LT} 面内等方向解,但在 E_T 预测中正方形排列解在横截面内不是一定值,可以给出更高值。正方形排列中沿 45° 方向加载得到的解给出的是横截面内的最小解。因此,不允许只用正方形排列的横截面内 0°方向的结果预测 E_T。

1.6 单向增强材料热膨胀系数的预测公式

考虑复合材料层合板在温度场内的力学行为时,除弹性模量外还必须有热膨胀系数。弹性模量的讨论至此已非常明确了,以下将对热膨胀系数的预测进行叙述。首先考虑沿纤维方向的热膨胀系数 α_L,由力的平衡方程可得下式[1.15]:

$$\alpha_L = \frac{E_{fL}\alpha_{fL}V_f + E_m\alpha_m(1-V_f)}{E_{fL}V_f + E_m(1-V_f)} \quad (1.20)$$

将(1.20)式称为模量修正型复合法则(Modulus Modified Rule Mixture),与严密解有良好的一致性。对于横向的热胀系数 α_L 用下式表示[1.16]。如果纤维是各向同性,则 $\alpha_{fT} = \alpha_{fL} = \alpha_f$。

$$\alpha_T = \frac{(E_{fL}\nu_m - E_m\nu_{fTT})(\alpha_m - \alpha_{fT})(1-V_f)V_f}{E_{fL}V_f + E_m(1-V_f)} + \alpha_{fT}V_f + \alpha_m(1-V_f)$$

$$(1.21)$$

以第 3 节中叙述的玻璃纤维/环氧树脂复合材料为对象,即 $E_m = 3.42\text{GPa}$,$E_f = 68.4\text{GPa}$,$\nu_f = 0.2$,$\nu_m = 0.34$,假设 $\alpha_f = 5.0 \times 10^{-6}$,$\alpha_m = 6.6 \times 10^{-5}$,则得到的计算结果如图 1.11 所示。点划线是(1.21)式的结果,比六角形排列(或正方形排列)的严密解大 5%。

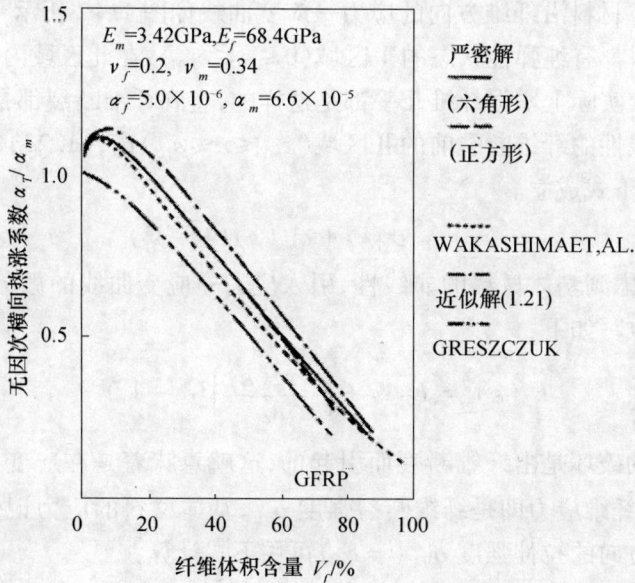

图 1.11 纤维横截面内热膨胀系数的严密解与近似解的比较

下面给出单向增强材料沿纤维方向热导率的预测公式[1.17],此时与(1.1)式同样的复合法则成立,

$$k_L = k_{fL}V_f + k_m(1 - V_f) \tag{1.22}$$

式中:k_{fL}、k_m 分别为组成材料纤维和基体沿纤维方向的热导率。

关于横向热导率,与剪切弹性模量的方程式完全相同,只需将(1.17)式中的 E_f 和 E_m 分别替换成 k_{fT} 和 k_m 即可。

1.7　拉伸强度的概率论

对于复合材料强度,比较容易预测的就是本章讨论的单向增强材料,但也只限于沿纤维方向的拉伸、压缩强度。不过准确预测压缩强度是很困难的,尚需继续讨论。

1.7.1　拉伸强度

当单向增强材料沿纤维方向有拉伸外力作用时,有一个与推导弹性模量预测式(1.1)时相同的假设,即"纤维和基体沿纤维方向的应变 ε 是一样的"。于是,单向增强材料沿纤维方向的平均应力记作 σ_L,纤维内轴向方向应力记作 σ_{fL},基体材料内沿纤维方向的应力记作 σ_m,纤维体积含量记为 V_f,则有下式成立。

$$\sigma_L = \sigma_{fL}V_f + \sigma_m(1 - V_f) \tag{1.23}$$

纤维和基体材料沿纤维方向的应力—应变曲线如图 1.12 所示[1.18],无论是纤维还是基体材料都有纯弹性状态的 Ⅰ 区域($0 \leqslant \varepsilon \leqslant \varepsilon_{mY}$),在此区域内弹性模量的预测式严格成立。实际上增强纤维几乎都是这样的,直到纤维断裂都是线性的;在基体材料变成非线性的纤维断裂前的 Ⅱ 区域($\varepsilon_{mY} \leqslant \varepsilon \leqslant \varepsilon_{fU}$)内,(1.23)式的 σ_L、σ_m 看做 ε 的函数,则下式成立。

$$\sigma_L(\varepsilon) = \sigma_{fL}V_f + \sigma_m(\varepsilon)(1 - V_f) \tag{1.24}$$

在这一区域,考虑到基体材料的非线性,引入应力—应变曲线的微分系数,则弹性模量的预测式改写如下:

$$E_L(\varepsilon) = E_{fL}V_f + \left[\frac{\mathrm{d}\sigma_m(\varepsilon)}{\mathrm{d}\varepsilon}\right](1 - V_f) \tag{1.25}$$

单向增强材料的破坏是由纤维断裂而引起的,这就意味着是在应变 $\varepsilon = \varepsilon_{fU}$ 时发生的,所以这时的纤维应力即是纤维断裂强度 σ_{fU},基体材料的应力记作 σ_m^*,单向增强材料沿纤维方向的拉伸强度 $\sigma_{LU}(=F_L)$ 可用下式计算:

$$\sigma_{LU} = \sigma_{fLU}V_f + \sigma_m^*(1 - V_f) \tag{1.26}$$

这是单向增强材料沿纤维方向拉伸强度复合法则的一种标记。在复合材料初

期纤维与基体界面处理不好,实际的破坏强度要比(1.26)式的强度低,所以多数的处理方法是在(1.26)式中 $\sigma_{fLU}V_f$ 前面加一个经验系数 $k(k\leqslant1.0)$。但是,现在界面处理技术提高了,可以认为 $k=1.0$。在纤维生产现场,对于每批次生产的纤维强度已经不采用单丝试验测定,而是用束纱制作成细的单向材料,并对其强度进行试验测定,然后用(1.26)式反算出纤维断裂强度。

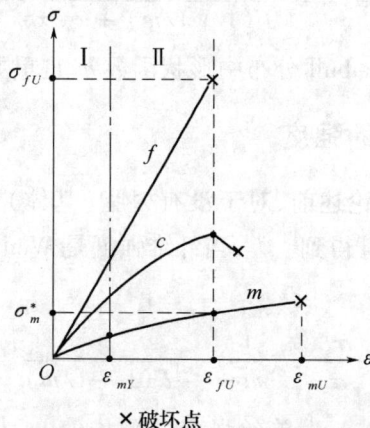

图 1.12　纤维(f)和基体(m)及其复合材料沿纤维方向的应力—应变曲线

1.7.2　Weibull 分布

上述讨论是假设 $\varepsilon=\varepsilon_{fU}$ 时纤维断裂同时发生,但实际纤维断裂不可能同时发生而是概率性发生的,而且试验的处理方法也各种各样。在此先对 Weibull 分布做一简述。

载荷在 x 和 $x+\mathrm{d}x$ 间纤维被切割的概率为 $f(x)\mathrm{d}x$,$f(x)$ 被称为概率密度函数。于是纤维被切割到 x 的概率为

$$F(x)=\int_0^x f(x)\mathrm{d}x \tag{1.27}$$

此式称为积分函数。$f(x)$ 或 $F(x)$ 中使用标准分布和泊松分布,Weibull[1.19] 提出了下式的函数形式,可以很好地预测钢的屈服强度、火山灰的粒径分布、印度棉的强度等,后来被称为 Weibull 分布。

$$F(x)=1-\mathrm{e}^{-\left\{\frac{x-x_u}{x_o}\right\}^m} \tag{1.28}$$

另外,Weibull 原论文的题目是"可以广泛应用的分布函数",特别对于纤维状的物体更是不可缺少的分布函数。(1.28)式中有 3 个参数分别是:x_u(位置参数)、x_0(尺度参数)和 x_m(形状参数),称之为 3 参数 Weibull 分布。当 $x_u=0$ 时被称为 2 参数 Weibull 分布。

13

Weibull 分布中的期望值是：

$$E = x_0 \Gamma \left(1 + \frac{1}{m} \right) + x_u \qquad (1.29)$$

变异系数 CV（ ＝标准差/期望值）用下式计算：

$$CV = \frac{\sqrt{\Gamma(1 + 2/m) - \Gamma^2(1 + 1/m)}}{\Gamma(1 + 1/m) + x_u/x_0} \qquad (1.30)$$

式中：Γ 为伽马函数，在 Weibull 分布中形状函数 m 是重要的参数。

1.7.3　单向增强材料的强度

在单向增强材料强度论述前，对于没有树脂（基体）的纤维束（Dry Bundle）做一简单说明。Coleman 计算得到[1.20]，当纤维强度是 Weibull 分布时，纤维束强度由下式求得：

$$\frac{\sigma_b}{\sigma} = \left(\frac{1}{me} \right)^{1/m} \frac{1}{\Gamma(1 + 1/m)} \qquad (1.31)$$

式中：σ_b 为纤维束的强度；σ 为单丝强度的平均值；e 为自然对数的底数。这与（1.29）式不同，在纤维束的情况下可以认为 $(1/me)^{1/m}$ 项是多余的。

接下来讨论单向增强材料的强度。复合材料学发展的初期，首先 Rosen 提出了如图 1.13 所示的被称为"束链（Chain of bundles）"模型的理论，在纤维断裂部位变成零的应力回复长度 2δ 部分（链节）中间全部切断时，则可认为发生了破坏[1.21]。假设此时一根纤维分担的载荷均匀分配给剩余纤维（等载荷均分），由此模型求得复合材料强度公式如下：

$$\frac{\sigma_c}{\sigma} = \left(\frac{n}{me} \right)^{1/m} \frac{1}{\Gamma(1 + 1/m)} \qquad (1.32)$$

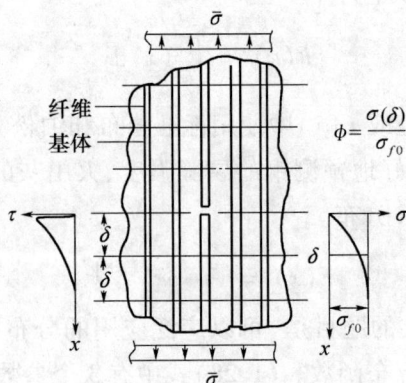

图 1.13　纤维随机断裂的 Rosen 模型[1.21]

与式(1.31)比较,(1.32)式与分子中的 n(链节数)有关。(1.32)式不仅是干纤维束,而且也是复合材料强度的理论根据。

Zweben 修正了这种方法[1.22],纤维断裂时其邻近纤维分担的载荷高,即考虑了应力集中。这个邻近纤维影响纤维的载荷分担率,换而言之,对于这个问题的应力集中系数,大多用剪力滞理论求解,在此将二维问题剪力滞解的 Hedgepeth 结果做一简单介绍[1.23]。假设构成链节纤维数的长度无限大,在同一链节中 r 根纤维切断时的应力集中系数记作 K_r,其值由下式求出。

$$K_r = \left(\frac{4}{3}\right)\left(\frac{6}{5}\right)\left(\frac{8}{7}\right)\cdots\left(\frac{2r+2}{2r+1}\right) \tag{1.33}$$

在日本,福田等人对 Zweben 解进行了修正,增加了受断裂纤维影响的纤维根数,导出了递推公式[1.24]。这个结果最重要的点(链节强度变异系数为 10% 时)如图 1.14 所示。从图中可以看出:相对载荷 70% 时链节内纤维初期断裂概率为50%,相对载荷 80% 时模型全体断裂概率为 50%。关于应力集中系数,Hedgepeth 等人[1.25]也研究了部分三维问题,另外还有末益[1.26]的研究也值得关注。

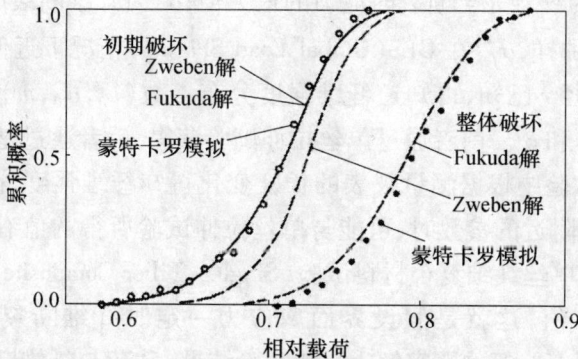

图 1.14　单向增强材料纤维方向强度的概率状况

后来通过利用 Harlow – Phoenix 的递推公式[1.27,1.28],推导出了 Batdorf 的近似理论[1.29,1.30]。在此之前,福田总结了到 20 世纪 80 年代中期的理论[1.31],Phoenix 等人在最近出版的复合材料教材中给出了非常完美的解释[1.32]。

1.7.4　强度概率论的后续发展

就连续纤维增强复合材料沿纤维方向的拉伸强度而言,Curtin[1.33]针对纤维强度概率性质的预测模型进行了系统的研究。当纤维体积含量为 f 时,复合材料应力 σ 与纤维应力 σ_f 及基体应力 σ_y 之间的关系如下式所示。

$$\sigma = f\sigma_f + (1-f)\sigma_y \tag{1.34}$$

在此假设树脂基复合材料(PMC)和金属基复合材料(MMC)中基体产生屈服、

陶瓷基复合材料(CMC)基体发生断裂时,基体应力记作 σ_f,在 PMC 和 MMC 中,多数情况取 $\sigma_y \approx 0$。复合材料的破坏是由纤维断裂引起的,于是 σ_f 的最大值 σ_f^* 决定了复合材料强度 σ_{uts},可由下式求得:

$$\sigma_{uts} = f\sigma_f^* + (1 - f)\sigma_y \qquad (1.35)$$

通常用下式概率函数 $P_f(x)$ 表示的 Weibull 分布表示纤维强度。

$$P_f(\sigma, L) = 1 - \exp\left[-\frac{L}{L_0}\left(\frac{\sigma}{\sigma_0}\right)^m \right] \qquad (1.36)$$

此式表示的是长度为 L 的纤维承受 σ 应力时断裂的概率,L_0 及 σ_0 分别是基准长度和基准应力,m 是 Weibull 分布形状系数。Curtin 分别将临界应力(Critical Stress)σ_c 和临界长度(Critical Length)δ_c 定义如下:

$$\sigma_c = \left(\frac{\sigma_0^m r L_0^{1/m}}{r}\right)^{1/(m+1)}, \delta_c = \left(\frac{\sigma_0 r L_0^{1/m}}{\tau}\right)^{m/(m+1)} \qquad (1.37)$$

式中:r 为纤维半径;τ 为纤维—基体界面的剪应力,表示纤维断裂或基体裂纹时的应力传递性;σ_c 为纤维完全断裂时应力的最大值;δ_c 为纤维断裂时长度的最大值。正如 Curtin 叙述那样,σ_f^* 在 GLS(Global Load Sharing)情况下近似等于 σ_c。

如果纤维半径 r 已知,再知道纤维强度分布参数(L_0,σ_0,m)及界面剪切应力 τ,即可计算出 σ_c 和 δ_c。前者通过单丝拉伸试验获得,后者通过基体的屈服应力求得,在单丝拉伸试验中根据测量仪表的长度变化得知纤维强度分布参数。当利用在纤维长度为 δ_c 附近的参数时,可能与单丝拉伸试验所得的值有较大的误差。于是,Curtin 提出从单丝纤维复合材料试验(Single – Fiber Composite Test)中的纤维破坏行为推算出该值,这就是假设界面剪应力一定时纤维断裂过程的 Curtin 方法[1.34],或者根据 Hui 等的严密解[1.35]和实验结果(载荷与纤维断裂密度及破坏长度的分布关系)的比较求得纤维分布参数和剪应力。

在预测复合材料强度,当纤维发生断裂时,此纤维承受的应力怎样再分配到其他剩余纤维上,主要有两种观点:一种是应力由剩余纤维共同承担(Global Load Sharing,GLS),另一种是考虑邻近纤维的应力集中(Local Load Sharing,LLS)。

Curtin[1.36,1.37] 给出在 GLS 情况下复合材料强度、断裂应变及基体屈服后复合材料应力—应变关系可以分别近似表示如下:

$$\sigma_{uts} = f\sigma_c\left(\frac{2}{m+2}\right)^{1/(m+1)}\left(\frac{m+1}{m+2}\right) + (1-f)\sigma_y \qquad (1.38)$$

$$\varepsilon_f = \frac{\sigma_c}{E_f}\left(\frac{2}{m+2}\right)^{1/(m+1)} \qquad (1.39)$$

$$\sigma = fE_f\varepsilon\left(1 - \frac{1}{2}\left(\frac{E_f\varepsilon}{\sigma_c}\right)^{m+1}\right) + (1-f)\sigma_y \qquad (1.40)$$

式中：E_f、ε 分别为纤维的弹性模量和复合材料应变。

用 LLS 预测复合材料强度时，因为有必要计算纤维发生断裂时的应力分布，所以主要研究采用蒙特卡罗模拟法。Zhou 和 Curtin 利用 Lattice Green 功能方法计算出由于纤维发生断裂而产生的应力再分配，再用其进行复合材料强度的蒙特卡罗模拟[1.38]。Ibnabdeljalil 和 Curtin 发现了 LLS 结果与 GLS 结果有相同的复合材料强度分布情况，而且利用模拟结果和弱链节计算提出了复合材料强度预测模型[1.39]。

还有很多利用蒙特卡罗模拟方法研究复合材料强度的例子[1.46,1.47]。Landis 等人采用修正的三维剪力滞模型计算由纤维断裂产生的纤维应力和位移，并与蒙特卡罗模拟方法组合进行复合材料强度预测，在模拟中不限于纤维断裂发生在同一面内，考虑了任意位置纤维断裂发生和应力集中沿长度方向的变化。模拟结果表明：当纤维强度 Weibull 分布形状系数 m 较大（$m=10$）、强度较小时，复合材料在断裂之前形成大的集束；当 Weibull 分布形状系数较大而强度也较大以及 Weibull 分布形状系数较小（$m=5$）时不见有集束形成。

图 1.15[1.40] 分别给出了纤维强度 Weibull 分布系数和 $m=5$ 时的相同长度不同纤维数的复合材料强度模拟结果。图中的三角表示各自纤维强度 Weibull 分布系数的 Weibull 曲线，无论是哪种情况复合材料强度的偏差都比纤维强度的偏差小得多。$m=10$、纤维数是 100 的情况除外，在通常的纤维数中可以看到尺寸效应。纤维数是 100 的情况下在低强度侧有比纤维数 225 根还小的部分，$m=5$ 时可见显示这样交叉点的所有纤维数。但是，这个交叉点随着纤维数的变大渐渐向低强度侧移动，所以，可以预想随着纤维数不断变大，这一交叉点将会消失。

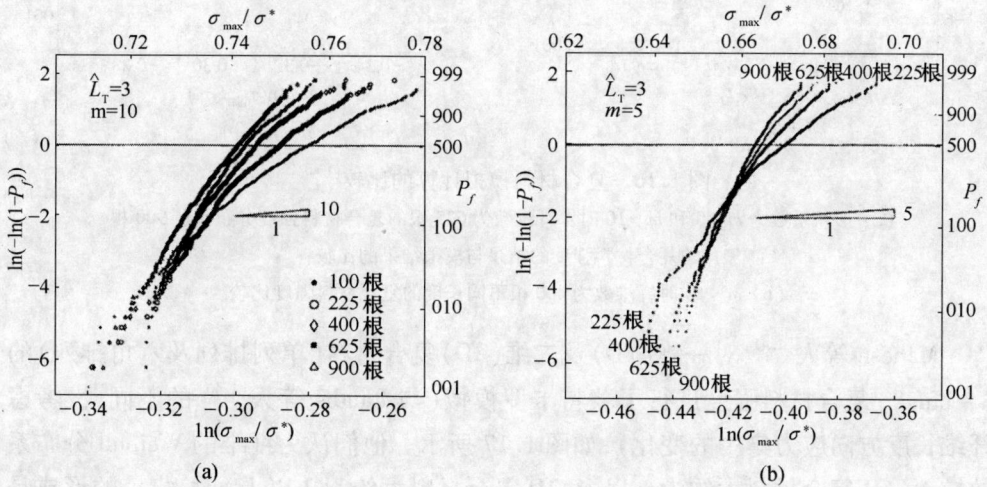

图 1.15　纤维根数 100～900 的复合材料强度模拟结果[1.40]

（a）形状系数 $m=10$；（b）形状系数 $m=5$。

复合材料强度受弱链节统计学控制的话，V_2 体积的复合材料在应力 σ 作用下累计破坏概率为 P_{f,V_2}，V_1 体积的复合材料累计破坏概率为 P_{f,V_1}，其间存在的关系式如下：

$$P_{f,V_2}(\sigma) = 1 - \left[1 - P_{f,V_1}(\sigma)\right]^{V_2/V_1} \tag{1.41}$$

图 1.16(a) 是利用 (1.41) 式在 $m=5$ 及 $m=10$ 的情况下从纤维数为 625 的模拟结果预测出相同长度纤维数为 900 的复合材料强度，再与纤维数为 625 的结果比较图。Landis 等人[1.40]在此情况下可以从纤维数为 625 的结果很好地预测出纤维数为 900 的结果，但纤维数为 400 时则不能得到很好的结果，所以可以认为对应于 Weibull 分布系数，复合材料长度弱链节计算存在着一个有效的最小纤维数。在长度方向的计算结果中也体现出同样的情况，如图 1.16(b) 所示。Landis 等人还发现弱链节计算存在着一个有效的最小复合材料体积，其值随着 Weibull 分布系数变小而变大，在 Weibull 分布系数较大($m=10$ 及 $m=20$)时也有同样的结果。

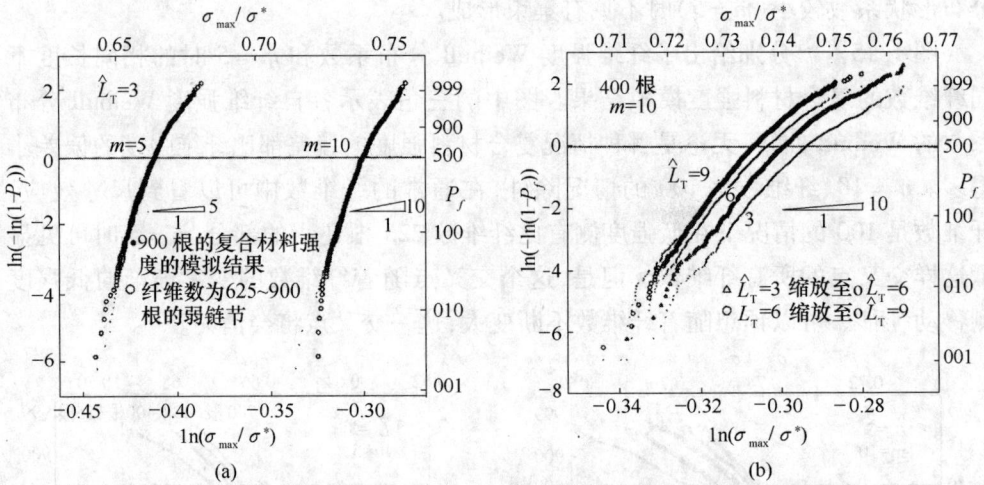

图 1.16　复合材料模拟计算的比较[1.40]

(a) 形状系数为 $m=5$ 和 $m=10$ 时由纤维数为 625 根的复合材料强度分布预测 900 根的复合材料强度的结果与模拟结果的比较；

(b) $m=10$ 时纤维数为 400 根不同长度的复合材料强度比较。

Mahesh 等人[1.41]对一维(1D)及二维(2D)复合材料(单列排列及六角排列)的 δ - bundle 复合材料强度进行了蒙特卡罗模拟(与 Landis 等人[1.40]的不同，没考虑纤维长度方向应力集中的变化)，如图 1.17 所示。他们认为纤维的 Weibull 分布系数较大(1D 复合材料大约为 1 以上，2D 复合材料大约为 2 以上)时，集束的形成是复合材料破坏的主要机理。另外，提出了复合材料强度分布的理论预测模型，与模拟结果非常一致。

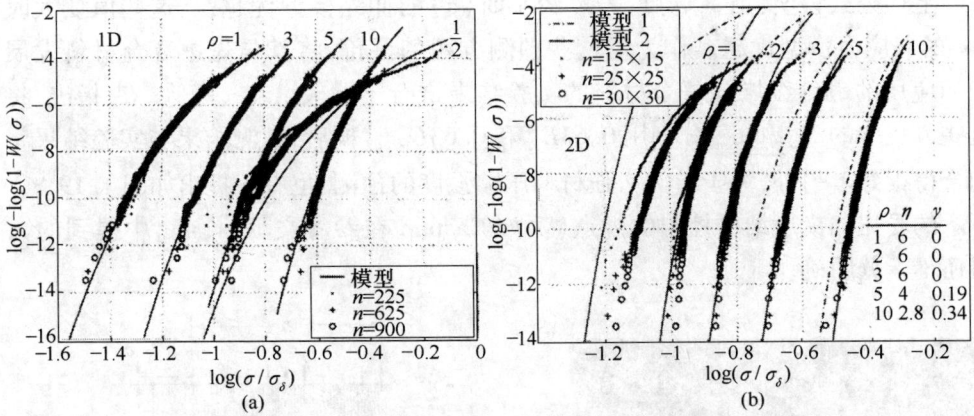

图 1.17 复合材料强度的蒙特卡罗模拟结果与根据理论模型预测结果的比较[1.42]

(a) 一维复合材料(纤维单列排列);(b) 二维复合材料(纤维六角排列)。

1.8 压缩强度预测方程

对于单向增强材料的压缩强度而言,早期考虑是受纤维屈曲的控制,提出了几个较好的预测公式。首先提出的是 Rosen 公式[1.43],将单向增强材料考虑为由基体弹性支撑的柱状二维集合体,如图 1.18 所示的两个模型,(a)是基体伸缩模型,(b)是基体剪切不稳定模型,对应于这两个模型应用下式求得单向增强复合材料沿纤维方向的压缩强度 $\sigma_{LC}(= F'_L)$。

$$(a): \sigma_{LC} = 2V_f \sqrt{\frac{V_f E_{fL} E_m}{3(1 - V_f)}} \tag{1.42}$$

$$(b): \sigma_{LC} = \frac{G_m}{1 - V_f} \tag{1.43}$$

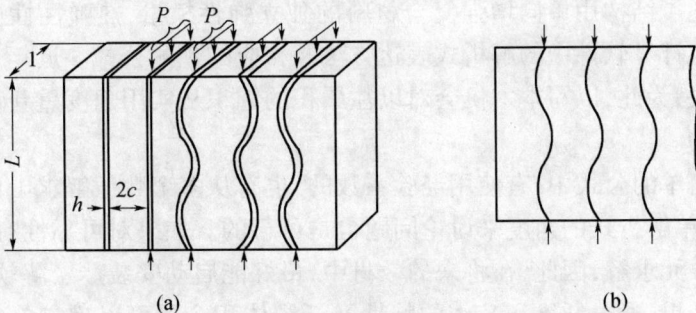

图 1.18 一种单向增强材料压缩强度预测的屈曲模型

(a) 基体拉伸模型;(b) 基体剪切应力模型。

上述公式说明:当 V_f 或 E_{fl}/E_m 较小时(a)的伸缩模型优越,当这些值变大时(b)的剪应力模型优越。作为对这些预测方程的评价,将其与先进复合材料发展初期应用的硼纤维增强复合材料的实验结果进行了比较,Lager 等人[1.44]指出,将这些方程中的 E_m 和 G_m 分别用 $0.63E_m$ 和 $0.63G_m$ 替换后,预测结果与实验结果将吻合得很好。另外,关于单向增强材料压缩强度的预测,也有人提出如图 1.19[1.45]所示的受扭曲夹层结构控制的观点(例如 Chaplin 在参考文献[1.46]中提到的),但还不十分明确。

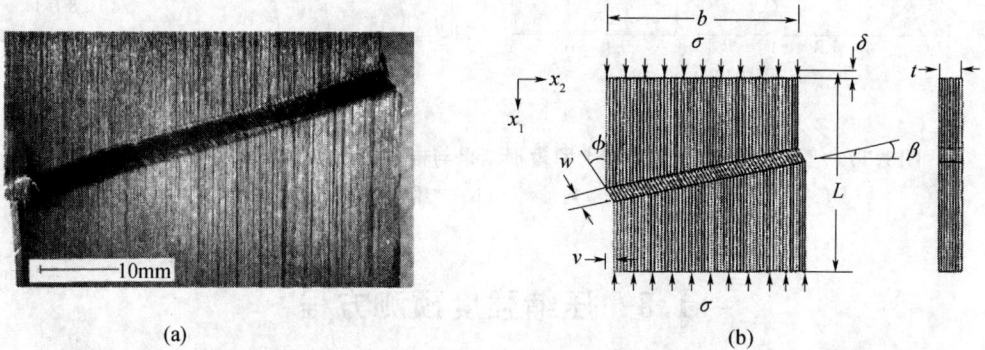

图 1.19　一种单向增强材料压缩强度预测的扭曲夹层结构

就单向材料横向强度而论,对于纤维剪切强度的预测利用基于规则排列的应力函数进行求解,作为石川等人[1.2,1.5]弹性模量解的延伸进行破坏预测求解,尝试模拟 Tsai – Wu 理论(参见 2.6.3 节)曲线,得到几种受纤维界面垂直剥离应力、剪切剥离应力影响的启示。与材料的弹性模量预测不同,在材料的强度预测中,横向剪切强度预测的准确性很难超过弹性模量预测的精度,预计在这些强度的预测中需要加入非常大量的数值模拟。

1.9　本 章 小 结

本章叙述了结构用单向增强复合材料的独立弹性模量、热弹性性质以及采用手算或可置入计算软件中的解析式表达方法及相应的预测公式。近年来认为这些问题已经解决,为此,以写本书机会对以往累积的知识从实用角度重新认识和整理是很有意义的。

在这些简单的公式中,有使用经验系数的,也有从多个数值解求出单一适用式的,从实用简单解析式的角度来讨论问题也是可行的。如果对可靠性有异议时,有必要进行有限元求解,因此,在将来的教材中,最好能启动安装严密解软件。总之,利用本章的结果,通过纤维和基体的特性及纤维体积含量可以确定单向增强复合材料的弹性模量及热膨胀系数。另外,本章还阐述了对单向增强材料强度特别是纤维方向的强度进行预测的方法概要。

参考文献

[1.1] T. Ishikawa, M. Matsushima, Y. Hayashi and T.-W. Chou: *Journal of Composite Materials*, Vol.19, No.9, 1985. pp.443-458.

[1.2] 石川隆司："一方向繊維強化複合材料の力学的挙動に関する研究"，東京大学大学院博士論文 1976.12.

[1.3] S. W. Tsai: NASA CR-71, 1964.

[1.4] 植村益次，山脇弘一，阿部慎蔵，井山向史：東京大学宇宙航空研究所 報告 4 巻 3 号 (B), 1968, p.448.

[1.5] 小林繁夫，石川隆司：日本航空宇宙学会誌，23 巻 256 号 1975. pp. 319-326.

[1.6] 石川隆司，小山一夫，小林繁夫：日本航空宇宙学会誌，23 巻 263 号 1975. pp. 678-684.

[1.7] Z. Hashin and B. W. Rosen: *Journal of Applied Mechanics*, Vol.31, 1964. pp.223-232. (Errata: Vol.32, 1965, p.219.)

[1.8] J. M. Whitney and M.B. Riley: *AIAA Journal*, Vol.4, 1966, p.1537.

[1.9] R. L. Foye: *Journal of Composite Materials*, Vol.6, 1972. p.293.

[1.10] 石川隆司，渡辺直行，番作和弘，小野好信：日本複合材料学会誌，24 巻 4 号 1998. pp. 144-152.

[1.11] L. B.Greszczuk: Proceedings of SPI 21st Conference, Chicago IL, 1966. Sect. 8-A.

[1.12] 植村益次，山田直樹：材料，29 巻 257 号 1975 p.156.

[1.13] D. F. Adams and S. W. Tsai: *Journal of Composite Materials*, Vol.3, 1969. p.368.

[1.14] 石川隆司，小林繁夫：日本航空宇宙学会誌，23 巻 260 号 1975. pp. 516-525.

[1.15] 石川隆司，小林繁夫：日本航空宇宙学会誌，25 巻 283 号 1977. pp. 394-400.

[1.16] R. A. Shapery: *Journal of Composite Materials*, Vol.2, 1968. p.380.

[1.17] 石川隆司：日本複合材料学会誌，6 巻 2 号 1980. pp. 72-78.

[1.18] 林毅 (編)：複合材料工学 (第 2 章)，日科技連出版社，1971. pp. 27-58.

[1.19] W. Wcibull, *Journal of Applied Mechanics*, Vol.18, 1951, p.293.

[1.20] B. D. Coleman, *Journal of the Mechanics and Physics of Solids*, Vol.7, 1958, p.60.

[1.21] B. W. Rosen: *AIAA Journal*, Vol.6, 1968, p. 1985.

[1.22] C. Zweben: *AIAA Journal*, Vol.6, 1968, p. 2325.

[1.23] J. M. Hedgepeth: NASA TN D-882, 1961.

[1.24] H. Fukuda and K. Kawata: *Transactions of Japan Society for Composite Materials*, Vol.2 1976, p.59.

[1.25] J. M. Hedgepeth and P. Van Dyke, *Journal of Composite Materials*, Vol.1, 1967, p.294.

[1.26] H. Suemasu, *Trans. Japan Soc. Composite Materials*, vol.8, 1982, p.29.

[1.27] D. G. Harlow and S. L. Phoenix, *Journal of Composite Materials*, Vol.12, 1978, p.195.

[1.28] D. G. Harlow and S. L. Phoenix, *Journal of Composite Materials*, Vol.12, 1978, p.314.

[1.29] S. B. Batdorf, *J. Reinforced Plastics and Composites*, Vol.1, 1982, p.153.

[1.30] S. B. Batdorf, *J. Reinforced Plastics and Composites*, Vol.1, 1982, p.165.

[1.31] 福田博, 材料システム, Vol.4, 1985, p.13.

[1.32] S. L. Phoenix and I. J. Beyerlein: *Comprehensive Composite Materials, Volume 1, Sec. 1.19*, Elsevier, 2000, pp.559-639.

[1.33] W.A.Curtin, *Advances in Applied Mechanics*, Vol. 36, 1999, p.163.

[1.34] W.A.Curtin, *Journal of Materials Science*, Vol.26, 1991, p.5239.

[1.35] C.-Y.Hui, et al., *Journal of the Mechanics and Physics of Solids*, Vol.43, 1995, p.1551.

[1.36] W.A.Curtin, *Journal of American Ceramic Society*, Vol.74, 1991, p.2837.

[1.37] W.A.Curtin, *Composites*, Vol.24, 1993, p.98.

[1.38] S.J.Zhou and W.A.Curtin, *Acta Metall. Mater.*, Vol.43, 1995, p.3093.

[1.39] M.Ibnabdeljalil and W.A.Curtin, *International Journal of Solids and Structures*, Vol.34, 1997, p.2649.

[1.40] C.M.Landis, et al., *Journal of the Mechanics and Physics of Solids*, Vol.48, 2000, p.621.

[1.41] S.Mahesh, et al., *International Journal of Fracture*, Vol.115, 2002, p.41-85.

[1.42] C.M.Landis, et al., *Journal of Composite Materials*, Vol.33, 1999, p.667-680.

[1.43] B. W.Rosen: *Fiber Composite Materials*, ASM, 1968.

[1.44] J.R.Lager and R. R. June: *Journal of Composite Materials*, Vol.2, 1968. p.48.

[1.45] T.J.Vogler and S.Kyriakides: *International Journal of Solids and Structures*, Vol.36, 1999, p.557.

[1.46] C.R.Chaplin: *Journal of Materials Science*, Vol.12, 1977. p.347.

[1.47] T.Ishikawa: *Journal of Composite Materials*, Vol.16, 1982. pp.40-52.

2 正交各向异性力学

2.1 引　言

大多数复合材料是采用单向预浸料及平纹/缎纹织物等织物预浸料变角度铺层而成型的。每个单层叫做单层板(Lamina)，铺层的复合材料叫做层合板(Laminate)。复合材料设计时必须从单层板的特性推定层合板的特性，所以知道单层板的力学性能是第一步。

复合材料力学的最大特征就是材料的弹性性质根据方向的不同而不同，称之为各向异性弹性，简称各向异性。本章拟就一般单层板的正交各向异性力学特性进行叙述。关于由单层板特性推定层合板特性的方法将用下一章的层合板理论说明。

与本章相关的教材大多数已经出版[2.1-2.5]，由于在各教材中对角度方向、剪切应变、泊松比等变量的标记大不相同，所以应用公式时必须注意。

2.2　各向异性材料中独立的弹性常数

如图2.1所示，在单向复合材料中，其坐标系取沿纤维方向为1、垂直纤维方向为2、厚度方向为3。有很多情况将其中纤维方向的1、垂直方向的2分别写成L和T。单向复合材料对1、2、3每个轴都有对称轴，被称为正交各向异性材料(Orthotropic Material)，另外还有旋转角 θ 以后叙述。

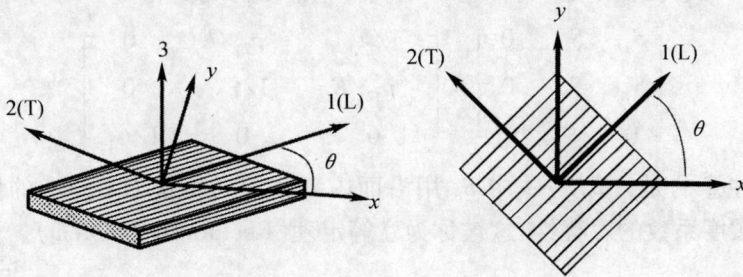

图2.1　单向复合材料的坐标系

在此的目的是要知道单层板的力学特性,考虑设定二维平面应力状态($\sigma_3 = \tau_{31} = \tau_{23} = 0$)时应力和应变的关系。根据胡克(Hooke)定律,由于用应力表达应变的形式更易于说明,故有下式成立。

$$\begin{Bmatrix} \varepsilon_1 \\ \varepsilon_2 \\ \gamma_{12} \end{Bmatrix} = \begin{bmatrix} S_{11} & S_{12} & 0 \\ S_{12} & S_{22} & 0 \\ 0 & 0 & S_{66} \end{bmatrix} \begin{Bmatrix} \sigma_1 \\ \sigma_2 \\ \sigma_6 \end{Bmatrix} \tag{2.1}$$

式中:ε_1 为 1 方向的正应变;σ_1 为 1 方向的正应力;σ_6 为面内的剪切应力,传统上记作 τ_{12}。

另外,应变还是遵从大多数的习惯采用工程标记法。在张量标记的情况下,剪切应变 ε_6 为 $\varepsilon_6 = \gamma_{12}/2$。(2.1)式中 $S_{ij}(S_{11},S_{22},\cdots)$ 被称为柔度常数。

在此给出柔度系数和工程弹性常数之间的关系。只考虑 1 方向拉伸应力时,胡克定律变成下式:

$$\varepsilon_1 = \frac{\sigma_1}{E_1} \tag{2.2}$$

但在 2 方向也存在拉伸应力的情况下,由于泊松效应在 1 方向产生收缩,故也存在应变如下式所示。

$$\varepsilon_1 = -\nu_{21} \frac{\sigma_2}{E_2} \tag{2.3}$$

式中:ν_{21} 为各向异性材料的泊松比,与各向同性的情况不同,通常必须要注意方向(一般 $\nu_{12} \neq \nu_{21}$)。另外还必须要注意附加下角标的方式,在此采用的方式:下角标前面的 2 是应力方向,后面的 1 是应变方向。也有的教材存在相反的标注,要注意。更重要的是考虑纤维垂直方向的情况,受剪应力在 1 方向不产生应变。因此,1 方向的应变就是(2.2)式、(2.3)式之和:

$$\varepsilon_1 = \frac{\sigma_1}{E_1} - \frac{\sigma_2 \nu_{21}}{E_2} \tag{2.4}$$

将(2.1)式与此比较即可知道 S_{ij} 的具体值。实际写成:

$$\begin{bmatrix} S_{11} & S_{12} & 0 \\ S_{12} & S_{22} & 0 \\ 0 & 0 & S_{66} \end{bmatrix} = \begin{bmatrix} 1/E_1 & -\nu_{21}/E_2 & 0 \\ -\nu_{12}/E_1 & 1/E_2 & 0 \\ 0 & 0 & 1/G_{12} \end{bmatrix} \tag{2.5}$$

值得注意的是,(2.5)式中 S_{66} 用沿面内纤维剪切模量 $G_{12} = G_{LT}$ 的倒数表示。下式表示柔度系数的对称性,这被称为互等定理(Reciprocal Theorem)。

$$\frac{\nu_{21}}{E_2} = \frac{\nu_{12}}{E_1} \tag{2.6}$$

如果是一维胡克定律的话,(2.2)式的反函数有下式成立。

$$\sigma_1 = E_1 \varepsilon_1 \tag{2.7}$$

但在二维情况下,就变成(2.5)式的矩阵,必须取其逆矩阵,即

$$\begin{Bmatrix} \sigma_1 \\ \sigma_2 \\ \sigma_6 \end{Bmatrix} = \begin{bmatrix} Q_{11} & Q_{12} & 0 \\ Q_{12} & Q_{22} & 0 \\ 0 & 0 & Q_{66} \end{bmatrix} \begin{Bmatrix} \varepsilon_1 \\ \varepsilon_2 \\ \gamma_{12} \end{Bmatrix} \tag{2.8}$$

式中:Q_{ij} 为将应力作为应变的函数表示时的系数,被称为缩减刚度系数(Reduced Stiffness)。Q_{ij} 的实际表达形式为

$$Q_{11} = \frac{S_{22}}{S_{11}S_{22} - S_{12}^2}$$

$$Q_{12} = \frac{-S_{12}}{S_{11}S_{12} - S_{12}^2}$$

$$Q_{22} = \frac{S_{11}}{S_{11}S_{22} - S_{12}^2} \tag{2.9}$$

将此用工程弹性常数表示为

$$Q_{11} = \frac{E_1}{1 - \nu_{12}\nu_{21}}$$

$$Q_{12} = \frac{\nu_{12}E_2}{1 - \nu_{12}\nu_{21}} = \frac{\nu_{21}E_1}{1 - \nu_{12}\nu_{21}}$$

$$Q_{22} = \frac{E_2}{1 - \nu_{12}\nu_{21}}$$

$$Q_{66} = G_{12} \tag{2.10}$$

Q_{ij} 之所以被称为缩减刚度系数是考虑到三维情况下(2.5)式相应的形式,与式中的刚度系数 C_{ij} 相比稍有不同,所以以示区别。

另外,在(2.5)式或(2.8)式、(2.10)式中有 4 个独立的弹性常数。用工程弹性常数来说,相互独立的弹性常数是 E_1、ν_{12}、E_2、G_{12}。从 Q_{ij} 来看,Q_{11}、Q_{12}、Q_{22}、Q_{66} 都是独立的。在各向同性的情况下,剪切模量 G、弹性模量 E、泊松比 ν 之间有(2.11)式成立,独立系数变成两个,有很大不同。

$$G = \frac{E}{2(1 + \nu)} \tag{2.11}$$

2.3　正交各向异性材料弹性常数的转换公式

以上章节针对纤维方向及其垂直方向固定的 1,2(L,T)坐标系的特性进行了讨论,这被称为各向异性的弹性主轴方向特性。最大的特性如上所述,存在由剪切

应力作用只产生剪切应变的特点。

本节如图 2.1 所示,将考虑材料主轴方向(1,2 坐标系)由 x,y 坐标系沿顺时针方向(取正值)旋转 $+\theta$ 角时,在 x,y 坐标系中的弹性常数如何表示。当 $\cos\theta = l$, $\sin\theta = m$ 时,原 1,2 坐标系下的应力与新的 x,y 坐标系下的应力之间的转换公式可由下式表示。

$$\begin{Bmatrix} \sigma_x \\ \sigma_y \\ \sigma_{xy} \end{Bmatrix} = \begin{bmatrix} T(\sigma) \end{bmatrix} \begin{Bmatrix} \sigma_1 \\ \sigma_2 \\ \sigma_6 \end{Bmatrix}$$

$$\begin{bmatrix} T(\sigma) \end{bmatrix} = \begin{bmatrix} l^2 & m^2 & -2lm \\ m^2 & l^2 & 2lm \\ lm & -lm & l^2-m^2 \end{bmatrix} \tag{2.12}$$

式中:$[T]$ 为转换矩阵。这一公式是任何一本固体力学教材中都有的基本方程,是将实际方向的余弦代入张量变换公式而得到。

另外在本章的应变转换中,值得注意的是不使用张量应变 ε_6 而使用工程应变 γ_{12},两者之间的关系为 $\varepsilon_6 = \gamma_{12}/2$,于是可得到下列公式。

$$\begin{Bmatrix} \varepsilon_x \\ \varepsilon_y \\ \gamma_{xy} \end{Bmatrix} = \begin{bmatrix} T(\varepsilon) \end{bmatrix} \begin{Bmatrix} \varepsilon_1 \\ \varepsilon_2 \\ \gamma_{12} \end{Bmatrix}$$

$$\begin{bmatrix} T(\varepsilon) \end{bmatrix} = \begin{bmatrix} l^2 & m^2 & -lm \\ m^2 & l^2 & lm \\ 2lm & -2lm & l^2-m^2 \end{bmatrix} \tag{2.13}$$

在此,(2.12)式和(2.13)式是可逆的,即用什么样的公式来叙述用 x,y 坐标系中的量来表示 1,2 坐标系中的量,可以用(2.12)式和(2.13)式的逆矩阵计算。但从图 2.1 几何学考虑,由 x,y 坐标系向 1,2 坐标系旋转角度为 $-\theta$,将 $-\theta$ 代入 (2.12)式和(2.13)式即可简单地求解。具体来说就只是 m 的奇数次方的符号相反。(2.13)式中的 $[T]$ 可分别表示为 $[T(\sigma)]^{-1}$、$[T(\varepsilon)]^{-1}$。

完成以上准备后就可以考虑如何在 x,y 坐标系中表示刚度系数 $\overline{Q}_{ij}$,其中的上划线意味着坐标变换后的量。首先再写一次(2.12)式如下:

$$\begin{Bmatrix} \sigma_x \\ \sigma_y \\ \sigma_{xy} \end{Bmatrix} = \begin{bmatrix} T(\sigma) \end{bmatrix} \begin{Bmatrix} \sigma_1 \\ \sigma_2 \\ \sigma_6 \end{Bmatrix} = \begin{bmatrix} T(\sigma) \end{bmatrix} \begin{bmatrix} Q_{ij} \end{bmatrix} \begin{Bmatrix} \varepsilon_1 \\ \varepsilon_2 \\ \gamma_{12} \end{Bmatrix} \tag{2.14}$$

在此将(2.13)式两边取逆得到下式:

$$\begin{Bmatrix} \varepsilon_1 \\ \varepsilon_2 \\ \gamma_{12} \end{Bmatrix} = \begin{bmatrix} T(\varepsilon) \end{bmatrix}^{-1} \begin{Bmatrix} \varepsilon_x \\ \varepsilon_y \\ \gamma_{xy} \end{Bmatrix} \tag{2.15}$$

将(2.15)式代入(2.14)式可得下式:

$$\begin{Bmatrix} \sigma_x \\ \sigma_y \\ \sigma_{xy} \end{Bmatrix} = \begin{bmatrix} \overline{Q}_{ij} \end{bmatrix} \begin{Bmatrix} \varepsilon_x \\ \varepsilon_y \\ \gamma_{xy} \end{Bmatrix} \tag{2.16}$$

$$\begin{bmatrix} \overline{Q}_{ij} \end{bmatrix} = \begin{bmatrix} \overline{Q}_{11} & \overline{Q}_{12} & \overline{Q}_{16} \\ \overline{Q}_{12} & \overline{Q}_{22} & \overline{Q}_{26} \\ \overline{Q}_{16} & \overline{Q}_{26} & \overline{Q}_{66} \end{bmatrix} = \underline{\begin{bmatrix} T(\sigma) \end{bmatrix} \begin{bmatrix} Q_{ij} \end{bmatrix} \begin{bmatrix} T(\varepsilon) \end{bmatrix}^{-1}}$$

在此为了求出具体形式,将(2.16)式的下划线部分中的$\begin{bmatrix} T(\sigma) \end{bmatrix}\begin{bmatrix} Q_{ij} \end{bmatrix}$记作$\begin{bmatrix} TQ_{ij} \end{bmatrix}$并进行计算,得到下式:

$$\begin{bmatrix} TQ_{ij} \end{bmatrix} = \begin{bmatrix} l^2 Q_{11} + m^2 Q_{12} & l^2 Q_{12} + m^2 Q_{22} & 2lm Q_{66} \\ m^2 Q_{11} + l^2 Q_{12} & m^2 Q_{12} + l^2 Q_{22} & -2lm Q_{66} \\ lm(Q_{12} - Q_{11}) & lm(Q_{22} - Q_{12}) & (l^2 - m^2) Q_{66} \end{bmatrix} \tag{2.17}$$

将(2.17)式右边乘以$\begin{bmatrix} T(\varepsilon) \end{bmatrix}^{-1}$,则$\overline{Q}_{ij}$中的各元素即可确定如下:

$$\overline{Q}_{11} = l^4 Q_{11} + 2l^2 m^2 (Q_{12} + 2Q_{66}) + m^4 Q_{22}$$

$$\overline{Q}_{22} = m^4 Q_{11} + 2l^2 m^2 (Q_{12} + 2Q_{66}) + l^4 Q_{22}$$

$$\overline{Q}_{66} = l^2 m^2 (Q_{11} + Q_{22} - 2Q_{12}) + (l^2 - m^2)^2 Q_{66}$$

$$\overline{Q}_{12} = l^2 m^2 (Q_{11} + Q_{22} - 4Q_{66}) + (l^4 + m^4) Q_{12}$$

$$\overline{Q}_{16} = -l^3 m (2Q_{66} - Q_{11} + Q_{12}) + lm^3 (2Q_{66} - Q_{22} + Q_{12})$$

$$\overline{Q}_{26} = -lm^3 (2Q_{66} - Q_{11} + Q_{12}) + l^3 m (2Q_{66} - Q_{22} + Q_{12}) \tag{2.18}$$

另外,我们不从(2.12)式入手而是从(2.13)式即可得到S_{ij}的转换式。这里只给出最后的结果:

$$\begin{Bmatrix} \varepsilon_x \\ \varepsilon_y \\ \gamma_{xy} \end{Bmatrix} = \begin{bmatrix} \overline{S}_{ij} \end{bmatrix} \begin{Bmatrix} \sigma_x \\ \sigma_y \\ \sigma_{xy} \end{Bmatrix}$$

$$\overline{S}_{11} = l^4 S_{11} + l^2 m^2 (2S_{12} + S_{66}) + m^4 S_{22}$$

$$\overline{S}_{22} = m^4 S_{11} + l^2 m^2 (2S_{12} + S_{66}) + l^4 S_{22}$$

$$\bar{S}_{66} = 4l^2m^2(S_{11} + S_{22} - 2S_{12}) + (l^2 - m^2)^2 S_{66}$$

$$\bar{S}_{12} = l^2m^2(S_{11} + S_{22} - S_{66}) + (l^4 + m^4)S_{12}$$

$$\bar{S}_{16} = l^3m(2S_{11} - 2S_{12} - S_{66}) - lm^3(2S_{22} - 2S_{12} - S_{66})$$

$$\bar{S}_{26} = lm^3(2S_{11} - 2S_{12} - S_{66}) - l^3m(2S_{22} - 2S_{12} - S_{66}) \tag{2.19}$$

以上只是得到了弹性常数的坐标转换式,进一步对于(2.18)式导入不依赖角度的弹性不变量,对于 $\cos\theta, \sin\theta$ 有:

$$\cos^4\theta = \frac{3 + 4\cos2\theta + \cos4\theta}{8}$$

$$\sin^4\theta = \frac{3 - 4\cos2\theta + \cos4\theta}{8}$$

$$\cos^2\theta = \frac{1 + \cos2\theta}{2}$$

$$\sin^2\theta = \frac{1 - \cos2\theta}{2}$$

$$\sin\theta\cos\theta = \frac{\sin2\theta}{2} \tag{2.20}$$

利用这样的三角函数性质,(2.18)式可改写为如下:

$$\bar{Q}_{11} = \left\{\frac{3}{8}Q_{11} + \frac{Q_{12} + 2Q_{66}}{4} + \frac{3}{8}Q_{22}\right\} + \frac{Q_{11} - Q_{22}}{2}\cos2\theta$$

$$+ \left\{\frac{1}{8}Q_{11} - \frac{Q_{12} + 2Q_{66}}{4} + \frac{1}{8}Q_{22}\right\}\cos4\theta \tag{2.21}$$

就是说,正交各向异性板的变换缩减刚度系数可以分解为与角度无关的组成部分和与角度有关的组成部分。在此将与角度无关的组成部分称之为弹性不变量(Invariance),这是一个对铺层材料设计计算有用的量。弹性不变量用 $U_1 \sim U_5$ 表示则可得下式:

$$\bar{Q}_{11} = U_1 + U_2\cos2\theta + U_3\cos4\theta$$

$$\bar{Q}_{12} = U_4 - U_3\cos4\theta$$

$$\bar{Q}_{22} = U_1 - U_2\cos2\theta + U_3\cos4\theta$$

$$\bar{Q}_{66} = U_5 - U_3\cos4\theta$$

$$\bar{Q}_{16} = \frac{1}{2}U_2\sin2\theta + U_3\sin4\theta$$

$$\bar{Q}_{26} = \frac{1}{2}U_2\sin2\theta - U_3\sin4\theta \tag{2.22}$$

在此的弹性不变量 $U_1 \sim U_5$ 用缩减刚度系数可表示如下：

$$U_1 = \frac{3Q_{11} + 3Q_{22} + 2Q_{12} + 4Q_{66}}{8}$$

$$U_2 = \frac{Q_{11} - Q_{22}}{2}$$

$$U_3 = \frac{Q_{11} + Q_{22} - 2Q_{12} - 4Q_{66}}{8}$$

$$U_4 = \frac{Q_{11} + Q_{22} + 6Q_{12} - 4Q_{66}}{8}$$

$$U_5 = \frac{Q_{11} + Q_{22} - 2Q_{12} + 4Q_{66}}{8} \tag{2.23}$$

这样得到 θ 方向（离轴）的弹性常数。从（2.18）式可知：在一般 θ 值时，$\overline{Q}_{16} \neq 0$，$\overline{Q}_{26} \neq 0$，此时图 2.1 所示的单层板由于正应力作用而产生剪应变，这种状态被称为面内耦合，这在考虑复合材料力学时是极其重要的因素。

2.4　正交各向异性材料弹性模量测定方法示例

作为能够更好地理解前节所述正交各向异性弹性特性的练习题，而且从众多实用测定的背景出发，本节的讨论是重要的。首先纤维及其垂直方向弹性模量、泊松比的测定是比较容易的。图 2.2（a）及图 2.2（b）给出的是从母板切出的各自方向的试片，将其安装到带有应变规或拉力计的试验机上。使其承受单轴拉伸状态的载荷，即只是 σ_1 或只是 σ_2 处于非零状态，通过载荷的测定值求出应力，应用（2.1）式、（2.5）式计算出 E_1、E_2、ν_{12}（ν_{21}），进而计算出弹性模量。应变的范围据各种标准而不同，例如：CFRP 情况下，ASTM – D3039 及 SACMA SRM 4R – 94 中规定 $1000 \sim 3000\mu\varepsilon$，JIS – K7073 指出应变是从零的初期梯度（没有明记应变的范围）。计算弹性模量时应变范围与后述的碳纤维的非线性弹性行为都有关联，所以必须注意。本章不讨论标准，不触及标记的有无及实际载荷增加幅度等问题，但只想指出一点就是在贴应变片时为了消除试片翘曲的影响，正反面贴应变片是不可缺少的。只有取正反面应变的平均值才能使数据的可靠性得到很大程度的提高。

单向材料的 4 个弹性模量中已知 3 个，剩余一个 G_{12} 如何测定呢？对于单向材料的薄壁圆筒而言扭转最为理想，但因试验成本问题很难实现。解决这一问题的手段就是：如图 2.2（c）所示对 45° 方向试验片测定其弹性模量和泊松比，从而求出剪切模量 G_{12}。在（2.19）式中，取 $\theta = 45°$ 并施加单轴拉伸应力（$\sigma_x = \sigma_x$，$\sigma_y = I_{xy} = 0$）有：

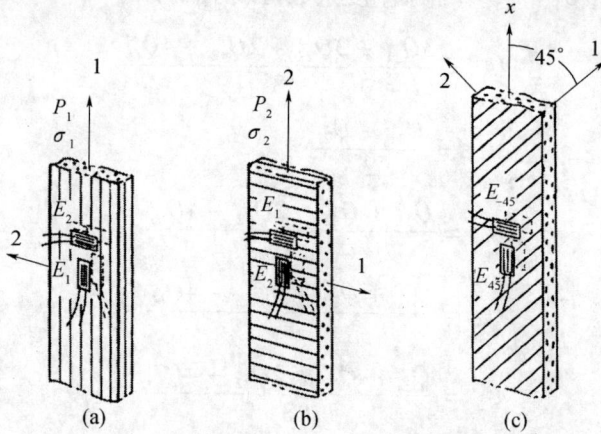

图 2.2　纤维及垂直于纤维方向弹性模量的测定

(a) 纤维方向；(b) 垂直于纤维方向；(c) 45°方向。

$$G_{12} = \cfrac{1}{\cfrac{4}{E_{45}} - \cfrac{1}{E_1} - \cfrac{1}{E_2} + \cfrac{2\nu_{12}}{E_1}} \tag{2.24}$$

即由 45°方向的弹性模量和主轴方向的弹性模量和泊松比 E_1、E_2、ν_{12} 求出 G_{12}。另一方法是取 $\theta = 45°$ 时得到与各向同性很相似的形式，如下式：

$$G_{12} = \frac{E_{45}}{2(1 + \nu_{45})} \tag{2.25}$$

此式是将(2.19)式代入 $\bar{S}_{11} = 1/E_{45}$ 和 $\bar{S}_{12} = -\nu_{45}/E_{45}$ ($\nu_{45} = -\bar{S}_{12}/\bar{S}_{11}$) 的关系中即可通过简单推导得到。值得注意的是(2.25)式右边是 45°方向的量，左边是纤维方向固定坐标系的量，该式只是在 45°时成立。在(2.24)式中，必须有图 2.2 (a)、图 2.2(b)两种试验片的测定值，复合材料的弹性特性是体积含量的函数，由此产生弹性模量的变化不能忽视，对于这一点，在(2.25)式中只有 45°方向试验片的数据得到的 G_{12} 是有效的。

不过在进行 45°拉伸试验时，必须十分注意以下事项。注意的事项如前节所述，由于像这样的非材料主轴方向试验中面内耦合特性而产生拉伸应力，进而引起产生剪切应变的现象。例如：无限长的 45°方向试验片的拉伸见图 2.3(a)，与 $\bar{S}_{16}$ 成比例，产生剪切应变。但是，在实际试验中试片当然是有限长度的，如果约束试片末端的旋转，如图 2.3(b)所示那样引起的变形状态。

因此，在中央部位测定的弹性模量真值 $E^*(\theta)$ 与表观模量 $E^+(\theta)$ 间存在着一定的差异。这个问题在参考文献[2.6]中合适的边界条件下得到精确解，以此为参考，与 $E^+(\theta)$ 的关系如下：

$$E^+ (\theta) = \frac{E^* (\theta)}{1 - \eta} \qquad (2.26)$$

式中

$$\eta = \frac{6 \, \overline{S}_{16}^2}{\overline{S}_{11} \cdot \left\{ 6 \, \overline{S}_{66} + \overline{S}_{11} \left(\dfrac{l}{b} \right)^2 \right\}}$$

就是说,试片的细长比 l/b(b 为半幅宽度)越大,E^+ 和 E^* 的差值越小。将通常的 CFRP 的 S_{ij} 代入,当 $\theta = 45°$,$l/b = 20$ 时,$\eta = 0.005$ 左右。如果 $l/b = 40$,则 $\eta = 0.001$ 以下,可以消除试验的误差。因此,如果用全幅宽度的比值 $l/(2b) = 10 \sim 20$ 的试验片,就可能使得由于面内耦合现象引起的 E_{45} 误差小于 1%。另外,在参考文献[2.7]中指出:对于非材料主轴方向拉伸的试验片,通过采用斜薄片的方法来减少面内耦合变形的影响。

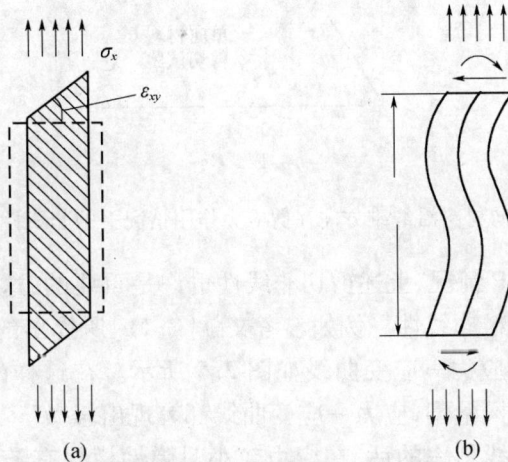

图 2.3　非材料主轴方向拉伸时单项增强材料的变形
(a)试件无限长时;(b)末端被固定时。

2.5　单向材料的非线性弹性行为

各向异性弹性行为是复合材料的特性,它描述了直至破坏时复合材料显示出的性能。在应用到实际构件的层合材料中,这种行为是极其复杂的,是目前主要的研究对象,本节尚未涉及。本节只限于作为基础知识对单向材料显示出的非线性特性进行简单说明。对复合材料非线性的最初认识是沿纤维方向承受剪应力作用时的非线性。参考文献[2.2]中给出了示例,剪切应力—应变图如图 2.4 所示。在这样的长纤维复合材料中,无论什么纤维种类都是比较早地出现剪切应力—应变曲线的非线性。早期文献[2.8]对此进行了简单的阐述,由高阶弹性理论导出

下式:

$$\varepsilon_6 = S_{66}\sigma_6 + S_{6666}\sigma_6^3 \tag{2.27}$$

该式很简单,用它来说明实际的非线性行为多少有些牵强。作为其他方法,有些学者将记述铝合金应力-应变关系的 Ramberg-Osgood 型结构式应用到这种非线性的记述中[2.9],最近也有提出用塑性潜能借用的记述方法[2.10],但由于这些内容均超出了本章的范围,所以这里不予论述,对其感兴趣的读者请参考原论文。

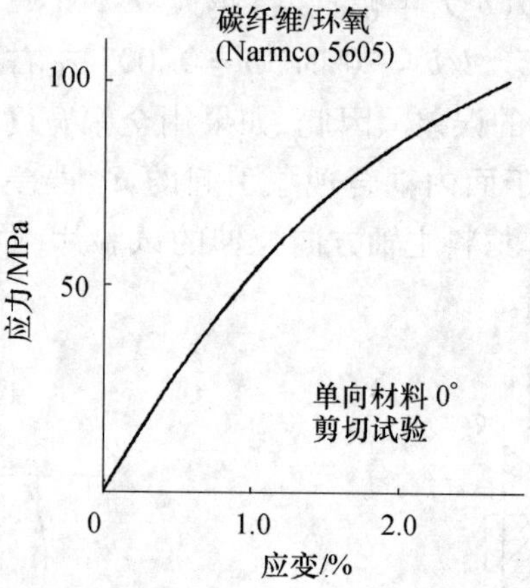

图 2.4 单向材料沿纤维方向在剪应力作用情况下的非线性行为曲线

对于实用的 CFRP 情况,上述剪切非线性也许是重要的,这是由于碳纤维自身特性引起硬化型的材料非线性。例如参考文献[2.11]所提出的单向 CFRP 材料中沿纤维方向的非线性应力—应变曲线如图 2.5 所示。在这样的 CFRP 材料中,无论是高强度型还是高模量型,应力—应变曲线都表现出轻微下凸的趋势,如果将弹性模量定义为这个曲线斜率的话,在应力较小时弹性模量有随着应力增加而增大的倾向。在压缩时,如同普通材料一样弹性模量随着应力增加而减小。另外,这种特性几乎是沿着同一路径进行加载和卸载,这也是真正意义上显示的非线性弹性行为。为了记述这一特性,参考文献[2.11]扩展了参考文献[2.9]的思想并提出下列公式:

$$E_1 = \frac{1}{S_{11} + 2S_{111}\sigma_1 + S_{1111}\sigma_1^2} \tag{2.28}$$

以 $V_f = 60\%$ 的碳纤维/环氧树脂材料测定为例,利用上式则有(单位:GPa):

$$E_1 = \frac{1000}{6.689 + 0.982(\sigma_1 - 1.10)^2} \tag{2.29}$$

这样的应力 2 次幂函数形式可以从补充应变能量函数获得,其详细内容本章省略。当然,应力 σ_1 为零时是线性弹性体的关系,重要的是得到(2.2)式或(2.5)式。这一事实有意义之处在于:用纤维弹性模量及其体积含量由复合法则可以导

出单向复合材料的 E_1。

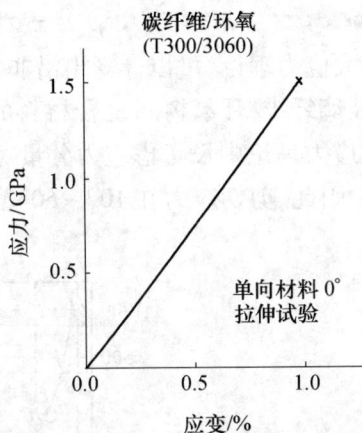

图 2.5　单向增强材料沿纤维方向在拉伸应力作用情况下的非线性行为曲线

2.6　正交各向异性材料的强度准则

至此对于正交各向异性材料的弹性行为进行了解释,最后对具有代表性的正交各向异性单层板的强度准则做一简单说明。关于在组合应力下材料破坏的强度准则问题已经提出了多种理论,在此由于版面的关系,只介绍主要的最大应力理论、最大应变理论以及有代表性的相互作用理论。

2.6.1　最大应力理论

所谓最大应力理论是指材料主轴方向任意应力分量即拉伸、压缩、剪切任意一个超过破坏强度时的破坏条件。沿着图 2.6 的 x,y 坐标系有应力 σ_x、σ_y、τ_{xy} 作用时,主轴(1,2)方向的应力随着坐标变换而变换,对于坐标变换后应力分量 σ_1、σ_2、τ_{12} 有下列关系。

拉伸应力的情况:

$$\sigma_1 < F_{Lt}, \sigma_2 < F_{Tt} \tag{2.30}$$

压缩应力及剪切应力的情况:

$$\sigma_1 > F_{Lc}, \sigma_2 > F_{Tc}, |\tau_{12}| < F_{LTS} \tag{2.31}$$

在上述条件中,无论哪一种情况不符合这个条件时都会发生破坏。其中 F_L、F_T 是方向 1(L)及方向 2(T)的强度,字母 c、t 分别表示压缩和拉伸,而 F_{LTS} 是面内剪切强度。

如图 2.6 所示,在非主轴方向($-\theta$)承受单向应力 σ_x 的正交各向异性单层板中材料主轴方向的应力分量 σ_1、σ_2、τ_{12} 可用下式表示。

$$\sigma_1 = \sigma_x\cos^2\theta,\sigma_2 = \sigma_x\sin^2\theta,\tau_{12} = -\sigma_x\sin\theta\cos\theta \qquad (2.32)$$

根据这些公式,基于最大应力理论,可以计算出沿非主轴方向给予拉伸或压缩载荷时的复合材料强度。玻璃纤维/环氧树脂复合材料的实验值[2.2]和计算值(实线)示于图2.7中。在最大应力理论中没考虑应力分量对破坏的干涉效果,只是应力分量独立对破坏的影响。因此,剪切应力在 $10° \sim 60°$ 范围内影响较大,计算值比实验值高很多。

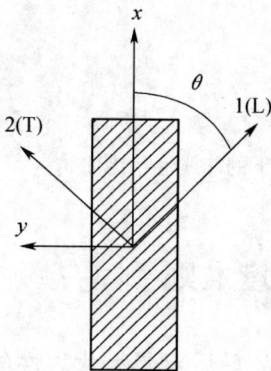

图2.6 非主轴方向的坐标系   图2.7 最大应力理论的计算实例(玻璃纤维/环氧树脂)

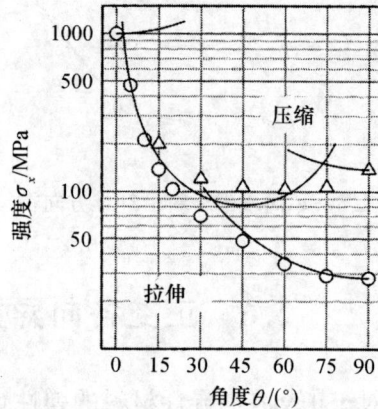

2.6.2 最大应变理论

最大应变理论与最大应力理论具有同样的考虑方法,用应变基准决定破坏条件。在最大应变理论中,坐标变换后的应变分量为 ε_1、ε_2、γ_{12}。

拉伸应变的情况:

$$\varepsilon_1 < \varepsilon_{Lt},\varepsilon_2 < \varepsilon_{Tt} \qquad (2.33)$$

压缩应变及剪切应变的情况:

$$\varepsilon_1 > \varepsilon_{Lc},\varepsilon_2 > \varepsilon_{Tc}, |\gamma_{12}| < \gamma_{LTS} \qquad (2.34)$$

在上述条件中,无论哪一种情况在这个范围以外时都会发生破坏。其中 ε_L、ε_T 分别是方向1、方向2的破坏应变,字母 c、t 分别表示压缩和拉伸,而 γ_{LTS} 是剪切破坏应变。

如图2.6所示,在非主轴方向承受单向应力 σ_x 的正交各向异性当层板中材料主轴方向的各应变分量 ε_1、ε_2、γ_{12} 可用下式表示。

$$\varepsilon_1 = \frac{1}{E_1}(\cos^2\theta - \nu_{12}\sin^2\theta)\sigma_x \qquad (2.35)$$

$$\varepsilon_2 = \frac{1}{E_2}(\sin^2\theta - v_{12}\cos^2\theta)\sigma_x \tag{2.36}$$

$$\tau_{12} = -\frac{1}{G_{12}}\sin\theta\cos\theta\sigma_x \tag{2.37}$$

上式与(2.33)式比较差泊松比项。根据这些公式,基于最大应变理论,可以计算出沿非主轴方向承受拉伸或压缩载荷时的复合材料强度。在这种情况下,最大应变理论也是对于各应变分量的破坏条件相互独立,因此同最大应力理论一样,剪切应力在影响较大的角度范围内,计算值也比实验值高很多。

2.6.3　相互作用理论

在上述的最大应力理论及最大应变理论中,没考虑应力分量对破坏的干涉效果,只考虑应力或应变分量独立对破坏的影响。但在实际材料中存在应力分量的干涉效果,因此必须注意的是最大应力/应变理论中给出了比较危险的推定值。关于处理应力/应变分量相互作用的破坏条件提出了各种模型,其中被人们广泛应用的有表2.1给出的 Tsai – Hill 准则、Hoffman 准则、Tsai – Wu 准则。由于本章的篇幅所限,只对这三个破坏准则做一简单介绍。

表2.1　各强度准则的比较

强度准则　　　　　参数	Tsai – Hill 准则 $F_{ij}\sigma_i\sigma_j = 1$	Hoffman 准则 $F_i\sigma_i + F_{ij}\sigma_i\sigma_j = 1$	Tsai – Wu 准则 $F_i\sigma_i + F_{ij}\sigma_i\sigma_j = 1$
F_{11}	$1/F_L^2$	$-1/(F_{Lt}F_{Lc})$	$-1/(F_{Lt}F_{Lc})$
F_{22}	$1/F_T^2$	$-1/(F_{Tt}F_{Tc})$	$-1/(F_{Tt}F_{Tc})$
F_{12}	$-1/(2F_L^2)$	$1/(2F_{Lt}F_{Lc})$	$F_{12}^*\sqrt{F_{11}F_{22}}$
	–	–	$-1 < F_{12}^* < 1$
F_{66}	$1/F_{LTS}^2$	$1/F_{LTS}^2$	$1/F_{LTS}^2$
F_1	–	$1/F_{Lt} + 1/F_{Lc}$	$1/F_{Lt} + 1/F_{Lc}$
F_2	–	$1/F_{Tt} + 1/F_{Tc}$	$1/F_{Tt} + 1/F_{Tc}$

注:拉伸强度为正,压缩强度为负。

（1）Tsai – Hill 准则

Hill 扩展了 von Mises 各向同性材料的屈服条件,提出了下式所示的正交各向异性的屈服条件[2.12]。

$$F_{ij}\sigma_i\sigma_j = 1 \tag{2.38}$$

或

$$(G + H)\sigma_1^2 + (F + H)\sigma_2^2 + (F + G)\sigma_3^2 - 2H\sigma_1\sigma_2$$
$$- 2G\sigma_1\sigma_3 - 2F\sigma_2\sigma_3 + 2L\tau_{23}^2 + 2M\tau_{13}^2 + 2N\tau_{12}^2 = 1$$

式中：F、G、H、L、M、N 为 Hill 屈服应力常数。

Tsai 考虑到单向增强材料的面外各向同性，以平面应力状态（$\sigma_3 = \tau_{31} = \tau_{23} = 0$）作为对象，简化了 Hill 的破坏准则。这就是被称为 Tsai – Hill 准则的破坏条件[2.13]。

在单纯的应力状态下，各个参数（F,G,H,L,M）可通过破坏强度求得。首先考虑只有剪切应力 τ_{12} 作用时有：

$$2N = \frac{1}{F_{LTS}^2} \qquad (2.39)$$

同样在单轴拉伸载荷（σ_1，σ_2 或只有 σ_3）作用下有：

$$G + H = \frac{1}{F_L^2}$$

$$F + H = \frac{1}{F_T^2}$$

$$F + G = \frac{1}{F_Z^2} \qquad (2.40)$$

式中：Z 为方向 3 的强度。从这些关系可知 F、G、H 的表达如下：

$$2F = \frac{1}{F_T^2} + \frac{1}{F_Z^2} - \frac{1}{F_L^2}$$

$$2G = \frac{1}{F_L^2} + \frac{1}{F_Z^2} - \frac{1}{F_T^2}$$

$$2H = \frac{1}{F_L^2} + \frac{1}{F_T^2} - \frac{1}{F_Z^2} \qquad (2.41)$$

以单层板为对象，当 1 – 2 面上的平面应力状态（$\sigma_3 = \tau_{31} = \tau_{23} = 0$）时，考虑到面外强度特性的对称性，Tsai – Hill 准则可以用简单的形式表示如下：

$$\frac{\sigma_1^2}{F_L^2} - \frac{\sigma_1 \sigma_2}{F_L^2} + \frac{\sigma_2^2}{F_T^2} + \frac{\tau_{12}^2}{F_{LTS}^2} = 1 \qquad (2.42)$$

图 2.8 与图 2.7 同样给出的是玻璃纤维/环氧树脂复合材料的实验值和据 Tsai – Hill 准则计算值的比较结果[2.2]。从中可知：与最大应力理论及最大应变理论比较，即使是在剪切应力影响较大的角度范围内，实验值与计算值也显示出了良好的一致性。

这个理论的特点是所有项都是 2 次式，所以不能区别压缩应力和拉伸应力。因此，在拉伸和压缩强度不同的普通复合材料中，有时会产生本质上的矛盾。为了弥补这一缺点，提出了下列的 Hoffman 准则和 Tsai – Wu 准则。

（2）Hoffman 准则

因为 Hoffman 准则考虑了拉伸强度和压缩强度的不同，将应力多项式的一次

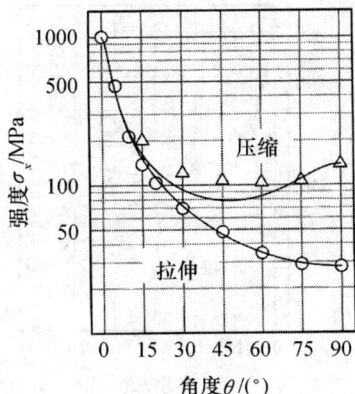

图 2.8　Tsai – Hill 准则计算实例(玻璃纤维/环氧树脂)

分量导入到 Hill 准则中[2.14]。则有下式:

$$C_1(\sigma_2 - \sigma_3)^2 + C_2(\sigma_3 - \sigma_1)^2 + C_3(\sigma_1 - \sigma_2)^2$$
$$+ C_4\sigma_1 + C_5\sigma_2 + C_6\sigma_3 + C_7\tau_{23}^2 + C_8\tau_{31}^2 + C_9\tau_{12}^2 = 1 \quad (2.43)$$

当单层板在 1 – 2 面上处于平面应力状态($\sigma_3 = \tau_{31} = \tau_{23} = 0$)时,考虑到面外强度特性的对称性,Hoffman 准则用下式表示:

$$- \frac{\sigma_1^2}{F_{Lc}F_{Lt}} + \frac{\sigma_1\sigma_2}{F_{Lc}F_{Lt}} - \frac{\sigma_2^2}{F_{Tc}F_{Tt}} +$$

$$\left(\frac{1}{F_{Lc}} + \frac{1}{F_{Lt}}\right)\sigma_1 + \left(\frac{1}{F_{Tc}} + \frac{1}{F_{Tt}}\right)\sigma_2 + \frac{\tau_{12}^2}{F_{LTS_{12}}^2} = 1 \quad (2.44)$$

式中值得注意的是压缩强度取负值。在拉伸强度和压缩强度相等($F_c = -F_t$)的情况下,(2.44)式与(2.42)式表示的 Tsai – Hill 准则一致。

玻璃纤维/环氧树脂的单向复合材料非主轴方向的实验值与 Hoffman 准则计算值比较见图 2.9,无论在哪种情况下实验值与计算值都显示出了良好的一致性。

(3) Tsai – Wu 准则

Tsai 和 Wu 引入了下式所示的张量形式的破坏曲面作为复合材料的破坏条件[2.15]。

$$F_i\sigma_i + F_{ij}\sigma_i\sigma_j = 1 \qquad (i,j = 1,\cdots,6) \quad (2.45)$$

式中:F_i、F_{ij}分别为 2 阶和 4 阶张量。

对于正交各向异性材料的平面应力状态($\sigma_3 = \tau_{31} = \tau_{23} = 0$),将(2.45)式改写成一般形式则可得下式:

$$F_1\sigma_1 + F_2\sigma_2 + F_6\sigma_6 + F_{11}\sigma_1^2 + F_{22}\sigma_2^2 + F_{66}\sigma_6^2 + 2F_{12}\sigma_1\sigma_2 = 1 \quad (2.46)$$

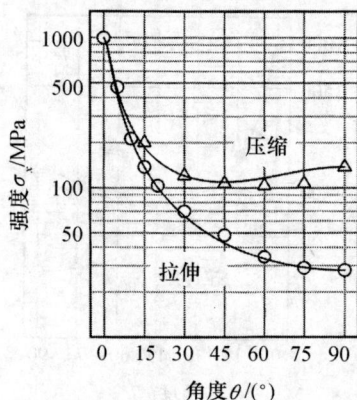

图 2.9 Hoffman 准则计算实例（玻璃纤维/环氧树脂）

该式中含有一次应力项，可以同时处理拉伸强度和压缩强度。同前面一样，在单纯应力状态下，可通过破坏强度求得各个参数。例如，方向 1 承受单轴拉伸载荷或压缩载荷时有(2.47)式。

$$F_1 F_{Lt} + F_{11} F_{Lt}^2 = 1, \ F_1 F_{Lc} + F_{11} F_{Lc}^2 = 1 \qquad (2.47)$$

进而可得下式：

$$F_1 = \frac{1}{F_{Lt}} + \frac{1}{F_{Lc}}, F_{11} = -\frac{1}{F_{Lt} F_{Lc}} \qquad (2.48)$$

同样，对于方向 2 则有：

$$F_2 = \frac{1}{F_{Tt}} + \frac{1}{F_{Tc}}, F_{22} = -\frac{1}{F_{Tt} F_{Tc}} \qquad (2.49)$$

另外，考虑单纯剪切载荷时有：

$$F_6 = 0, F_{66} = \frac{1}{F_{LTS}^2} \qquad (2.50)$$

在这些公式中，与 Hoffman 准则一样，压缩强度取负值。在拉伸强度和压缩强度相等($F_{Lc} = -F_{Lt}, F_{Tc} = -F_{Tt}$)的情况下，有下式成立：

$$\frac{\sigma_1^2}{F_L^2} + 2F_{12} \sigma_1 \sigma_2 + \frac{\sigma_2^2}{F_T^2} + \frac{\tau_{12}^2}{F_{LTS}^2} = 1 \qquad (2.51)$$

当 Tsai – Wu 准则中的 $F_{12} = -0.5/F_L^2$ 时与 Tsai – Hill 准则相一致。

在 Tsai – Wu 准则中有必要确定相互干涉的 F_{12}，但一般情况下不容易。例如考虑 $\sigma_1 = \sigma_2 = \sigma$ 等轴应力状态时，(2.45)式则变成：

$$(F_1 + F_2)\sigma + (F_{11} + F_{12} + 2F_{12})\sigma^2 = 1 \qquad (2.52)$$

其中 F_{12} 的解为

38

$$F_{12} = \frac{1}{2\sigma^2}\Big[1 - \Big(\frac{1}{F_{Lt}} + \frac{1}{F_{Lc}} + \frac{1}{F_{Tt}} + \frac{1}{F_{Tc}}\Big)\sigma + \Big(\frac{1}{F_{Lt}F_{Lc}} + \frac{1}{F_{Tt}F_{Tc}}\Big)\sigma^2\Big] \quad (2.53)$$

由此可知,不只是拉伸强度和压缩强度,其他应力函数也在变,所以不能从根本意义上确定 F_{12}。

那么 F_{12} 在什么样的范围内取值呢,(2.45)式所示的强度准则表明:为了避开强度无限大的矛盾,必须是封闭曲线。就是说在垂直应力分量的平面显示闭合曲线,所以有必要变成椭圆,因此判别式必须满足以下条件[2.16]:

$$F_{11}F_{12} - F_{12}^2 > 0 \quad (2.54)$$

对 F_{12} 整理可得:

$$-\sqrt{F_{11}F_{22}} < F_{12} < \sqrt{F_{11}F_{22}} \quad (2.55)$$

引入相互干涉项 F_{12}^* 则有:

$$F_{12}^* = \frac{F_{12}}{\sqrt{F_{12}F_{22}}} = F_{12}\sqrt{F_{Lt}F_{Lc}F_{Tt}F_{Tc}} \quad (2.56)$$

F_{12}^* 的范围如下:

$$-1 < F_{12}^* < 1 \quad (2.57)$$

在 Tsai – Wu 准则中,(2.57)式范围内可以取任意的材料常数确定 F_{12}。在没有充分实验数据的情况下,对应的 Tsai – Hill 准则大多使用 $F_{12}^* = -0.5$ 这一数值。

关于强度准则也有其他各种理论方法。通常强度准则含有各向异性常数越多,与实验结果吻合就越好。但是,为此必须在更多的组合应力状态下进行高精度的实验。本章介绍的 Hoffman 准则和 Tsai – Wu 准则等各向异性常数虽然少,但用简单强度试验得到了这些点并进行优化,所以即使是 30 年前的理论,在今天也在广泛地应用。

本章以正交各向异性材料(特别是单向层合板)为对象进行讨论,而实际复合材料结构应用了各种各样的铺层材料和织物材料等。铺层材料和织物材料的破坏现象很复杂,有纤维破坏、基体破坏、界面破坏、层间剥离、屈曲等,它们都相互关联,同时连续发生。以铺层材料为对象的破坏准则也有各种各样的方法,在今天仍有很多方法在研究之中。

参考文献

[2.1] 石川隆司:第 2 章,複合材料の弾性・非弾性挙動,複合材料力学入門,日本複合材料学会,1997, p.8-13.

[2.2] R.M. Jones: *Mechanics of Composite Materials*, Taylor & Francis, Philadelphia, PA, 1999.

[2.3] C.T. Sun: *Mechanics of Aircraft Structures*, John Wiley & Sons, Inc., NY, 1998.

[2.4] 福田博,邉吾一:複合材料の力学序説,古今書院,1997.

[2.5] 日本複合材料学会編: 複合材料ハンドブック, 1989, 日刊工業新聞社.

[2.6] N.J. Pagano et al.: *Journal of Composite Materials*, Vol.2, 1968, p.18.

[2.7] C.T. Sun and I. Chung: *Composites*, Vol.24, 1993, p.619.

[2.8] H.T. Hahn and S.W. Tsai: *Journal of Composite Materials*, Vol.7, 1973, p.102.

[2.9] 久能和夫, 他: 日本航空宇宙学会誌, 39, 1991, p.410.

[2.10] C.T. Sun and J.L. Chen: *Journal of Composite Materials*, Vol.23, 1989, p.1009.

[2.11] 石川隆司, 他: 日本複合材学会誌, 12, 1986, pp.8.

[2.12] R. Hill: Proceedings of the Royal Society, 1948, p.281.

[2.13] V.D. Azzi & S.W. Tsai: *Experimental Mechanics*, 5, 9, 1965, 283-288.

[2.14] O. Hoffman: *Journal of Composite Materials*, Vol.1, 2, 1967, 200-297.

[2.15] S.W. Tsai & E.M. Wu: *Journal of Composite Materials*, Vol.5, 1, 1970, 58-80.

[2.16] 座古勝, 倉敷哲生: 第 10 章複合材料の強度則, 複合材料力学入門, 日本複合材料学会, 1997, p.65-71.

3 层合板·夹层板及织物结构

纤维增强复合材料一般是单层板以不同的铺放角度及任意的厚度粘接层合而成,同时假定单层之间粘接完好且无相对位移,通过层合,可产生具有多种特性的材料,因此作为结构要素,其设计上的自由度显著增加。在层合板中具备了单层板或均质正交异性板所不具备的特殊的力学特性,在此就力学计算方法加以说明[3.1-3.3]。

最近,以复合材料为核心不断开发出各种新型材料。夹层材料是复合材料的一种,是将较薄的高强度材料放在上下表面,将比较厚的轻质芯材置于中间组成一种高效率的结构形式,广泛应用于对轻量化要求较高的飞机和飞船上。夹层结构的蒙皮和芯材材质、尺寸等可以有多种选择,因此,在建筑、船舶及车辆等领域的应用也在不断扩大。本章介绍层合板性质,叙述用 FRP 做蒙皮的普通各向异性夹层梁及板的结构[3.3],并对织物复合材料的力学基础加以叙述。

3.1 单层板的应力—应变关系

对单层板施加外力时,通常将产生面内变形和面外变形。梁理论中的伯努利·欧拉定理也适用于单层板的情况。此时根据基尔霍夫定律,如图 3.1 所示垂直于 x 轴的垂线 AB 变形后为垂直于 x' 的 $A'B'$,用公式表示为

$$u = u_0 - z\beta = u_0 - z\left(\frac{\partial w_0}{\partial x}\right) \tag{3.1}$$

同理,y 方向为

$$v = v_0 - z\left(\frac{\partial w_0}{\partial y}\right) \tag{3.2}$$

这里 u_0、v_0 和 w_0 是位于中性面上的 x、y、z 方向的位移。考虑到小变形,则中性面的应变表示为

$$\varepsilon_x^0 = \left(\frac{\partial u_0}{\partial x}\right), \varepsilon_y^0 = \left(\frac{\partial v_0}{\partial y}\right), \gamma_{xy}^0 = \left(\frac{\partial u_0}{\partial y}\right) + \left(\frac{\partial v_0}{\partial x}\right) \tag{3.3}$$

中性面的曲率 κ_x、κ_y 及扭率 κ_{xy} 表示为

$$\kappa_x = -\left(\frac{\partial^2 w_0}{\partial x^2}\right), \kappa_y = -\left(\frac{\partial^2 w_0}{\partial y^2}\right), \kappa_{xy} = -2\left(\frac{\partial^2 w_0}{\partial x \partial y}\right) \tag{3.4}$$

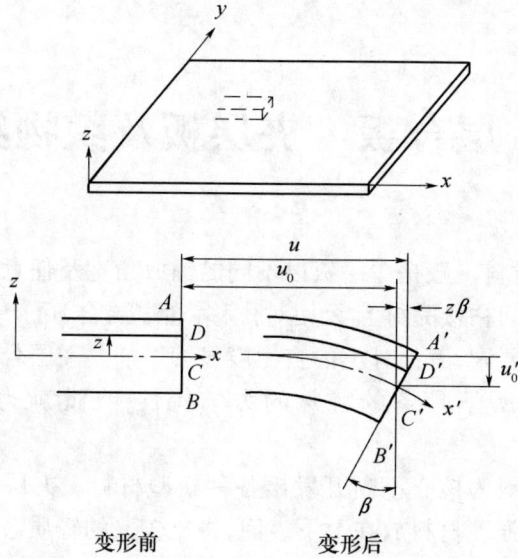

变形前   变形后

图 3.1 板的挠曲变形

偏离中性面距离为 z 的任意一点处的面内应变为

$$\varepsilon_x = \frac{\partial u}{\partial x} = \frac{\partial u_0}{\partial x} - z\frac{\partial^2 w_0}{\partial x^2} = \varepsilon_x^0 + z\kappa_x$$

$$\varepsilon_y = \frac{\partial \nu}{\partial y} = \frac{\partial \nu_0}{\partial y} - z\frac{\partial^2 w_0}{\partial y^2} = \varepsilon_y^0 + z\kappa_y$$

$$\gamma_{xy} = \frac{\partial u}{\partial y} + \frac{\partial \nu}{\partial x} = \frac{\partial u_0}{\partial y} + \frac{\partial \nu_0}{\partial x} - 2z\frac{\partial^2 w_0}{\partial x\partial y} = \gamma_{xy}^0 + z\kappa_{xy} \quad (3.5)$$

将上式代入 2 章中的 x,y 坐标系下的应力—变形关系式,将 x,y 坐标设定为基准,得单层板应力—应变关系式:

$$\begin{Bmatrix} \sigma_x \\ \sigma_y \\ \tau_{xy} \end{Bmatrix} = \begin{bmatrix} \overline{Q}_{11} & \overline{Q}_{12} & \overline{Q}_{16} \\ \overline{Q}_{12} & \overline{Q}_{22} & \overline{Q}_{26} \\ \overline{Q}_{16} & \overline{Q}_{26} & \overline{Q}_{66} \end{bmatrix} \begin{Bmatrix} \varepsilon_x^0 + z\kappa_x \\ \varepsilon_y^0 + z\kappa_y \\ \gamma_{xy}^0 + z\kappa_{xy} \end{Bmatrix} \quad (3.6)$$

3.2 层 合 板

如图 3.2 所示,以层合板的中性面为 z 轴的原点,面上的应变为 ε_x^0、ε_y^0、γ_{xy}^0,则对于各单层板有(3.5)式成立,由 n 层单层板组合后的层合板因各单层应力不同,积分后有:

$$(N_x, N_y, N_{xy}) = \int_{-h/2}^{h/2} (\sigma_x, \sigma_y, \tau_{xy}) \mathrm{d}z = \sum_{k=1}^{n} \int_{zk-1}^{zk} (\sigma_x^{(k)}, \sigma_y^{(k)}, \tau_{xy}^{(k)}) \mathrm{d}z \quad (3.7)$$

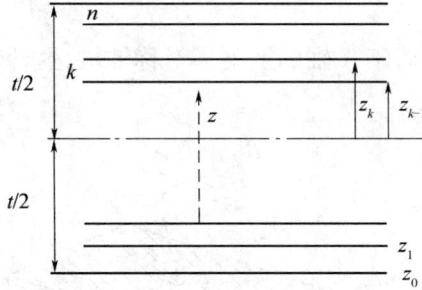

图 3.2 层合板厚度方向的坐标

(3.7)式中，N_x、N_y 和 N_{xy} 称为合力(Stress Resultant)，是单位宽度上的内力。同理弯曲情况为

$$(M_x, M_y, M_{xy}) = \int_{-h/2}^{h/2} (\sigma_x z, \sigma_y z, \tau_{xy} z) \mathrm{d}z = \sum_{k=1}^{n} \int_{zk-1}^{zk} (\sigma_x^{(k)} z, \sigma_y^{(k)} z, \tau_{xy}^{(k)} z) \mathrm{d}z$$

$$(3.8)$$

(3.8)式中，M_x、M_y 及 M_{xy} 称为合力矩(Moment Resultant)，或称为单位宽度上的内力矩。记

$$A_{ij} = \sum_{k=1}^{N} (\overline{Q}_{ij})_k (z_k - z_{k-1})$$

$$B_{ij} = \frac{1}{2} \sum_{k=1}^{N} (\overline{Q}_{ij})_k (z_k^2 - z_{k-1}^2)$$

$$D_{ij} = \frac{1}{3} \sum_{k=1}^{N} (\overline{Q}_{ij})_k (z_k^3 - z_{k-1}^3) \qquad (i,j) = 1,2,6 \qquad (3.9)$$

将(3.7)式与(3.8)式整理后得

$$\begin{Bmatrix} N_x \\ N_y \\ N_{xy} \\ M_x \\ M_y \\ M_{xy} \end{Bmatrix} = \begin{bmatrix} A_{11} & A_{12} & A_{16} & B_{11} & B_{12} & B_{16} \\ A_{12} & A_{22} & A_{26} & B_{12} & B_{22} & B_{26} \\ A_{16} & A_{26} & A_{66} & B_{16} & B_{26} & B_{66} \\ B_{11} & B_{12} & B_{16} & D_{11} & D_{12} & D_{16} \\ B_{12} & B_{22} & B_{26} & D_{12} & D_{22} & D_{26} \\ B_{16} & B_{26} & B_{66} & D_{16} & D_{26} & D_{66} \end{bmatrix} \begin{Bmatrix} \varepsilon_x^0 \\ \varepsilon_y^0 \\ \gamma_{xy}^0 \\ \kappa_x \\ \kappa_y \\ \kappa_{xy} \end{Bmatrix} \qquad (3.10)$$

这里 A_{ij} 为面内刚度(In-Plane Rigidity)，B_{ij} 为耦合刚度(Coupling Rigidity)，D_{ij} 为弯曲刚度(Bending Rigidity)，(3.10)式为层合板的合力、合力矩与应变、曲率的关系式。

3.3 对称铺层

如图 3.3 所示,考虑对于 X 轴的上下为对称铺层,这种对称层合板上,主轴、非主轴对坐标是无关的。

$$B_{ij} = 0 \qquad (3.11)$$

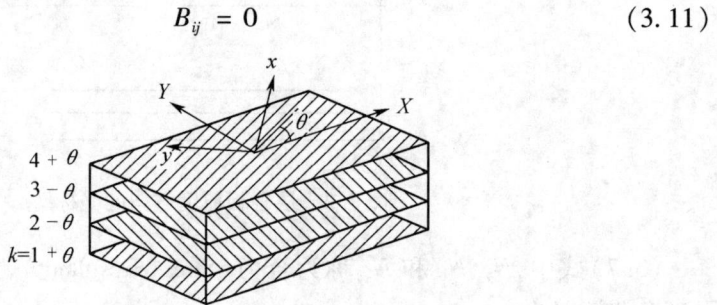

图 3.3 对称铺层

则(3.10)式中面内与面外组成可分开为

$$\begin{Bmatrix} N_x \\ N_y \\ N_{xy} \end{Bmatrix} = \begin{bmatrix} A_{11} & A_{12} & A_{16} \\ A_{12} & A_{22} & A_{26} \\ A_{16} & A_{26} & A_{66} \end{bmatrix} \begin{Bmatrix} \varepsilon_x^0 \\ \varepsilon_y^0 \\ \gamma_{xy}^0 \end{Bmatrix} \qquad (3.12)$$

$$\begin{Bmatrix} M_x \\ M_y \\ M_{xy} \end{Bmatrix} = \begin{bmatrix} D_{11} & D_{12} & D_{16} \\ D_{12} & D_{22} & D_{26} \\ D_{16} & D_{26} & D_{66} \end{bmatrix} \begin{Bmatrix} \kappa_x \\ \kappa_y \\ \kappa_{xy} \end{Bmatrix} \qquad (3.13)$$

从而,对称层合板的拉伸和面内剪切载荷由(3.12)式控制,弯曲和扭转载荷由(3.13)式控制。

3.4 耦合效应

如图 3.4 所示,2 个铺层分别与 X 轴夹角为 $+\theta$ 和 $-\theta$。此时 $(\overline{Q}_{ij})_1$ 及 $(\overline{Q}_{ij})_2$ 用上一章介绍的公式代入 $+\theta$ 和 $-\theta$ 后,仔细观察(2.18)式,$\overline{Q}_{11}$、$\overline{Q}_{12}$、$\overline{Q}_{22}$、$\overline{Q}_{66}$ 对于 θ 来说是偶数相关,$\overline{Q}_{16}$、$\overline{Q}_{26}$ 是奇数相关。从而,对于 $n=2$ 的反对称铺层,(3.10)式的几个上下层相互抵消:

$$A_{16} = A_{26} = B_{11} = B_{12} = B_{22} = B_{66} = D_{16} = D_{26} = 0 \qquad (3.14)$$

将(3.14)式代入(3.10)式,例如计算 N_x,则

$$N_x = A_{11}\varepsilon_x^0 + A_{12}\varepsilon_y^0 + B_{16}\kappa_{xy} \qquad (3.15)$$

44

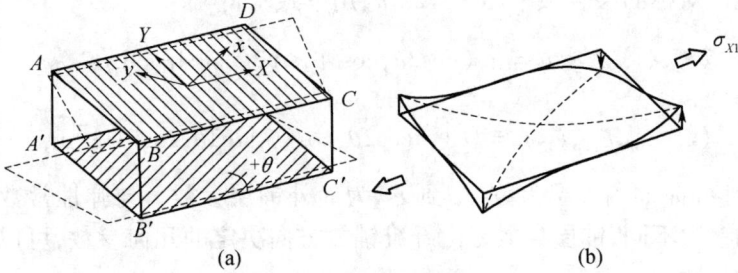

图 3.4　反对称铺层拉伸

可见,式中若有扭转变形则可产生轴向力 N_x。换言之,若施以轴向载荷则可产生扭转变形。由 N_x、N_y 及 N_{xy} 的面内合力可产生 κ_x、κ_y 及 κ_{xy} 这样的面外变形,由 M_x、M_y 和 M_{xy} 的面外合力矩可引起 ε_x^0、ε_y^0、γ_{xy}^0 这样的面内变形,这种现象称作耦合效应(Coupling Effect),这是层合板特有的现象。

3.5　对称铺层参数

将(2.22)式的 $\overline{Q}_{ij}$ 与 $U_1 \sim U_5$ 的关系再次写为

$$\overline{Q}_{11} = U_1 + U_2\cos2\theta + U_3\cos4\theta$$

$$\overline{Q}_{12} = U_4 - U_3\cos4\theta$$

$$\overline{Q}_{22} = U_1 - U_2\cos2\theta + U_3\cos4\theta$$

$$\overline{Q}_{66} = U_5 - U_3\cos4\theta$$

$$\overline{Q}_{16} = (1/2)U_2\sin2\theta + U_3\sin4\theta$$

$$\overline{Q}_{26} = (1/2)U_2\sin2\theta - U_3\sin4\theta \tag{3.16}$$

从而利用(3.9)式中的 A_{ij} 和 D_{ij} 并结合(3.16)式中的 $\overline{Q}_{ij}$,得

$$(A_{11},A_{22},A_{12},A_{66},A_{16},A_{26}) = h\big[\,(U_1,U_1,U_4,U_5,0,0) +$$

$$(\xi_1,-\xi_1,0,0,-\frac{\xi_3}{2},-\frac{\xi_3}{2})U_2 + (\xi_2,\xi_2-\xi_2,-\xi_2,-\xi_4,\xi_4)U_3\big]$$

$$(D_{11},D_{22},D_{12},D_{66},D_{16},D_{26}) = \frac{h^3}{12}\big[\,(U_1,U_1,U_4,U_5,0,0) +$$

$$(\xi_9,-\xi_9,0,0,-\frac{\xi_{11}}{2},-\frac{\xi_{11}}{2})U_2 + (\xi_{10},\xi_{10},-\xi_{10},-\xi_{10},-\xi_{12},\xi_{12})U_3\big]$$

$$\tag{3.17}$$

式中:h 为板厚;ξ_1、ξ_2、ξ_3、ξ_4、ξ_9、ξ_{10}、ξ_{11}、ξ_{12} 为层合板参数。

以中性面对称的层合板采用 $\eta = 2z/h$，用下式求得

$$(\xi_1, \xi_2, \xi_3, \xi_4) = \int_0^1 (\cos2\theta, \cos4\theta, \sin2\theta, \sin4\theta)\, \mathrm{d}\eta$$

$$(\xi_9, \xi_{10}, \xi_{11}, \xi_{12}) = 3\int_0^1 (\cos2\theta, \cos4\theta, \sin2\theta, \sin4\theta)\, \eta^2 \mathrm{d}\eta \tag{3.18}$$

从 ξ_1 到 ξ_4 是面内铺层参数，ξ_9 到 ξ_{12} 为面外铺层参数。与弹性常数是取决于材料特性的参数不同，铺层参数是由纤维铺放方向决定的几何参数，可以体现所有对称铺层的参数。

3.6 铺层参数与铺层结构

(3.12)式中的面内刚度 A_{16} 及 A_{26} 延伸意义是剪切耦合（垂直力的作用与伸缩变形一起引起剪切变形，相反剪切力作用除产生剪切变形以外也引起伸缩变形）刚度的体现，叫做交叉弹性效应。这种交叉弹性效应是各向异性材料特有的刚度特性，是由铺层参数 ξ_3 和 ξ_4 引起的，参照(3.18)式，ξ_3 和 ξ_4 是由 $\sin2\theta$ 和 $\sin4\theta$ 计算得到，所以当厚度相同的 $+\theta$ 与 $-\theta$ 铺层时，此参数项为零。这种铺层叫作平衡铺层。另外，面外刚度 D_{16} 和 D_{26} 是弯曲时的扭转耦合（弯矩作用时产生扭转变形，相反扭矩作用时产生弯曲变形）刚度，也叫交叉弹性效应。这种情况也是由 ξ_{11} 和 ξ_{12} 引起的，如(3.18)式，耦合效应项的大小因 ξ_3 和 ξ_4 而有所不同，与铺层位置有关。4 个面内铺层参数并非独立，相互关系如下：

$$\xi_1^2 + \xi_3^2 \leqslant 1$$

$$\xi_2^2 + \xi_4^2 \leqslant 1$$

$$2(1 + \xi_2)\xi_3^2 - 4\xi_1\xi_3\xi_4 \leqslant (\xi_2 - 2\xi_1^2 + 1)(1 - \xi_2) \tag{3.19}$$

当耦合项 (ξ_3, ξ_4) 为 $(0,0)$ 时，(ξ_1, ξ_2) 的许用范围满足(3.19)式的第 3 式，成为下边的情况：

$$2\xi_1^2 - 1 \leqslant \xi_2 \leqslant 1 \tag{3.20}$$

对于给定的 (ξ_1, ξ_2)、(ξ_3, ξ_4) 的许用范围满足(3.19)式的第 3 式，由内椭圆给出，例如 $(\xi_1, \xi_2) = (0,0)$ 时，有 $2\xi_3^2 + \xi_4^2 \leqslant 1$。

3.6.1 正交铺层

由 0°层和 90°层组成的铺层结构，若厚度比为 h_0 和 h_{90}（$(h_0 + h_{90} = 1, h_0 \geqslant 0, h_{90} \geqslant 0)$），则铺层参数之间的关系如下：

$$\xi_1 = \int_0^1 \cos2\theta \mathrm{d}\eta = h_0 - h_{90}(-1 \leqslant \xi_1 \leqslant 1), \xi_2 = \int_0^1 \cos4\theta \mathrm{d}\eta = h_0 + h_{90} = 1$$

$$\tag{3.21}$$

图 3.5 显示了(3.21)式的关系,点 A:$(\xi_1,\xi_2) = (1,1)$ 时为 0°铺层,点 C: $(\xi_1,\xi_2) = (-1,1)$ 时对应的是 90°铺层,线 AC 上的 ξ_1 表示了 0°和 90°的厚度比。

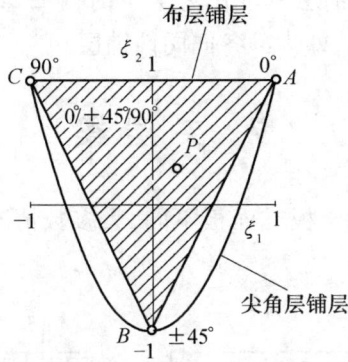

图 3.5 铺层参数 $\xi_1 - \xi_2$ 坐标系上的铺层结构

3.6.2 对角铺层

对等厚的 $+\theta$ 与 $-\theta$ 组成的角度铺层:

$$\xi_1 = \cos 2\theta$$
$$\xi_2 = \cos 4\theta = 2\cos^2 2\theta - 1 \tag{3.22}$$

由 $\xi_2 = 2\xi_1^2 - 1$(其中 $-1 \leqslant \xi_1 \leqslant 1$)的关系,对应图 3.5 上划斜线区域的 ABC 的铺层结构。$(\xi_1,\xi_2) = (1/\sqrt{2},0)$ 为 ±22.5°铺层,$(0,1)$ 对应为 ±45°铺层,$(-1/\sqrt{2},0)$ 对应于 ±67.5°铺层。

3.6.3 准各向同性铺层(0°∕±45°/90°)

这是飞机结构中通常使用的铺层结构,对应于 0°、±45°、90°的比例,显示于图 3.5 中的三角形 ABC 区域的一点。即点 A(0°层),点 B(±45°层),点 C(90°层),其厚度比为 h_0、$h_{\pm 45}$ 和 h_{90} 时,与区域内点 $P(\xi_1,\xi_2)$ 间的关系如下:

$$(\xi_1,\xi_2) = h_0(1,1) + h_{\pm 45}(0,-1) + h_{90}(-1,1)$$
$$h_0 + h_{\pm 45} + h_{90} = 1, h_0 \geqslant 0, h_{\pm 45} \geqslant 0, h_{90} \geqslant 0 \tag{3.23}$$

反算(3.23)式对应 (ξ_1,ξ_2) 的厚度比由下式给出:

$$h_0 = \frac{1 + 2\xi_1 + \xi_2}{4}$$

$$h_{\pm 45} = \frac{1 - \xi_2}{2}$$

$$h_{90} = \frac{1 - 2\xi_1 + \xi_2}{4} \tag{3.24}$$

对应于 $(\xi_1,\xi_2)=(0,0)$ 的铺层,例如将 0°、±45°和 90°铺层的厚度比定为 1:2:1时,$(0°/±45°/90°)_s$ 的铺层体现了面内刚度各方向相同,即为准各向同性铺层。±22.5°铺层与±67.5°铺层厚度比为 1:1 时,$(±22.5°/±67.5°)_s$ 的铺层也体现了面内刚度各方向相同,即为准各向同性铺层。

3.7 夹 层 梁

夹层梁与二次结构的夹层板或面板不同,大多数情况是以闭合形状进行分析求解的,如图 3.6 所示。

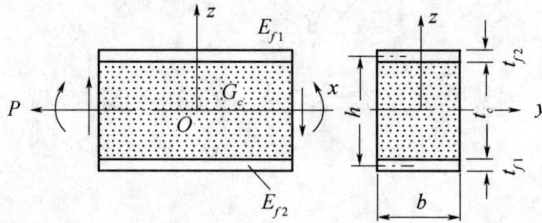

图 3.6　夹层梁的构成

3.7.1 弯曲刚度[3.4]

图 3.6 表示的夹层梁弯曲刚度忽略了芯材刚度,如下式:

$$D = bh^2 \frac{E_{f1}t_{f1}E_{f2}t_{f2}}{E_{f1}t_{f1}+E_{f2}t_{f2}} + D_{f1} + D_{f2} \qquad (3.25)$$

式中:D_{f1}、D_{f2} 及 h 分别为蒙皮自身弯曲刚度和上下蒙皮的中心距。则

$$D_{f1} = \frac{E_{f1}bt_{f1}^3}{12}, D_{f2} = \frac{E_{f2}bt_{f2}^3}{12}, h = t_c + \frac{t_{f1}+t_{f2}}{2} \qquad (3.26)$$

(3.26)式中的 D_{f1} 和 D_{f2} 与式(3.25)中第 1 项相比起来很小,可忽略不计,特别当上下蒙皮同质、等厚时,下角标 $f_1=f_2=f$,$h=t_c+t_f$,则

$$D = b\left\{\frac{E_f t_f h^2}{2} + \frac{E_f t_f^3}{6}\right\} \qquad (3.27)$$

进而,当蒙皮厚度很小时,用 D_0 表示抗弯刚度,则

$$D = D_0 = \frac{E_f t_f b h^2}{2} \qquad (3.28)$$

弯矩 M 使蒙皮产生的平均弯曲应力由下式给出:

$$\sigma_{f1} = -\frac{M}{hbt_f}, \sigma_{f2} = \frac{M}{hbt_f} \qquad (3.29)$$

3.7.2 芯材剪切刚度的影响[3.5]

全长 L(一半长为 $l = L/2$)的两端固定的夹层梁受到均布压力 p_0 作用时,取梁中间位置 $x = 0$,将如下无量纲参数:

$$\xi = \frac{D_0}{2D_f} = 3(1 + \frac{t_c}{t_f})^2, \eta = \frac{2G_c t_c l^2}{E_f t_f (t_c + t_f)^2} = \frac{Ul^2}{D_0}, \lambda^2 = \eta(1 + \varepsilon)$$

$$(3.30)$$

导入。此处的 D_f 和 D_0 为取单位宽度($b = 1$)的弯曲刚度,η 表示剪切强度,$U = (G_c t_c)$ 与 D_0 之比。挠度的最大值 ν_{max} 位于梁中央,如下式:

$$\nu_{max} = \frac{p_0 l^4}{24D}\left\{1 + \frac{12\xi}{\lambda^2}\left[1 + \frac{2(1 - \cosh\lambda)}{\lambda\sin\lambda}\right]\right\}$$

$$(3.31)$$

下面,我们利用(3.31)式分析芯材的剪切刚度对 ν_{max} 的影响。

① 芯材很硬时,$\lambda \to \infty$,则

$$v_{max} = \frac{p_0 l^4}{24D} = \frac{p_0 L^4}{384D}$$

$$(3.32)$$

② 芯材很软时,$\lambda \to 0$,则

$$\nu_{max} = \frac{p_0 l^4(1 + 2\xi)}{24D} \approx \frac{p_0 L^4}{384(2D_f)}$$

$$(3.33)$$

与上下蒙皮重叠的结果一样。

③ 芯材刚度中等程度时,$\lambda > 20, D \approx D_0 \gg 2D_f, \nu_{max}$ 由下式给出,其中第 2 项为剪切挠度。

$$\nu_{max} = \frac{p_0 l^4}{24D}\left\{1 + \frac{12\xi}{\lambda^2}\right\} = \frac{p_0 L^4}{384D}\left\{1 + \frac{48D_0}{UL^2}\right\}$$

$$(3.34)$$

④ 弯曲引起的蒙皮平均轴向应力最大值:

$$\frac{(\sigma_{fm})_{max} t_f^2}{p_0 l^2} = \frac{1 + (\frac{t_c}{t_f})}{2(1 + \xi)}\left[1 + \frac{3}{\lambda^2}(1 - \frac{\lambda}{\tan\lambda})\right]$$

$$(3.35)$$

⑤ 蒙皮的弯曲应力最大值:

$$\frac{(\sigma_{fb})_{max} t_f^2}{p_0 l^2} = \frac{1}{1 + \xi}\left[1 + \frac{3\xi}{\lambda^2}(\frac{\lambda}{\tan\lambda} - 1)\right]$$

$$(3.36)$$

图 3.7 显示两个最大值,芯材的剪切强度提高,引起 η 增加,跨度加长,而 $(\sigma_{fb})_{max}$ 将大幅降低,$(\sigma_{fm})_{max}$ 稍有增加,这与通常的夹层梁结果相同。

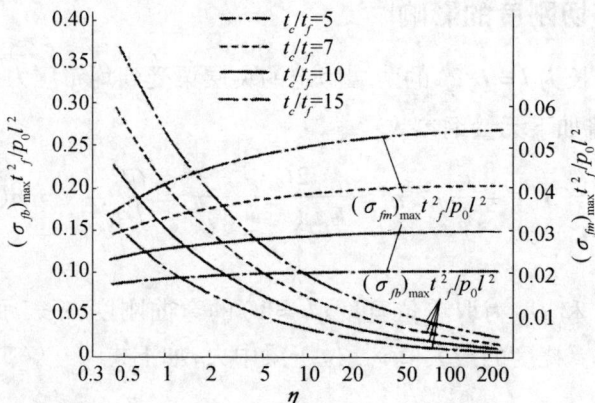

图 3.7　夹层梁的弯曲

3.7.3　整体屈曲载荷[3.6]

两端简支长度为 L 的夹层梁,单位宽度 $b = 1$,当

$$P_0 = \pi^2 \frac{(EI)_0}{L^2}, P_1 = \pi^2 \frac{(2EI)_f}{L^2}, (EI)_0 = \frac{E_f t_f (t_c + t_f)^2}{2}$$

时,最小失稳载荷为

$$P_{cr} = \frac{P_0}{P_0 + G_c t_c}(1 + \frac{P_1}{P_0}) \tag{3.37}$$

特殊情况下:

① $(2EI)_f \to 0$ 时,$P_1 \to 0$,

$$\frac{1}{P_{cr}} = \frac{1}{P_0} + \frac{1}{G_c t_c} \tag{3.38}$$

② $G_c t_c \to \infty$ 时,

$$P_{cr} = P_0 + P_1 = \pi^2 \frac{(EI)_0 + (2EI)_f}{L^2} \tag{3.39}$$

③ $G_c t_c \to 0$ 时,

$$P_{cr} = \pi^2 \frac{(2EI)_f}{L^2} \tag{3.40}$$

3.7.4　局部屈曲载荷[3.7]

夹层材料的局部失稳是连环失稳,有对称和反对称两种形式,其失稳应力由下式给出:

50

① 对称情况：

$$当 \frac{h}{t_f} \geqslant 1.82 \left(\frac{E_f E_c}{G_c^2}\right)^{1/3} 时, \sigma_{crw} = 0.91 (E_f E_c G_c)^{1/3} \qquad (3.41)$$

$$当 \frac{h}{t_f} < 1.82 \left(\frac{E_f E_c}{G_c^2}\right)^{1/3} 时, \sigma_{crw} = 0.817 (E_f E_c)^{0.5} \left(\frac{t_f}{h}\right)^{0.5} + 0.166 G_c \frac{h}{t_f}$$

$$(3.42)$$

② 反对称情况：

$$当 \frac{h}{t_f} \geqslant 3 \left(\frac{E_f E_c}{G_c^2}\right)^{1/3} 时, \sigma_{crw} = 0.51 (E_f E_c G_c)^{1/3} + 0.33 G_c \frac{h}{t_f} \qquad (3.43)$$

$$当 \frac{h}{t_f} < 3 \left(\frac{E_f E_c}{G_c^2}\right)^{1/3} 时, \sigma_{crw} = 0.59 (E_f E_c)^{0.5} + 0.387 G_c \frac{h}{t_f} \qquad (3.44)$$

3.8 夹 层 板

各向异性夹层板没有封闭形式的通解,但是对于各种具体载荷条件和边界条件的一般正交异性夹层板来说,用下面的能量法来求解还是很有效的。

3.8.1 能量法

如图 3.8 所示的夹层板由各种 FRP 材料制作的蒙皮和芯材相对于中性面对称铺设构成。与芯材相比蒙皮很薄,蒙皮的自身弯曲刚度可忽略;芯材很厚,对于其横向只考虑剪切刚度。由于蒙皮为对称铺层,所以面内耦合刚度 $B_{ij} = 0$。如图 3.9 所示,在各向异性夹层板中,考虑芯材的剪切变形[3.9,3.10],将(3.4)式的 w_0 换成 w,再参考(3.13)式则有：

$$\begin{Bmatrix} M_x \\ M_y \\ M_{xy} \end{Bmatrix} = - \begin{bmatrix} D_{11} & D_{12} & D_{16} \\ D_{12} & D_{22} & D_{26} \\ D_{16} & D_{26} & D_{66} \end{bmatrix} \begin{Bmatrix} \dfrac{\partial^2 w}{\partial^2 x^2} - \dfrac{1}{U_x} \dfrac{\partial Q_x}{\partial x} \\ \dfrac{\partial^2 w}{\partial y^2} - \dfrac{1}{U_y} \dfrac{\partial Q_y}{\partial y} \\ 2 \dfrac{\partial^2 w}{\partial x \partial y} - \dfrac{1}{U_x} \dfrac{\partial Q_x}{\partial y} - \dfrac{1}{U_y} \dfrac{\partial Q_y}{\partial x} \end{Bmatrix} \qquad (3.45)$$

式中： D_{ij} 为弯曲刚度矩阵的元素,若有 N 层时,

$$D_{ij} = \frac{(t_c + t_f)^2}{2} \sum_{k=1}^{N} \overline{Q}_{ij}^k (h_{k-1} - h_k) \qquad (3.46)$$

另外, $\overline{Q}_{ij}^k$ 为(3.6)式中第 K 层的非材料主方向坐标系下的刚度矩阵, Q_x、Q_y 为与 x 轴、y 轴垂直的截面单位宽度上作用于 z 方向的剪切力。芯材的横向剪切刚度

U_x、U_y 由芯材的厚度 t_c 和剪切弹性模量 G_{xzc} 及 G_{yzc} 以下式形式给出：

$$U_x = G_{xzc}t_c, U_y = G_{yzc}t_c \qquad (3.47)$$

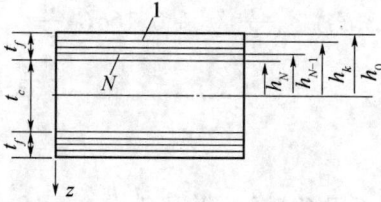

图 3.8 各向异性夹层板的构成

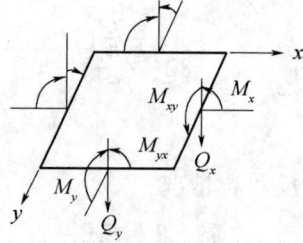

图 3.9 合弯矩与合剪切力

芯材的变形能 U_E：

$$U_E = -\frac{1}{2}\int_0^a\int_0^b\left\{ M_x\left(\frac{\partial^2 w}{\partial x^2} - \frac{1}{U_x}\frac{\partial Q_x}{\partial x}\right) + M_y\left(\frac{\partial^2 w}{\partial y^2} - \frac{1}{U_y}\frac{\partial Q_y}{\partial y}\right) + \right.$$

$$\left. M_{xy}\left(2\frac{\partial^2 w}{\partial x\partial y} - \frac{1}{U_x}\frac{\partial Q_x}{\partial y} - \frac{1}{U_y}\frac{\partial Q_y}{\partial x}\right) - \left(\frac{Q_x^2}{U_x} + \frac{Q_y^2}{U_y}\right) \right\}\mathrm{d}x\mathrm{d}y$$

$$(3.48)$$

如图 3.10 所示，由面内力及垂直作用于蒙皮上的均布载荷 p_0 引起的变形能 V 为

$$V = -\frac{1}{2}\int_0^a\int_0^b\left\{ N_{0x}\left(1 - \gamma_y\frac{y}{b}\right)\left(\frac{\partial w}{\partial x}\right)^2 + N_{0y}\left(1 - \gamma_x\frac{x}{a}\right)\left(\frac{\partial \omega}{\partial y}\right)^2 + \right.$$

$$\left. 2N_{0xy}\left(\frac{\partial w}{\partial x}\right)\left(\frac{\partial w}{\partial y}\right) + p_0 w \right\}\mathrm{d}x\mathrm{d}y$$

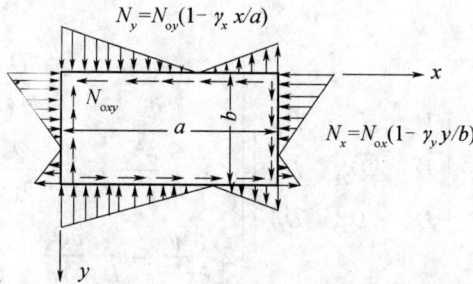

$$(3.49)$$

图 3.10 夹层板的面内载荷

则总变形能 Π 为

$$\Pi = U + V \qquad (3.50)$$

满足给定边界条件时，根据总变形能的极值条件由夹层板的面内力、失稳载荷

及均布载荷即可求得挠度和弯曲应力。

3.8.2 屈曲载荷

考虑四周简支的边界条件,挠度和剪切力假设为

$$w = \sum_m \sum_n w_{mn} \sin(\frac{m\pi x}{a}) \sin(\frac{n\pi y}{b})$$

$$Q_x = \sum_m \sum_n C_{xmn} \cos(\frac{m\pi x}{a}) \sin(\frac{n\pi y}{b})$$

$$Q_y = \sum_m \sum_n C_{yxmn} \sin(\frac{m\pi x}{a}) \cos(\frac{n\pi y}{b}) \tag{3.51}$$

将(3.51)式代入(3.45)式、(3.48)式和(3.49)式,计算(3.50)式的总变形能后,根据如下总变形能的极值条件:

$$\frac{\partial \prod}{\partial w_{mn}} = 0, \frac{\partial \prod}{\partial C_{xmn}} = 0, \frac{\partial \prod}{\partial C_{ymn}} = 0 \tag{3.52}$$

得到 $3 \times m \times n$ 矩阵,再由矩阵的特征值得到失稳载荷。以上下蒙皮为 GFRP($E_L = 24.2\text{GPa}$, $E_T = 5.43\text{GPa}$, $G_{LT} = 2.45\text{GPa}$, $\nu_{LT} = 0.334$)材料,芯材为软木($G_{xzc} = 0.13\text{GPa}$, $G_{yzc} = 0.01\text{GPa}$)材料的计算结果显示于图 3.11 中,对失稳载荷和刚度比进行如下无量纲化。

$$\kappa_x = \frac{N_{0x}b^2}{\pi^2 D_{11}}, \kappa_y = \frac{N_{0y}b^2}{\pi^2 D_{11}}, \kappa_s = \frac{N_{0xy}b^2}{\pi^2 D_{11}}, J_x = \frac{G_{xzc}b^2 t_c}{\pi^2 D_{11}}, J_y = \frac{G_{yzc}b^2 t_c}{\pi^2 D_{11}}, \beta = \frac{a}{b}$$

$$\tag{3.53}$$

取 $\theta = 45°$, $\gamma_y = \gamma_x = 0$(x、y 轴分别受相同的压缩载荷),$p_0 = 0$, $t_c/t_f = 20$ 时,将 β 和 κ_y 作为常量,κ_x 和 κ_s 的关系显示于图 3.11 中。采用各向同性材料和正交各向异性材料时,图中 $\kappa_x = 0$ 为轴对称结果。对于 $\theta = 45°$ 时的各向异性材料,κ_x 的最大值 κ_s 出现于正的一侧,β 越大,κ_x 的最大值越小。另外,κ_s 在正的一侧较小时使 κ_x 增加,κ_s 在正的一侧较大时使 κ_x 减少。

3.8.3 挠度

(3.50)式的外力势能公式中当 $N_{0x} = N_{0y} = N_{0xy} = 0$ 时受均布载荷,夹层板的挠度是可以求得的。

采用 CFRP($E_L = 105\text{GPa}$, $E_T = 8.74\text{GPa}$, $G_{LT} = 4.56\text{GPa}$, $\nu_{LT} = 0.327$)为上下蒙皮材料,各铺放 3 层(3 层厚 $t_f = 0.375\text{mm}$),厚度 $t_c = 10\text{mm}$ 蜂窝芯材($G_{xzc} = 0.103\text{GPa}$, $G_{yzc} = 0.062\text{GPa}$),四周固支对称铺层的夹层板长度 $a = 450\text{mm}$,宽 $b = 300\text{mm}$,受均布载荷 $p_0 = 1.013\text{kPa}$,针对 A ~ F 六种不同铺层中心点的挠度结果列

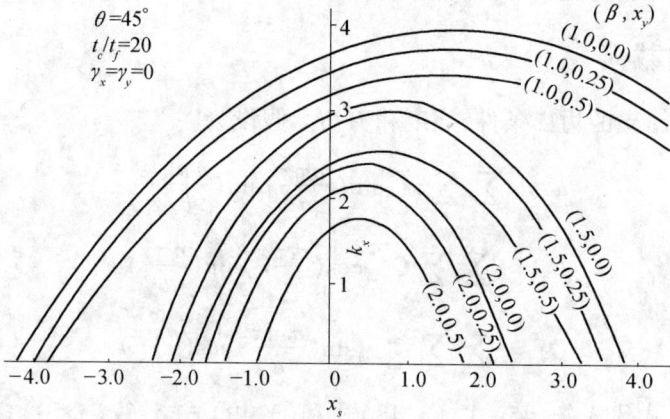

图 3.11　各向异性夹层板的失稳载荷

于表 3.1 中[3.11]。以 A ~ F 为序挠度逐渐变小,但 A ~ D 的结果与试验结果更为一致。

表 3.1　蒙皮的不同铺层方式与中心点挠度的关系

记号	铺层顺序	中心点的挠度/μm
A	0°/0°/0°	54.0
B	−30°/−30°/−30°	50.4
C	−30°/−30°/−30°	42.3
D	0°/−90°/0°	34.2
E	−90°/0°−90°	29.4
F	−90°/−90°−90°	26.8

3.9　织物增强材料的力学性能预测

以航空航天为首的先进领域,形状通常是复杂的。由于单层材料较厚时可使层数减少,因此,经常采用织物作增强材料。实际上也常是将织物预浸料和单向预浸料合用,这就要求我们给出织物复合材料结构特性的理论分析方法。为此,本节将要介绍一下由石川等人研究的织物复合材料力学行为,之后简要介绍几个研究小组为改善织物复合材料力学的精度所作的努力,最后简述其今后的发展动向。本节以介绍二维织物为主。

3.9.1　织物的分类和纱线重复数 n_g

在介绍织物复合材料理论前,有必要对二维织物作简要说明。二维织物是由

54

经线与纬线交错编织而成,如图3.12所示,根据有几根纱线交错,按纱线重复数(n_g)而分类。该图中横向为x轴,纵向为y轴。理论上经纬线方向的重复数也不同,但作为复合材料增强材料来说那样的织物几乎不被使用,所以本节只考虑两个方向重复的情况。图3.12中,图(a)$n_g=2$时叫平纹,是最基本的织物;图(b)$n_g=3$时叫斜纹;图(c)$n_g=4$时,叫4重缎纹布。对于$n_g=4$的情况,并非全是网纹孤立的缎纹,也有网纹斜着编织的斜纹,经常被用作复合材料增强材料。此外还有如图3.12(d)中虽无8重缎纹,但也有5重缎纹。另外n_g无限大时,则变成了2层非对称铺层结构了。

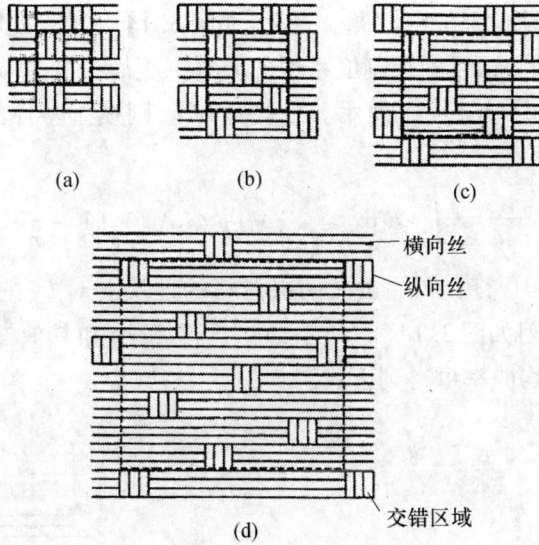

图3.12 织物分类和纱线编织数的关系

(a) $n_g=2$,平纹布;(b) $n_g=3,2,1$的斜纹;(c) $n_g=4$,4重缎纹布;(d) $n_g=8$,8重缎纹布。

3.9.2 嵌合体模型与广义弹性模量的上下边界

叙述织物复合材料力学性能前,首先要考虑的是第1章所示的单向增强材料弹性模量的上下边界理论。为了引入该理论,我们考虑将织物复合材料简化的嵌合模型。图3.13(a)中显示的是实际织物的横截面,将此浸渍树脂作为单个理想的铺层显示于图3.13(b)中。尽管纱线是弯曲着编织在一起的,但可以忽略弯曲并认为是像图3.13(c)显示那样的截面,称之为嵌合体模型。以$n_g=8$的8重缎纹布为例嵌合体模型的俯视图如图3.14(a)所示,图3.14(b)是该模型的一个网纹的纬线状态。针对嵌合体模型,可以采用本章提到的经典层板理论。其本构方程(3.10)式可简写成:

$$\begin{bmatrix} N_i \\ M_i \end{bmatrix} = \begin{bmatrix} A_{ij} & B_{ij} \\ B_{ij} & D_{ij} \end{bmatrix} \begin{bmatrix} \varepsilon_j^0 \\ \kappa_j \end{bmatrix} \tag{3.54}$$

式中：$i,j = 1,2,6$。(3.54)式的逆运算如下：

$$\begin{bmatrix} \varepsilon_i^0 \\ \kappa_i \end{bmatrix} = \begin{bmatrix} a_{ij}^* & b_{ij}^* \\ b_{ij}^* & d_{ij}^* \end{bmatrix} \begin{bmatrix} N_j \\ M_j \end{bmatrix} \tag{3.55}$$

式中：a^*、b^*、d^*分别为面内柔度矩阵、耦合柔度矩阵、弯曲柔度矩阵；ε_i^0为中性面的应变；κ_i为中性面曲率；N_i为合内力；M_i为合力矩。它们的定义由(3.7)式和(3.8)式给出，同时将x、y、xy改为1、2、6。

下面分析如何设定上下限问题。首先，如图3.14(c)沿载荷方向并联，同时区域内的广义应变协调，则可求得刚度系数的上限。更简单的是载荷方向上串联，广义力完全相同，即如图3.14(d)所示。令线宽为a，则模型整体的平均应变可由下面的积分形式给出：

$$\bar{\varepsilon}_1^0 = \left(\frac{1}{n_g a}\right) \cdot \int_0^{n_g a} \varepsilon_1^0 \mathrm{d}x = a_{11}^* N_1 + a_{12}^* N_2 + \left(1 - \frac{2}{n_g}\right) b_{11}^* M_1 \tag{3.56}$$

式中：$a_{16}^* = b_{12}^* = b_{16}^* = 0$符合2层正交铺层材料的性质。对$b_{ij}^*$的积分，结果有一个系数$(1 - 2/n_g)$，原因如图3.14(d)所示，因为阴影部分和其他部分的b_{ij}^*的符号是相反的。同理对平均曲率可得到下式：

$$\bar{a}_{ij}^* = a_{ij}^*, \quad \bar{b}_{ij}^* = \left(1 - \frac{2}{n_g}\right) b_{ij}^*, \quad \bar{d}_{ij}^* = d_{ij}^* \tag{3.57}$$

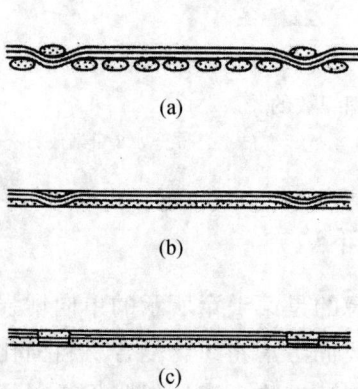

图3.13 以8重缎纹布为例的嵌合体
模型的理想化过程

(a)织物截面；(b)浸渍树脂后的截面；
(c)忽略纤维弯曲的嵌合体模型。

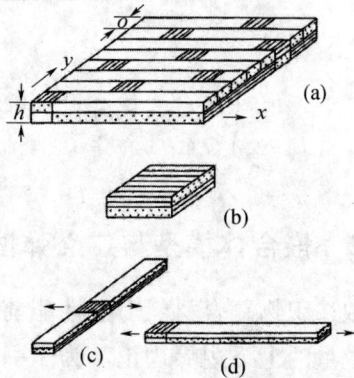

图3.14 对嵌合体模型的说明
(a)俯视图；
(b)作为结构要素的非对称正交铺层单元；
(c)广义应变协调的并联模型；
(d)广义应力协调的串联模型。

式中等号左侧为在区间 $[0, n_g a]$ 上的平均柔度系数。这里给出了柔度系数的上限,将 6×6 矩阵逆运算则可给出刚度系数的下限。上面提出的刚度系数上限,用公式表示如下:

$$\overline{A}_{ij} = A_{ij}, \overline{B}_{ij} = (1 - \frac{2}{n_g}) B_{ij}, \overline{D}_{ij}^* = D_{ij} \tag{3.58}$$

3.9.3 纱线弯曲模型的一维解

上面描述的上下限是针对板的简要描述,虽然对理解织物复合材料弹性模量是有帮助的,但对实际上非常重要却又很小的 n_g 来说,在如此大的上下限范围内,仍然无法确定弹性模量。因此,还要进一步给出相应的近似解,下面讨论纱线弯曲模型的一维解问题,如图 3.15 所示给出了纱线弯曲模型的几何图形。纱线弯曲形状用弯曲长度 a_u 的区间函数 $h_1(x)$ 表示,经线的透镜状截面用 $h_2(x)$ 表示。板厚 h 和经纬线的板厚 h_t 不一致也没有关系,因为可假定还有树脂的厚度,即使 $h = h_t$,那么由于透镜状的经线截面,所以,仍然认为有树脂的存在。从而丝束内的纤维体积含量和织物复合材料整体的纤维体积含量略有不同。弯曲长度 a_u 在 0 到纱线宽度之间任选。若 a_u 确定,则弯曲的起点和终点位置也就确定了。

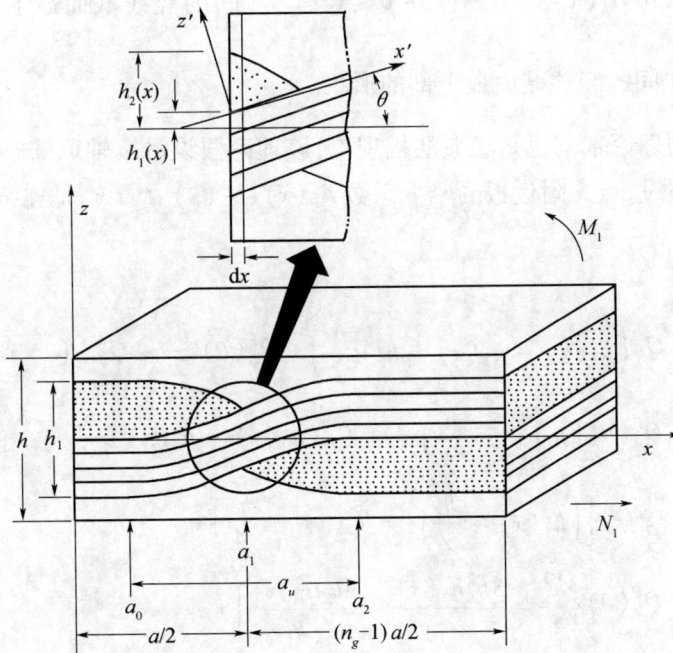

图 3.15　纱线弯曲模型的几何形状和变量定义

若满足此条件,则弯曲形状就是下面这样的正弦函数,这里 $h_1(x)$ 即是图 3.15 所示的描述纬线形状的函数。

$$h_1(x) = \begin{cases} 0 & (0 \leqslant x \leqslant a_0) \\ \left[1 + \sin\left\{\left(x - \dfrac{a}{2}\right)\dfrac{\pi}{a_u}\right\}\right]\dfrac{h_t}{4} & (a_0 \leqslant x \leqslant a_2) \\ \dfrac{h_t}{2} & \left(a_2 \leqslant x \leqslant n_g\dfrac{a}{2}\right) \end{cases} \tag{3.59}$$

作为经线截面形状最简单的一种表达式为

$$h_2(x) = \begin{cases} \dfrac{h_t}{2} & (0 \leqslant x \leqslant a_0) \\ \left[1 - \sin\left\{\left(x - \dfrac{a}{2}\right)\dfrac{\pi}{a_u}\right\}\right]\dfrac{h_t}{4} & \left(a_0 \leqslant x \leqslant \dfrac{a}{2}\right) \\ -\left[1 - \sin\left\{\left(x - \dfrac{a}{2}\right)\dfrac{\pi}{a_u}\right\}\right]\dfrac{h_t}{4} & \left(\dfrac{a}{2} \leqslant x \leqslant a_2\right) \\ -\dfrac{h_t}{2} & \left(a_2 \leqslant x \leqslant n_g\dfrac{a}{2}\right) \end{cases} \tag{3.60}$$

(3.60)式中 $h_2(x)$ 给出的是在 $0 \leqslant x \leqslant \dfrac{a}{2}$ 之间的经线截面最上部的形状,在 $\dfrac{a}{2} \leqslant x \leqslant n_g a$ 之间的经线截面最下部的形状。

该模型的理论基础也是经典层板理论,该理论假设沿 x 轴取 $\mathrm{d}x$ 无穷小也是适用的。由该假设,点 x 附近板的刚度系数 $A_{ij}(x)$、$B_{ij}(x)$、$D_{ij}(x)$ 是连续的,对于 $0 \leqslant x \leqslant \dfrac{a}{2}$ 有

$$\begin{cases} A_{ij}(x) = Q_{ij}^M\left(h_1(x) - h_2(x) + h - \dfrac{h_t}{2}\right) + Q_{ij}^F(\theta)\dfrac{h_t}{2} + Q_{ij}^W(h_2(x) - h_1(x)) \\ B_{ij}(x) = Q_{ij}^F(\theta)\left(h_1(x) - \dfrac{h_t}{4}\right)\dfrac{h_t}{2} + Q_{ij}^W(h_2(x) - h_1(x))\dfrac{h_t}{4} \\ D_{ij}(x) = \dfrac{1}{3}Q_{ij}^M\left\{\left(h_1(x) - \dfrac{h_t}{2}\right)^3 - h_2(x)^3 + \dfrac{h^3}{4}\right\} + \\ \qquad\qquad \dfrac{1}{3}Q_{ij}^F(\theta)\left\{\dfrac{h_t^3}{8} - \dfrac{3h_t^2 h_1(x)}{4} + \dfrac{3h_t h_1^2(x)}{2}\right\} + \\ \qquad\qquad \dfrac{1}{3}Q_{ij}^W\{h_2(x)^3 - h_1(x)^3\} \end{cases}$$

$$\tag{3.61}$$

式中:Q_{ij}为单层的刚度系数,其上添加 F、W、M 分别代表纬线、经线和基体树脂,在区间 $a/2 \leqslant x \leqslant n_g a/2$ 也可获得,局部的柔度系数 $a_{ij}^*(x)$、$b_{ij}^*(x)$、$d_{ij}^*(x)$ 通过(3.61)式的逆运算即可获得。

在现阶段还不能给出(3.61)式中所体现的纬线弯曲部位偏离轴向的(Off-axis)各向异性刚度系数 $Q_{ij}^F(\theta)$ 的评价方法。首先,局部偏离角 $\theta(x)$ 由下式给出:

$$\theta(x) = \arctan\left(\frac{\mathrm{d}h_1(x)}{\mathrm{d}x}\right) \tag{3.62}$$

一种方法是通过 $Q_{ij}^F(\theta)$ 相对 xz 平面回转角进行刚度系数转换,将(3.61)式中的 $Q_{11}^F(\theta)$ 转换如下:

$$Q_{11}^F(\theta) = l_\theta^4 Q_{11}^F + m_\theta^4 Q_{33}^F + 2l_\theta^2 m_\theta^2(Q_{13}^F + 2Q_{55}^F) \tag{3.63}$$

式中:$l_\theta = \cos\theta$;$m_\theta = \sin\theta$。该方法看是合理的,但考虑与经典层板理论组合的情况,层板理论则严格规定了 xz 平面内的变换形式,所以该变换公式估算局部刚性的值偏高。因此,针对 xz 面内不同的工程弹性常数(弹性模量、泊松比)描述该变换式,可以得出 xy 面内的刚度系数变换方法。与此方程相比,一次弯曲模型的解与有限元方法的解一致性更好,因此,根据该方法得到的具体形式:

$$E_x^F(\theta) = \frac{1}{\dfrac{l_\theta^4}{E_x^F} + \left(\dfrac{1}{G_{xz}^F} - \dfrac{2\nu_{zx}^F}{E_x^F}\right) \times l_\theta^2 m_\theta^2 + \dfrac{m_\theta^4}{E_x^F}}$$

$$E_y^F(\theta) = E_y^F = E_x^F$$

$$\nu_{yx}^F(\theta) = \nu_{xx}^F l_\theta^2 + \nu_{yz}^F m_\theta^2$$

$$G_{xy}^F(\theta) = G_{xy}^F l_\theta^2 + G_{yz}^F m_\theta^2 \tag{3.64}$$

式中默认 yz 面内是各向同性的,采用上式 $Q_{ij}^F(\theta)$ 可写成下式:

$$Q_{ij}^F(\theta) = \begin{bmatrix} E_x^F(\theta)/D_v & E_y^F\nu_{yx}^F(\theta)/D_v & 0 \\ E_y^F\nu_{yx}^F(\theta)/D_v & E_y^F/D_v & 0 \\ 0 & 0 & G_{xy}^F(\theta) \end{bmatrix} \tag{3.65}$$

这里 $D_v = 1 - \nu_{yx}^F(\theta)^2 E_y^F/E_x^F(\theta)$,将从(3.65)式得到的刚度系数代入(3.61)式中可以计算出存在纱线弯曲的层板局部刚度系数。

下面考虑图 3.15 中纱线弯曲模型的面内合力 N_1 的作用。根据力的平衡,面内平均柔度可由下式给出:

$$\bar{a}_{ij}^{*U} = \frac{2}{n_g a}\int_0^{n_g a} a_{ij}^*(x)\mathrm{d}x \tag{3.66}$$

式中:上角标 U 表示纱线弯曲模型的边界。

在与纱线垂直范围内,$a_{ij}^*(x)$ 正交层板的 a_{ij}^* 相等,因此,下式可变成:

$$\bar{a}_{ij}^{*U} = \left(1 - \frac{2a_u}{n_g a}\right)a_{ij}^{*U} + \frac{2}{n_g a}\int_{a_0}^{a_2} a_{ij}^*(x)\,\mathrm{d}x \tag{3.67}$$

其他平均柔度系数可由下式求得：

$$\bar{b}_{ij}^{*U} = \left(1 - \frac{2}{n_g}\right)b_{ij}^{*U} + \frac{2}{n_g a}\int_{a_0}^{a_2} b_{ij}^{*U}(x)\,\mathrm{d}x \tag{3.68}$$

$$\bar{d}_{ij}^{*U} = \left(1 - \frac{2a_u}{n_g a}\right)d_{ij}^{*U} + \frac{2}{n_g a}\int_{a_0}^{a_2} d_{ij}^{*U}(x)\,\mathrm{d}x \tag{3.69}$$

假定式中的纱线弯曲形状关于中点是对称的，则函数 $b_{ij}^*(x)$ 关于积分中点 $x = a/2$ 是奇函数，所以(3.68)式中的第 2 项积分为零，即该式与(3.57)式相同。对于 $n_g = 2$ 的缎布，$\bar{b}_{ij}^{*U}(x)$ 消失，(3.67)式和(3.69)式中，由于积分为 0，所以有必要对比加以分析。由于被积函数非常复杂，所以在实际计算时采用数值积分。纱线弯曲长度 a_u 接近 0 时，纱线弯曲成为步长(阶梯)函数，当几何形状接近嵌合体模型时，这些积分便消失了，所以(3.67)式和(3.69)式将退化为与(3.57)式一样。利用(3.67)式 ~ (3.69)式反解，可得到模型的平均刚度系数。同理，利用相同的求解方法，可得到经线方向的特性。

在图 3.16 和图 3.17 中，给出了碳纤维/环氧织物复合材料的数值计算结果，其中单向板弹性模量采用表 3.2 中 B 的值，图中横轴为 n_g 的倒数，这是讨论织物复合材料力学特性时最重要的变量。图 3.16 显示了面内刚度与 $1/n_g$ 的关系，图中 UB 为由嵌合体模型得出的上限，LB 为下限，CM 为纱线弯曲模型的解($a_u = 0.6a, h = h_t$)，○为直列嵌合体模型，●为纱线弯曲模型相关的二次有限元解。

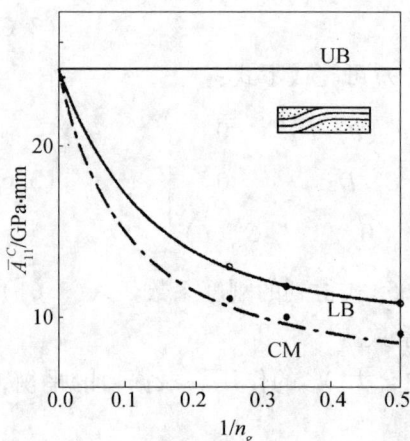

图 3.16　面内刚度 A_{11} 的上下
限及纱线弯曲模型的解

($a_u = 0.6a$，使用了表 3.2 中的碳/环氧

(B)的弹性模量等参数)

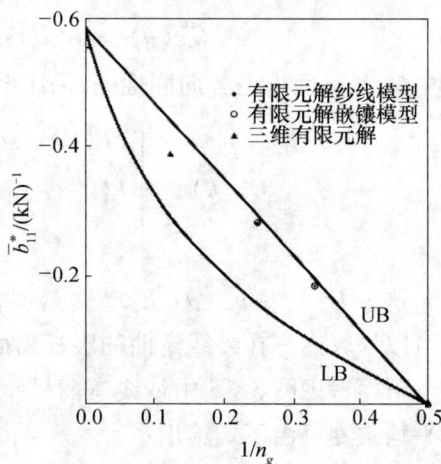

图 3.17　耦合柔度系数与 $1/n_g$ 的关系

表 3.2　图 3.16、图 3.17 及图 3.19 中采用的 CFRP 单向材料的弹性模量

材料名称	CFRP/A	CFRP/B
EL/GPa	132	113
ET/GPa	9.31	8.82
GLT/GPa	4.61	4.46
v_L	0.28	0.30
V_f/%（纱线部分平均）	65	60
板厚/mm	0.40	0.40

从图 3.16 中可以看出,纱线弯曲模型得出了比嵌合体模型更低的预测结果。图 3.17 显示了耦合柔度系数与 $1/n_g$ 的关系,其中,FUM 为纱线弯曲模型,MM 为嵌合体模型,UB 和 LB 为上下限。通过数学求解可以看出,嵌合体模型与纱线弯曲模型的上下限是一致的,二次有限元解也给出了极其接近的数值解。▲为参考文献[3.12]中三次元的嵌合体模型解,给出了上下限的中间值。

3.9.4　缎纹织物增强复合材料特性的架桥模型

纱线弯曲模型的优点是可以简明地描述纱线弯曲的效果,但完全没有考虑经线和纬线的相互约束作用,结果弹性系数的测定值偏低,使得在飞机中采用的缎纹布增强复合材料弹性系数的预测值与测定值有很大的误差。为此,我们以缎纹布为对象,虽然不考虑经纬线的相互约束作用,但是考虑了二次元的载荷分配,称该模型为架桥模型。下面以 $n_g = 8$ 为例,如图 3.18 所示,实际的复核单元 = unit cell（有限单元）的形状在图 3.18(a) 中为变形的六角形,为简化起见将此转换成等面积的正方形,如图 3.18(b) 所示。

对此作如下假设,即认为中央的交错部位（编织结点）的局部刚度低,对于缎纹布来说,编织结点孤立地存在并且其承载能力较低。在图 3.18(c) 中的区域 B、C、D（载荷方向上的长度参照平纹布时为 $2a$）内,令广义上变形完全相等,于是载荷分配与广义的刚度系数成比例,位于中央的相当于平纹部位的载荷分担比例低,两侧 B、D 区域的载荷分担比例高。B、D 的分担比例由于像桥一样,所以就称为架桥模型。将以上的思考方式程式化后,区域 B→C→D 的平均刚度可写成下式:

$$\overline{A}_{ij}^B = \frac{(\sqrt{n_g} - 1)A_{ij} + \overline{A}_{ij}^U}{\sqrt{n_g}} \tag{3.70}$$

$$\overline{B}_{ij}^B = \frac{(\sqrt{n_g} - 1)B_{ij}}{\sqrt{n_g}} \tag{3.71}$$

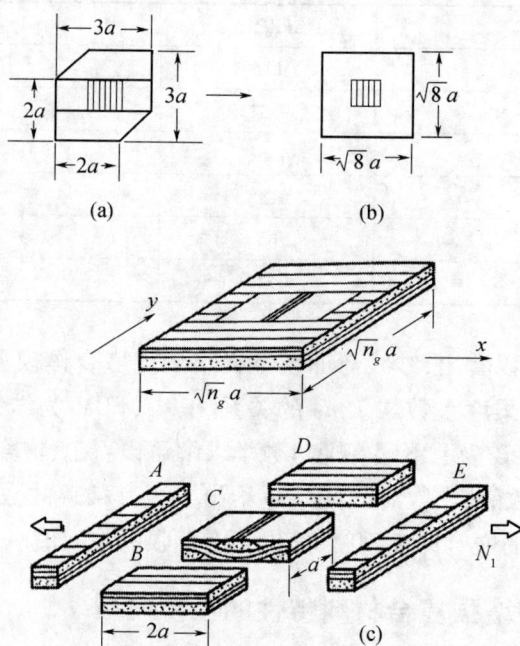

图 3.18 描述缎纹布状态的架桥模型分析方法
（a）8 重缎纹的重复编织区域（unit cell）单元实际的形状；
（b）简化后的正方形 unit cell（单元）；（c）架桥模型概念图。

$$\bar{D}_{ij}^{B} = \frac{(\sqrt{n_g} - 1)D_{ij} + \bar{D}_{ij}^{U}}{\sqrt{n_g}} \tag{3.72}$$

式中：上角标 B 表示三个区域（Bridging Region）是平均的，(3.70)式和(3.72)式的右侧第 2 项可由(3.67)式和(3.69)式的逆运算得到。另外，由于该部位的长度为 $2a$，即 $n_g = 2$，所以(3.72)式由于右侧第 2 项消失的结果而定型了。若架桥区域的长度为 $2a$，那么该模型必须为 $n_g \geqslant 4$，因为只有当 $n_g \geqslant 4$ 时才能与缎纹布的织物几何学无矛盾并存。

假定架桥区域的结合方式如上所述，则在 A 区、B→C→D 区域及 E 区域内，广义力（合应力、合力矩等）完全相等。于是，该架桥模型整体平均柔度为

$$\bar{a}_{ij}^{*S} = \frac{2\bar{a}_{ij}^{*B} + (\sqrt{n_g} - 2)a_{ij}^{*}}{\sqrt{n_g}}$$

$$\bar{b}_{ij}^{*S} = \frac{2\bar{b}_{ij}^{*B} + (\sqrt{n_g} - 2)b_{ij}^{*}}{\sqrt{n_g}} \tag{3.73}$$

$$\overline{d}_{ij}^{*S} = \frac{2\overline{d}_{ij}^{*B} + (\sqrt{n_g} - 2)d_{ij}^*}{\sqrt{n_g}}$$

式中:上角标 B 表示由式(3.71)~式(3.73)的逆运算得出的架桥区域的平均柔度,上角标 S 表示模型平均量,即缎纹布增强复合材料整体的平均量。由(3.73)式的逆运算可求得整体的平均刚度 $\overline{A}_{ij}^S$、$\overline{B}_{ij}^S$ 和 $\overline{D}_{ij}^S$。

将架桥模型的数值计算结果和前面叙述的 2 个模型的结果示于图 3.19 中。与图 3.16 的纵轴不同,该图将平均面内刚度 $\overline{A}_{11}$ 无量纲化(用同材料构成的 2 层正交铺层的 A_{11} 除)后作为纵轴,横轴与图 3.16 横轴相同为 $1/n_g$。图中的虚线表示嵌合体模型的解,其中材料特性采用了表 3.2 中 A 的数据 $V_f=65\%$,模型的几何变量设定架桥模型 $a_u=a,h=h_t$。纱线弯曲模型中,$a_u=0.6a,h=h_t$,是二次元的有限元解(与图 3.16 中的解相同,但标记不同),●是参考文献[3.17]中给出的实验值的标记。由图中可知,对于缎纹复合材料,架桥模型更为适用。

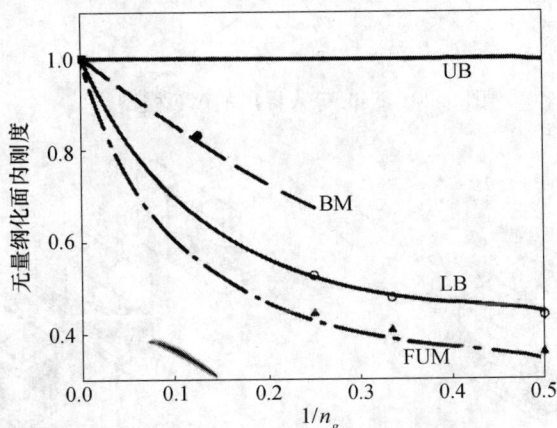

图 3.19　针对架桥模型等无量纲化后的面内刚度系数与 $1/n_g$ 的关系

3.9.5　织物增强复合材料力学模型后续发展简述

通过上述一系列的研究表明,织物增强复合材料力学模型主要是采用几何学参数 n_g 来完成的,这些模型的最大缺点是针对基本织物平纹布采用的是二次元的纱线弯曲模型,对弹性特性的预测值要比实际值低。为了改善这种情况,采用局部层合板理论来构造一个考虑垂直方向纱线约束的二维模型。Naik 等人[3.18-3.20]最早提出了基础模型(WF 模型),如图 3.20 所示,该模型定义了经、纬线的间隙 g_w、g_f。模型中各单元或者是并联后再串联(Parallel－Series,PS)或者是串联后再并联(Series－Series,SP),如图 3.21 所示。PS 近似:在图 3.21(c)中,假定在垂直于载荷方向上截取的单元 $B_1\sim B_n$ 均变形协调,将它们串联结合在一起时分担相同的广义力,然后计算其刚度,这与架桥模型中(3.70)式~(3.73)式的推导思想基本相同,但这里截取的单元要尽可能小。SP 近似:在图 3.21(b)中,平行于载荷方向上截取单元 A_1~A_n,将它们并联结合在一起时分担相同的广义应变,然后计算其刚度。

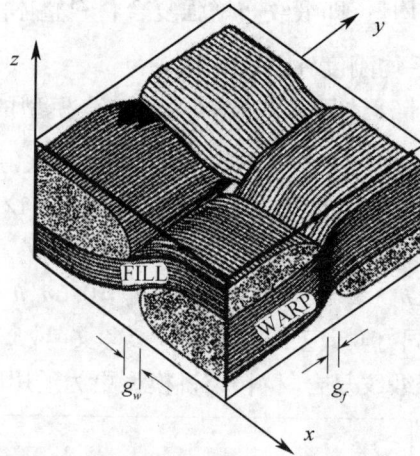

图 3.20 Naik 等人提出的 WF 模型[3.18]

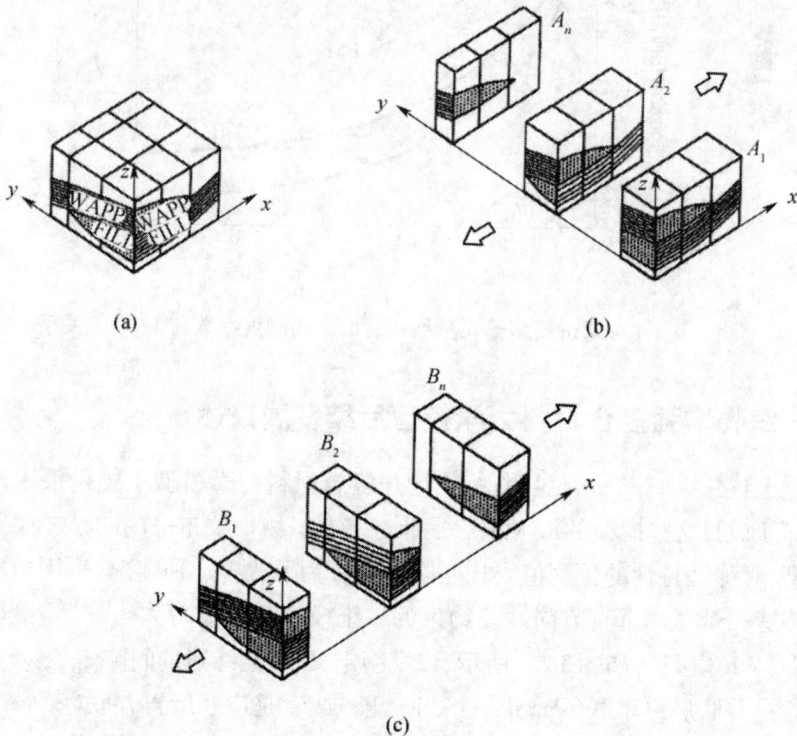

(a)

(b)

(c)

图 3.21 Naik 模型的求解过程[3.18]

(a) 单元模块;(b) 串联并联模型;(c) 并联串联模型。

　　表 3.3 给出了碳纤维/环氧复合材料及 E - 玻璃纤维/环氧复合材料的预测值与实验值的比较,从中可以看出两者非常接近。值得注意的是 Naik 等人的 PS 近似与 SP 近似都没有单元内应力,假定应变协调时其预测值与实际相差很大,所以,当进行局部破坏行为预测时,这些模型就不适用了。

表 3.3 Naik WF 模型所对应的实验值与预测值的比较

E_y(经线方向的弹性模量)实验值与预测值的比较				
材料名称	层厚 h/mm	实验值(范围)	预测值	
			PS	SP
T - 300 CF/EP $V_f = 44\%$	0.16	60.3(56 ~ 61)	58.8	38.2
E - 玻璃纤维/EP	$V_f = 38\% \sim 39\%$			
(a) 无捻纱	0.20	18.1(15 ~ 22)	21.5	18.4
(b) 有捻纱	0.50	14.2(14 ~ 22)	21.6	18.4
(c) 无捻纱	0.15	14.5(10 ~ 16)	14.9	13.9

其他情况弹性模量的实验值与预测值的比较					
材料名称	E_y/GPa 实验值	经线方向预测值		E_x/GPa 实验值	纬线方向预测值	
		PS	SP		PS	SP
T - 300 CF/EP $V_f = 44\%$	65.0	58.8	58.8	59.0	46.5	46.7
E - 玻璃纤维/EP	$V_f = 38\% \sim 39\%$					
(a) 无捻纱	18.4	22.1	22.1	16.7	17.8	17.9
(b) 有捻纱	25.8	22.3	22.3	23.2	17.4	17.9

　　本节是以基本的二维织物为研究对象,石川等人正尝试构造正交三维织物的近似解,其想法与 Naik 等人的想法相似,所以 SPA、PSA(A 为分析省略符号)等用语也相似。不同的是正交三维织物的纱线没有弯曲,所有单元都是固定的,没有必要积分,所有解都可写成简单的形式[3.21,3.22]。

参考文献

[3.1] 福田博, 邉吾一:複合材料の力学序説, 古今書院, 1989.

[3.2] 福永久雄:複合材料入門, 日本複合材料学会, 1997.

[3.3] 日本複合材料学会編 (邉吾一), 複合材料ハンドブック, 日刊工業新聞社, 1989, p.841.

[3.4] 林毅編 (赤坂隆), 複合材料工学, 日科技連, 1975, p.567.

[3.5] 植村益次, ハイブリッド繊維強化複合材料, CMC 社, 1986, p.303.

[3.6] 林毅編 (赤坂隆), 軽構造の理論とその応用 (下), 日科技連, 1966, p.29.

[3.7] 林毅編 (赤坂隆), 軽構造の理論とその応用 (下), 日科技連, 1966, p.40.

[3.8] Rao, K.M., *AIAA Journal*, Vol.23, 1985, p.1247.

[3.9] Rao, K.M., *AIAA Journal*, Vol.25, 1987, p.733.

[3.10] Hirano, Y., et al., CAS Report, 30, 1987, p.65.

[3.11] Ibarahim, I.M., et al., ASCE, **107**-EM2, 1981, p.405.

[3.12] Ishikawa, T: *Fibre Science and Technology*, Vol.15, No.1, 1981.9, p.127-145.

[3.13] Ishikawa, T and Chou, T-W: *Journal of Materials Science*, Vol.17, No.11, 1982.11, p.3211-3220.

[3.14] Ishikawa, T and Chou, T-W: *AIAA Journal*, Vol.21. No.12, 1983.12, p.1714-1721.

[3.15] 石川隆司，Chou, T-W：日本航空宇宙学会誌，32 巻 362 号 1984.3, p.171-180.

[3.16] 石川隆司，松嶋正道．林 洋一：日本複合材料学会誌，10 巻 2 号 1984.3, p.77-85.

[3.17] Zweben, C and Norman, J.C.: *SAMPE Quarterly*, 1976.7, p.1.

[3.18] Naik, N.K. and Shembekar, P.S.: *Journal of Composite Materials*, Vol.26, 1992, p.2196-2225.

[3.19] Naik, N.K. and Shembekar, P.S.: *Journal of Composite Materials*, Vol.26, 1992, p.2522-2541.

[3.20] Shembekar, P.S.and Naik, N.K.: *Journal of Composite Materials*, Vol.26, 1992, p.2226-2246.

[3.21] 石川隆司，渡辺直行，番作和弘，小野好信：日本複合材料学会誌，24 巻 4 号 1998.7, p.144-152.

[3.22] Ishikawa, T, Bansaku, K., Watanabe, N., Nomura, Y., Shibuya, M., and Hirokawa, T.,: *Composites Science and Technology*, Vol.58, 1998, p.51-63.

4 断裂力学在复合材料中的应用

4.1 引 言

本章主要叙述断裂力学在连续纤维增强复合材料上的应用。以各向异性固体力学为基础,在讨论树脂基复合材料之前,已对木材和晶体结构材料等各向异性材料做过断裂力学方面相关的研究[4.1,4.2]。随着纤维增强复合材料的发展,断裂力学在复合材料中的应用研究也开始受到重视。随着复合材料的广泛应用,我们发现对层合板的初始损坏如层间剥离、横向开裂等问题,断裂力学是非常有效的研究手段[4.3]。以下两节简述断裂力学及各向异性材料的破坏,然后以层间剥离为例阐述断裂力学在复合材料中的应用。

4.2 利用断裂力学的优点

4.2.1 各向同性弹性体中裂纹和应力扩大系数

我们这里所说的断裂力学是以裂纹扩展为中点,同金属和陶瓷一样,复合材料领域也可广泛利用断裂力学的概念,而且首先要考虑应用断裂力学的方法。

结构件在外部载荷作用下,产生内部应力,哪个部位的变形达到了材料的许用值,那么哪个部位就将发生屈服或破坏。材料在断裂前的最大延伸变形下持续加载,使其周围的载荷增大,进而屈服范围扩大,最终导致全部断裂。另外,对于延伸性小的脆性材料,屈服部位将出现微裂纹,随着周围载荷增大,裂纹不断扩展,破坏范围逐渐扩大。断裂力学对于屈服极限小的脆性材料更适用。

在屈服极限很小的情况下,上述的局部断裂处可采用弹性理论来求解裂纹周围的应力场。若是均质弹性体,即为二元平面变形问题。以裂纹端部为原点,选取坐标系 (x,y,z) 和 (r,θ,z)。如图 4.1 在 xy 的面内, $\theta = 0$ 时,应力与裂纹变形的函数关系为

$$\left\{ \begin{array}{c} \sigma_x \\ \sigma_y \\ \sigma_z \\ \tau_{yz} \\ \tau_{zx} \\ \tau_{xy} \end{array} \right\}_{\theta=0} = \frac{K_{\mathrm{I}}}{\sqrt{2\pi r}} \left\{ \begin{array}{c} 1 \\ 1 \\ 2v \\ 0 \\ 0 \\ 0 \end{array} \right\} + \frac{K_{\mathrm{II}}}{\sqrt{2\pi r}} \left\{ \begin{array}{c} 0 \\ 0 \\ 0 \\ 0 \\ 0 \\ 1 \end{array} \right\} + \frac{K_{\mathrm{III}}}{\sqrt{2\pi r}} \left\{ \begin{array}{c} 0 \\ 0 \\ 0 \\ 0 \\ 1 \\ 0 \end{array} \right\} \qquad (4.1)$$

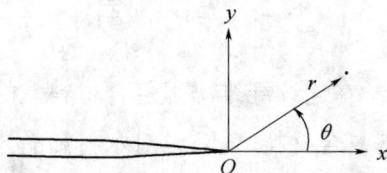

图 4.1   裂纹端部作原点的坐标系

代入公式[4.4]，这里 K_{I}、K_{II}、K_{III} 为应力扩大系数，脚标 Ⅰ、Ⅱ、Ⅲ 分别表示图4.2中裂纹端部相对应的裂纹面，Ⅰ（开口模型）、Ⅱ（面内断口模型），Ⅲ（面外断口模型）。裂纹上下面的位移，

$$\left\{ \begin{array}{c} u \\ v \\ w \end{array} \right\}_{\theta=\pm\pi} = \pm K_{\mathrm{I}} \sqrt{\frac{r}{2\pi}} \left\{ \begin{array}{c} 0 \\ 4(1-v^2)/E \\ 0 \end{array} \right\} \pm K_{\mathrm{II}} \sqrt{\frac{r}{2\pi}} \left\{ \begin{array}{c} 4(1-v^2)/E \\ 0 \\ 0 \end{array} \right\} \pm K_{\mathrm{III}} \sqrt{\frac{r}{2\pi}} \left\{ \begin{array}{c} 0 \\ 2/G \\ 0 \end{array} \right\}$$

$$(4.2)$$

式中：E、G、v 分别为均质弹性体的弹性模量、剪切模量和泊松比。

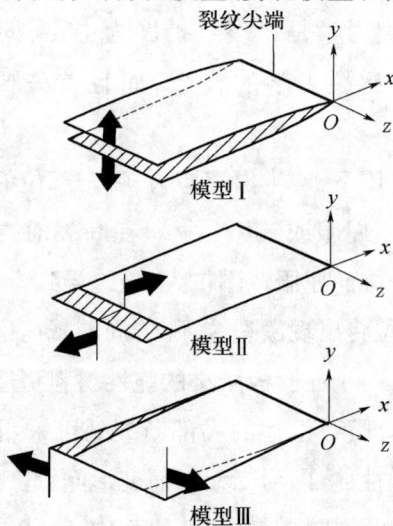

图 4.2   裂纹扩展模型

如图 4.3(a)所示无限体存在一长度为 $2a$ 的裂纹,在 y 方向受拉伸应力 σ_y^∞ 的作用,即为模型 I 的情况。

$$K_{\mathrm{I}} = \sigma_y^\infty \sqrt{\pi a}, \ K_{\mathrm{II}} = K_{\mathrm{III}} = 0 \tag{4.3}$$

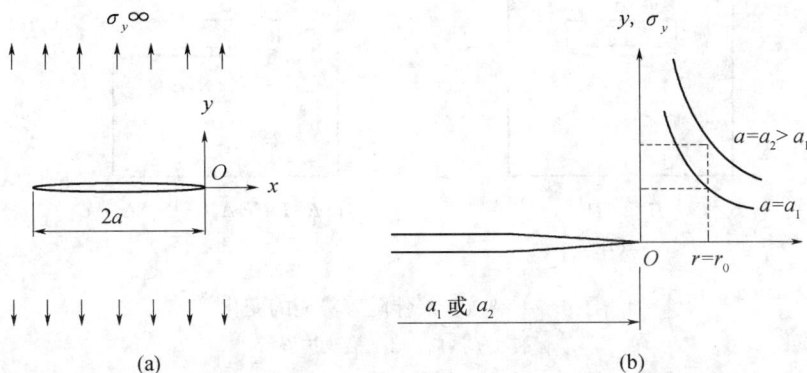

图 4.3 受等张力载荷无边限板中的裂纹(a)和不同长度裂纹的裂纹端部应力(b)

根据(4.1)式就裂纹端部 O 点而言,应力无限小时(应力特征),在此用有限应力和变形为前提的材料力学来讨论强度是不可解的。进而,裂纹端部的应力根据(4.1)式得 σ_y,

$$\sigma_y = \frac{K_I}{\sqrt{2\pi r}} = \frac{\sigma_y^\infty \sqrt{\pi a}}{\sqrt{2\pi r}} \tag{4.4}$$

接下来,关注距离 $r = r_0$ 时 A 点的值,如图 4.3(b)所示,已知裂纹长度为 $2a$ 时的应力扩大系数 K_I,断裂力学采用应力扩大系数作为裂纹扩展的评价参数,即作为裂纹扩展的条件,应力扩大系数的关系式:

$$f(K_{\mathrm{I}}, K_{\mathrm{II}}, K_{\mathrm{III}}) = C \tag{4.5}$$

将(4.3)式代入 f 中得到最简单的表达式:

$$K_{\mathrm{I}} = K_{IC} \tag{4.6}$$

K_{IC} 称作表示模型 I 应力扩大系数的断裂韧性值,其依赖于材料和坏境,对于模型 II 和模型 III,同样也可以定义断裂韧性值。

4.2.2 能量释放率

研究裂纹中能量的吸收与释放,这里只考虑受力载荷,不考虑热载荷。取带有裂纹的材料为例,如图 4.4(a)所示初始投影面积为 A,载荷条件不变,如图 4.4(b)所示,裂纹扩展面积变为 $A + \Delta A$,以 $\Delta \Pi$ 代表势能 Π 的变化,用裂纹面积的变化率作为能量释放率。

用方程式表示为

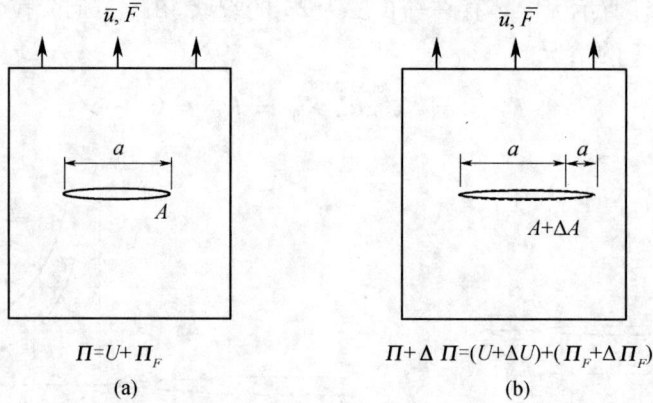

图 4.4 裂纹扩展伴随着势能的变化

（a）裂纹扩展前；（b）裂纹扩展后。

$$G = -\frac{\partial \Pi}{\partial A} = -\lim_{\Delta A \to 0}\frac{\Delta \Pi}{\Delta A} \tag{4.7}$$

式中：Π 为变形能 U 与外力作用的势能 Π_F 之和。

$$\Pi = U + \Pi_F \tag{4.8}$$

在一定载荷作用下，根据 Clapeyron 定理：

$$\Pi_F = -2U \tag{4.9}$$

将(4.8)式、(4.9)式代入(4.7)式中，得到

$$G = \frac{\partial U}{\partial A} \quad （载荷一定） \tag{4.10}$$

在受力作用时位移一定的情况下 Π_F 的变化 $\Delta \Pi_F = 0$，因此得到

$$G = -\frac{\partial U}{\partial A} \quad （位移一定） \tag{4.11}$$

由于裂纹扩展的过程总伴随着能量的变化，所以能量释放效率 G 可以逆向追寻裂纹扩展的全过程[4,5]。裂纹扩展终止后，可以用在裂纹面上施加假想力来求出这个过程所做的功。边界条件不变，图 4.5（b）中，长度 $a + \Delta a$ 对应裂纹面积 $A + \Delta A$。长度 Δa（对应面积 ΔA）施加表面面力 $f_i = (f_x, f_y, f_z)$，由于这里的 f_i 是裂纹扩展终止状态时施加的力，因此在对应 ΔA 的裂纹面上存在内应力 $\sigma_i = (\tau_{yx}, \sigma_y, \tau_{yz})$（见图 4.5（a））。裂纹扩展终止时，施加力 f_i 所作的功 ΔW 为

$$\Delta W = \int_{\Delta A}\int_0^{u_i^{a+\Delta a}} f_i \mathrm{d}u_i \mathrm{d}A \tag{4.12}$$

式中：$u_i^{a+\Delta a}$ 是裂纹长度为 $a + \Delta a$ 时，Δa 部分裂纹表面的相对位移。用能量释放效率 G 表示：

$$G = \frac{\partial W}{\partial A} = \lim_{\Delta A \to 0} \frac{\Delta W}{\Delta A} \qquad (4.13)$$

对于均质弹性体来说，f_i 与 $u_i^{a+\Delta a}$ 成线性关系。即 $\Delta a \to 0$ 时，

$$u^{a+\Delta a}(x) \cong u^a(x - \Delta a) \qquad (4.14)$$

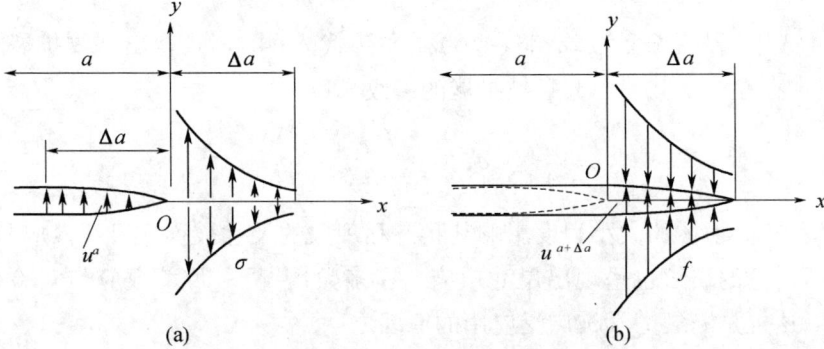

图4.5　裂纹扩展前后端部附近的应力和位移

根据(4.1)式和(4.2)式，考虑 $r(\theta = \pm\pi) = -x$ 得出能量释放率与应力扩大系数的关系：

$$G = \lim_{\Delta a \to 0} \frac{1}{\Delta a} \cdot \frac{1}{2} \int_0^{\Delta a} \{\sigma_y(x) \cdot 2v(x - \Delta a) + \tau_{yx}(x) \cdot$$

$$2u(x - \Delta a) + \tau_{yz}(x) \cdot 2w(x - \Delta a)\}$$

$$= \frac{1 - v^2}{E} K_I^2 + \frac{1 - v^2}{E} K_{II}^2 + \frac{1}{2G} K_{III}^2 \qquad (4.15)$$

不同的应力扩大系数模型分别对应不同的 G 值，可表示为

$$G = G_I + G_{II} + G_{III} \qquad (4.16)$$

$$G_I = \frac{1 - v^2}{E} K_I^2, \quad G_{II} = \frac{1 - v^2}{E} K_{II}^2, \quad G_{III} = \frac{1}{2G} K_{III}^2 \qquad (4.17)$$

由于能量释放率与应力扩大系数有以上的关系，用(4.5)式和(4.6)式中的应力扩大系数，在裂纹扩展条件规定不变时，能量释放率 G 可决定裂纹扩展的条件。例如对于模型 I 的破坏：

$$G_I = G_{IC} \qquad (4.18)$$

这里，G_{IC} 称作表示能量释放率的断裂韧性值。使用有明确物理意义的能量作为裂纹扩展的条件，裂纹扩展伴随释放出能量 G，产生新的裂纹所必要的能量为 2γ，参考文献[4.6]可表示为

$$G \geq 2\gamma \equiv G_c \qquad (4.19)$$

这里 γ 前的系数 2 表示裂纹上下相对的两个面。裂纹扩展过程中，通常端部

附近伴随有塑性区域,施加的能量并不在裂纹表面上,因此(4.19)式可把它当作塑性区域很小(可忽略不计)的脆性材料去考虑。若这个假设不成立的话,包含修正塑性功的方案见参考文献[4.7]。

4.2.3 裂纹的尺寸效应

图4.3中,裂纹长度为$2a$,将(4.6)式左边代入(4.3)式得出裂纹扩展时的应力,同时也存在一个载荷引起裂纹扩展的裂纹长度。

$$\sigma_{yC}^{\infty} = \frac{K_{IC}}{\sqrt{\pi a}} \tag{4.20}$$

一般来说,物体的大小程度影响其状态和现象的尺寸被称作尺寸效应,在断裂力学里所讨论的裂纹也呈现出尺寸效应。在多数情况下,尺寸效应与实验结果是一致的。这也是断裂力学被广泛应用的原因之一。

4.3 各向异性线性弹性体中裂纹尖端附近的应力

4.3.1 各向异性弹性体的断裂力学

对于各向异性弹性体,严格来讲适用断裂力学的场合根据裂纹的位置和方向不同,分析的方法也是不同的,这一点要特别注意。例如,即使在同一各向异性体中,存在不同种类各向异性体界面的裂纹,弹性主轴方向就存在两个不同区域的界面,则需要采用不同于均质体的分析方法。其严谨的分析方法见参考文献[4.8],这里只就最简单的情况,即均质各向异形体内部的裂纹进行分析。下面一节详细论述复合材料层板损伤形式、层间剥离及横向裂纹。

4.3.2 均质各向异性弹性体裂纹尖端的控制方程

将上一节有关各向同性线性弹性体的基础方程式扩展到各向异性体中,构成各向异性线性弹性体的方程式,变形和应力设定为$\varepsilon_i,\sigma_j(i,j=1,2,\cdots,6=x,y,z,yz,zx,xy)$,

$$\varepsilon_i = s_{ij}\sigma_j \tag{4.21}$$

而作为其逆向关系为

$$\sigma_i = c_{ij}\varepsilon_j \tag{4.22}$$

式中:s_{ij}、c_{ij}分别为柔度系数和刚度系数。$s_{ij}=s_{ji}$,$c_{ij}=c_{ji}$。

以下为了简单起见,只考虑正交各向异性材料,即其弹性主轴与Z轴一致情况下的变形问题。

对于 Z 轴与弹性主轴一致时, $\varepsilon_z = \gamma_{yz} = \gamma_{zx} = 0$, 只剩下

$$\varepsilon_x = s_{11}\sigma_x + s_{12}\sigma_y + s_{13}\sigma_z + s_{16}\tau_{xy}$$
$$\varepsilon_y = s_{12}\sigma_x + s_{22}\sigma_y + s_{23}\sigma_z + s_{26}\tau_{xy}$$
$$\gamma_{xy} = s_{16}\sigma_x + s_{26}\sigma_y + s_{36}\sigma_z + s_{66}\tau_{xy} \qquad (4.23)$$

进而

$$\varepsilon_z = s_{13}\sigma_x + s_{23}\sigma_y + s_{33}\sigma_z + s_{36}\tau_{xy} = 0 \qquad (4.24)$$

因此

$$\sigma_z = -\frac{1}{s_{33}}(s_{13}\sigma_x + s_{23}\sigma_y + s_{36}\tau_{xy}) \qquad (4.25)$$

将上式代入 (4.23) 式得到

$$\varepsilon_x = b_{11}\sigma_x + b_{12}\sigma_y + b_{16}\tau_{xy}$$
$$\varepsilon_y = b_{12}\sigma_x + b_{22}\sigma_y + b_{26}\tau_{xy}$$
$$\gamma_{xy} = b_{16}\sigma_x + b_{26}\sigma_y + b_{66}\tau_{xy} \qquad (4.26)$$

式中

$$b_{ij} = s_{ij} - \frac{s_{i3}s_{j3}}{s_{33}} \qquad (i,j = 1,2,6) \qquad (4.27)$$

根据平面应力 $\sigma_z = \tau_{yz} = \tau_{zx} = 0$, 由 (4.27) 式得到 $b_{ij} = s_{ij}(i,j = 1,2,6)$。进而引入 Airy 函数, 得到完全满足条件的特征方程式:

$$b_{11}s^4 - 2b_{16}s^3 + (2b_{12} + b_{66})s^2 - 2b_{26}s + b_{22} = 0 \qquad (4.28)$$

该方程式被证明有多个素数根。当 s_1、s_2 为共轭素数时, 例如, 图 4.3(a) 中那样, 无限正交异性板裂纹长度为 $2a$, 可得到裂纹端部的应力场, 见参考文献[4.3,4.9]。

$$\sigma_x = \frac{\sigma_y^\infty}{\sqrt{2\pi r}}\sqrt{\pi a}\,\mathrm{Re}\left\{\frac{s_1 s_2}{s_2 - s_1}\left(\frac{s_1}{\sqrt{\cos\theta + s_1\sin\theta}} - \frac{s_2}{\sqrt{\cos\theta + s_2\sin\theta}}\right)\right\}$$

$$\sigma_y = \frac{\sigma_y^\infty}{\sqrt{2\pi r}}\sqrt{\pi a}\,\mathrm{Re}\left\{\frac{1}{s_2 - s_1}\left(\frac{s_2}{\sqrt{\cos\theta + s_1\sin\theta}} - \frac{s_1}{\sqrt{\cos\theta + s_2\sin\theta}}\right)\right\}$$

$$\tau_{xy} = \frac{\sigma_y^\infty}{\sqrt{2\pi r}}\sqrt{\pi a}\,\mathrm{Re}\left\{\frac{s_1 s_2}{s_2 - s_1}\left(\frac{1}{\sqrt{\cos\theta + s_2\sin\theta}} - \frac{1}{\sqrt{\cos\theta + s_1\sin\theta}}\right)\right\} \qquad (4.29)$$

图 4.6 中各向异性材料(碳纤维增强环氧树脂单向材料)在远端受拉伸载荷时, 长度为 $2a$ 的裂纹端部的应力状态, 其显示的是用有限元法分析平面应力状态的结果, 3 个图分别对应不同纤维方向的应力状态。

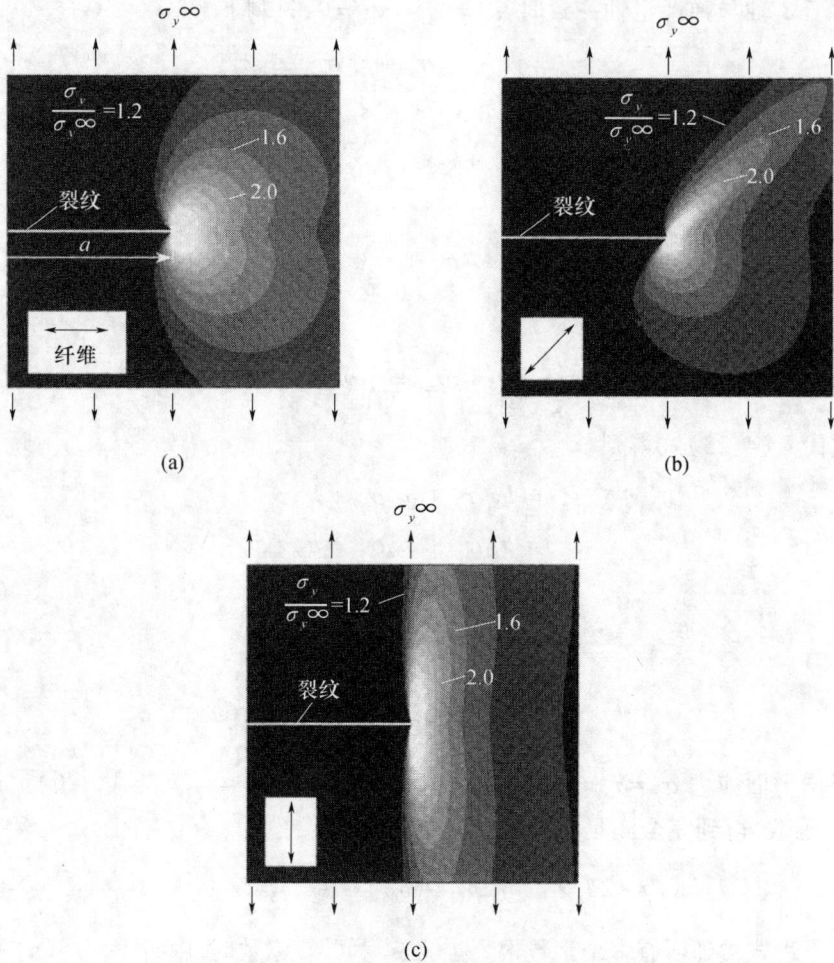

图 4.6　各向异性材料在拉伸载荷下裂纹端部的应力

（a）$\theta=0°$（纤维方向与裂纹一致）；（b）$\theta=45°$；（c）$\theta=90°$（纤维方向与裂纹垂直）。

4.4　层间剥离与断裂力学

4.4.1　断裂力学在层间剥离中的应用

　　层间剥离是复合材料初期破坏形式的一种,这里所说的剥离是纤维增强复合材料层板由于层间强度不足所发生的剥离。层板在冲击载荷作用下,由于是各向异性,开孔周围及端部等自由边界附近变形是不同的,因此产生层间应力,进而发生层间剥离。层间剥离裂纹可见时,可考虑初期发生和裂纹扩展两种因素。对于初期发生来讲,无论使用材料力学还是断裂力学的预测方法,都仍然存在着争议。

但是如果无法检测出初期可能发生的剥离,那么也就不存在裂纹,也就不适用于断裂力学。

　　然而,从各向异性弹性力学的角度考虑,对于不同各向异性弹性体的界面与自由表面交叉点处,具有不同的特性。对于多层板的层间剥离,即使不存在裂纹,自由边缘也存在应力特性,也可能导致发生剥离,因此,把存在初期剥离作为前提来讨论层间剥离是恰当的。基于这一点,讨论剥离发生后的裂纹扩展也是合理的。总之,根据能量释放率可对裂纹的扩展进行定量分析。以下即是对这种裂纹扩展的论述。

4.4.2　裂纹扩展的能量守恒

　　物体中裂纹的扩展,势必带来刚性的降低,着眼于这种刚性的降低,层间剥离伴随着变形能量的变化,参考文献[4.10,4.11]给出了求解能量释放率的方法,图4.7是层板自由端面($x=0$)裂纹向内部扩展状态的示意图。为简单起见,假设层板两方向无限延长,远端承受拉伸载荷变形 ε_z^∞,两方向剥离也相同,讨论 x 方向的扩展状态(见图4.8)。剥离部分①和未剥离部分②的表观弹性模量分别为 E_{DEL} 和 E_{LAM},层板两方向单位长度上的变形能 U 是①、②两部分变形能之和,为

$$U = \frac{1}{2}\varepsilon_z^{\infty 2}h\{E_{DEL}a + E_{LAM}(b-a)\} \tag{4.30}$$

　　这里 a 是剥离长度,b、h 分别为层板宽度(x 方向)和厚度(y 方向)。在变形一定的条件下求能量释放率,代入(4.11)式中得:

$$G = -\frac{\partial U}{\partial a} = \frac{1}{2}\varepsilon_z^{\infty 2}h(E_{LAM} - E_{DEL}) \tag{4.31}$$

　　这里用裂纹长度代替裂纹面积 A。由于裂纹前端和自由端面的应力应变场的复杂性,通常寻求 E_{DEL} 和 E_{LAM} 的解析解比较困难。但是在剥离长度比较长的情况下,着眼于应力场变化很小的部分,如图4.9所示,斜线部分应力场一致。可以用 E_{DEL}^0 和 E_{LMA}^0 代替(4.31)式中的弹性模量,实际应用比较方便。E_{DEL}^0 和 E_{LMA}^0 可由经典层板理论得到。

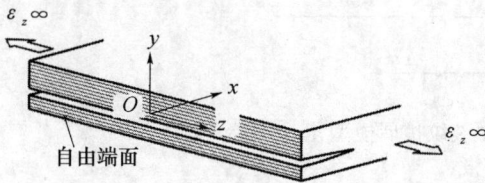

图4.7　平面层间剥离的层板　　　　图4.8　存在剥离的层板的表观弹性模量

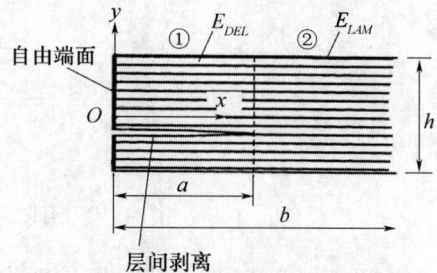

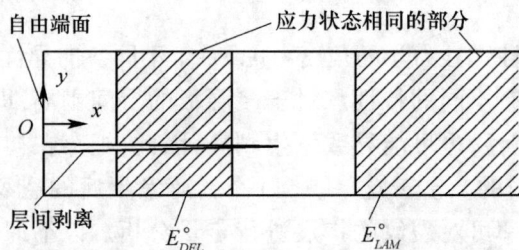

图 4.9 存在剥离的层板中,应力场一致的部分

4.4.3 数值方法及其相容性

根据上面的论述,对于简单形状的层板做恰当的模型化处理,求解伴随裂纹扩展的能量释放率就变得比较简单。与此相反,对于三维变化的形状和载荷条件复杂的情况,就要用实用的计算方法去求解。因此,参看 4.2.2 节,利用裂纹端部做功来计算能量释放率与有限元相结合的方法,由裂纹端部附近的应力和应变就可直接求解能量释放率。

如图 4.10,模拟裂纹扩展状况 Δa,用(4.12)式、(4.13)式计算:

$$G = \frac{\Delta W}{\Delta a} = \frac{1}{2\Delta a}(f_x \delta_x + f_y \delta_y + f_z \delta_z) \tag{4.32}$$

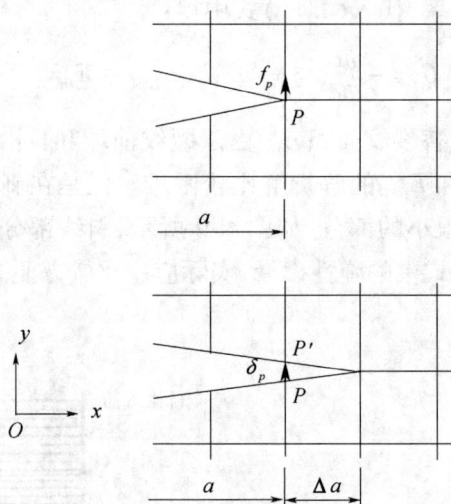

图 4.10 有限元法中裂纹扩展模型化

这里 $f = (f_x, f_y, f_z)^T$ 是剥离长度为 a 时,剥离端部 P 点的节点力,$\delta = (\delta_x, \delta_y, \delta_z)^T$ 是剥离长度 $a + \Delta a$ 时 P 点剥离上下面相对位移。这种情况下,剥离的扩展是

有限的长度,值得注意的是,其对应的能量释放率是有限长度 Δa 间的平均值。

对于从自由端面开始的层间剥离,模拟各向同性对称层板$(45/-45/0/90)_s$的层间剥离在受载变形标准化的情况下,如图 4.11 所示,由(4.32)式求解出能量释放率与剥离长度的关系。图中剥离时的结果值可由(4.31)式求得。

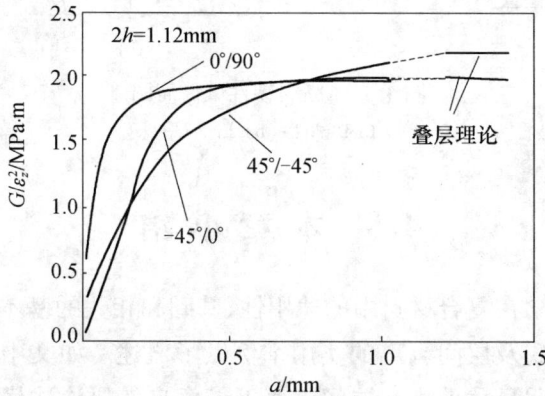

图 4.11　伴随层间裂纹扩展过程中的能量释放率$((45/-45/0/90)_s$ 层板)

4.4.4　裂纹扩展的条件

既然裂纹扩展时能够计算能量释放率 G 值,那么接下来就有必要考虑该值在多大情况下能够作为裂纹扩展的条件。如 4.2.2 节所述,最简单的裂纹扩展条件如(4.19)式,G 达到一定限度值时,剥离发生。根据这一点,有些材料其层间剥离特性仅取决于断裂韧性值。根据参考文献[4.12]的实验考察来看,通常裂纹扩展的断裂韧性值依赖于实际的模型,只是不同的材料依赖的程度不同。为此有必要用不同形状的多种试件和不同模型或模型与实验数据相比较来求解断裂韧性值。

相对模型Ⅰ给出的断裂韧性值 G_{IC} 而言,用得最多的还是 DCB(Double Cantilever Beam)试验方法,另外,ENF(End Notched Flexure)试验方法给出的模型Ⅱ的断裂韧性值 G_{IIC} 也被大家公认。这些方法中,JIS K 7086—1993《碳纤维增强塑料层间韧性试验方法》已作为日本国内一部标准[4.13],而在美国 DSB 试验方法也作为 ASTM 的一部标准[4.14]。对于Ⅰ和Ⅱ的混合模型,MMB(Mixed Mode Bending)试验方法也被列入 ASTM 标准中[4.15]。DCB 和 ENF 的试验中试验件的要点如图 4.12所示。

然而,对于各向异性体界面不同的层间裂纹扩展,还需要根据不同的裂纹模型来求解能量释放率,就不像整体为均质的各向异性体那样简单了。其详细内容可参见参考文献[4.8]。

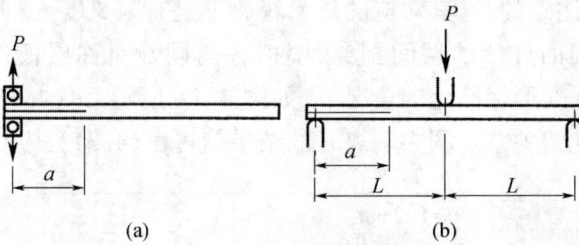

图 4.12 断裂韧性试件简图
（a）DCB 试件；（b）ENF 试件。

4.5 本 章 小 结

　　本章就断裂力学在复合材料中的适用性、基础和相关的基本事项、一般的各向异性体的控制方程式及层间剥离的实用举例做了概述。如文中所述，应用断裂力学有利一点是可说明尺寸效应。层间剥离下一章自然要论述横向裂纹，通常认为裂纹的发生依存于层合结构中，并且能用断裂力学来解释，因此，在讨论层板结构的损伤问题时，建立断裂力学的观点是有效的。尽管它的求解过程是复杂的，但仍然期待今后该理论能被广泛应用。

参考文献

[4.1] W. Voigt: *Lehrbuch der Kristallphysik*, Johnson Reprint Corp, New York, 1966.

[4.2] S.G. Lekhnitskii: *Theory of Elasticity of an Anisotropic Elastic Body*, Holden-Day, San Francisco, 1963.

[4.3] G.C. Sih and E.P. Chen: *Cracks in Composite Materials*, Martinus Nijhoff, 1981.

[4.4] 岡村弘之：破壊力学と材料強度講座1 線形破壊力学入門，培風館，東京，1976.

[4.5] G.W. Irwin: *Trans. ASME, Journal of Applied Mechanics*, Vol.24, 1951, p.361-364.

[4.6] A.A. Grifith: *Philosophical Transactions of Royal Society*, Vol.221, 1920, p.163-198.

[4.7] G.R. Irwin: *Fracturing of Metals*, ASM, 1948.

[4.8] 結城良治編著：界面の力学，培風館，東京，1993.

[4.9] 日本複合材料学会編：複合材料ハンドブック，日刊工業新聞社，東京，1989, p.145-166.

[4.10] T.K. O'Brien: *Damage in Composite Materials*, ASTM STP775, K.L. Reifsnider, *ed.*, ASTM, Philadelphia, 1982, p.140-167.

[4.11] 青木隆平，近藤恭平：日本航空宇宙学会誌，37, 420, 1989, p.29-38.

[4.12] J.R. Reeder: NASA Technical Memorandum 104210, NASA, 1992.

[4.13] JIS ハンドブック，26，プラスチックI(試験)，日本規格協会，東京，2002.

[4.14] ASTM D5528-94a, Standard Test Method for Mode I Interlaminar Fracture Toughness of Unidirectional Fiber-Reinforced Polymer Matrix Composites, Annual Book ASTM Standards, 15.03, ASTM, 2001.

[4.15] ASTM D6671-01, Standard Test Method for Mixed Mode I-Mode II Interlaminar Fracture Toughness of Unidirectional Fiber Reinforced Polymer Matrix Composites, 15.03, ASTM, 2001.

5 热应力及横向裂纹

5.1 引 言

纤维增强复合材料不仅在刚度、强度上有各向异性,通常在热性能上也呈现出各向异性。因此,即使层板在同一温度下内部也产生热应力。碳纤维和玻璃纤维像陶瓷一样热膨胀系数较小,而高分子作为基体材料的热膨胀系数相对较大。由它们组成的复合材料,通常热膨胀系数在纤维方向与其垂直方向相比,明显较小。因此,层板在高温下成型后,实际在常温或低温下使用,纤维方向产生压缩残余应力,与纤维垂直方向产生拉伸残余应力,这个纤维垂直方向(横向)的拉伸残余应力相当于加载在结构件中的力学载荷,由于该方向强度较低,纤维/树脂界面上平行纤维方向的树脂发生破坏,产生所谓的横向裂纹,这种现象很普遍。由于一旦增大载荷就将发生初始损伤,因此,这一问题也就成为研究最多的对象。

本章就层板中产生的热应力,论述横向裂纹发生和助长,但是在此不涉及众所周知的成型树脂化学反应过程伴随发生的垂直纤维方向的收缩。

5.2 层板的热应力

同样作为层板的面内问题,将热变形引入到常用的经典层板理论中,就能很容易理解热应力问题的本质。在此以正交铺层的层板 $[0/90]_s$ 为例研究其热应力。

单向层板主轴方向的应力—应变关系式如(2.8)式所示,取热膨胀系数 α_1、α_2,温度变化 $\Delta T = T - T_0$,可表示为

$$\begin{Bmatrix} \sigma_1 \\ \sigma_2 \\ \tau_{12} \end{Bmatrix} = \begin{bmatrix} Q_{11} & Q_{12} & 0 \\ Q_{12} & Q_{22} & 0 \\ 0 & 0 & Q_{66} \end{bmatrix} \begin{Bmatrix} \varepsilon_1 - \alpha_1 \Delta T \\ \varepsilon_2 - \alpha_2 \Delta T \\ \gamma_{12} \end{Bmatrix} \tag{5.1}$$

考虑用层板坐标系 Oxy 表示 0° 和 90° 两个主轴方向分别为

$$\begin{Bmatrix} \sigma_x \\ \sigma_y \\ \tau_{xy} \end{Bmatrix}_{0°} = \begin{bmatrix} Q_{11} & Q_{12} & 0 \\ Q_{12} & Q_{22} & 0 \\ 0 & 0 & Q_{66} \end{bmatrix}_{0°} \begin{Bmatrix} \varepsilon_x - \alpha_1 \Delta T \\ \varepsilon_y - \alpha_2 \Delta T \\ \gamma_{xy} \end{Bmatrix}_{0°} \tag{5.2}$$

$$\left\{\begin{array}{c} \sigma_x \\ \sigma_y \\ \tau_{xy} \end{array}\right\}_{90°} = \left[\begin{array}{ccc} Q_{22} & Q_{12} & 0 \\ Q_{12} & Q_{11} & 0 \\ 0 & 0 & Q_{66} \end{array}\right]_{90°} \left\{\begin{array}{c} \varepsilon_x - \alpha_2 \Delta T \\ \varepsilon_y - \alpha_1 \Delta T \\ \gamma_{xy} \end{array}\right\}_{90°} \tag{5.3}$$

因此,整个层板的等效应力—应变关系为(只考虑面内力)

$$\left\{\begin{array}{c} N_x \\ N_y \\ N_{xy} \end{array}\right\} = \left[\begin{array}{ccc} A_{11} & A_{12} & 0 \\ A_{12} & A_{22} & 0 \\ 0 & 0 & A_{66} \end{array}\right] \left\{\begin{array}{c} \varepsilon_x^0 \\ \varepsilon_y^0 \\ \gamma_{xy} \end{array}\right\} - \left\{\begin{array}{c} R_x \\ R_y \\ 0 \end{array}\right\} \Delta T \tag{5.4}$$

其中 N_x,A_{11} 等由(3.7)式、(3.9)式定义

$$\left\{\begin{array}{c} R_x \\ R_y \\ 0 \end{array}\right\} = \left\{\begin{array}{c} Q_{11}\alpha_1 + Q_{12}\alpha_2 + Q_{12}\alpha_1 + Q_{22}\alpha_2 \\ Q_{11}\alpha_1 + Q_{12}\alpha_2 + Q_{12}\alpha_1 + Q_{22}\alpha_2 \\ 0 \end{array}\right\} \cdot t \tag{5.5}$$

式中:t 为单层板厚,根据(5.4)式,得到无外力情况下层板的应变。

$$\left\{\begin{array}{c} \varepsilon_x^0 \\ \varepsilon_y^0 \\ \gamma_{xy} \end{array}\right\} = \left[\begin{array}{ccc} A_{11} & A_{12} & 0 \\ A_{12} & A_{22} & 0 \\ 0 & 0 & A_{66} \end{array}\right]^{-1} \left[\begin{array}{c} R_x \\ R_y \\ 0 \end{array}\right] \Delta T \tag{5.6}$$

将该式代入(5.2)式和(5.3)式求解热应力。

上式是求解热变形时热膨胀系数 α_1 和 α_2 不随温度 T 变化的情况下的公式。通常树脂的弹性系数和热弹性系数具有温度的依赖性,作为复合材料,特别是垂直纤维方向的热膨胀系数对温度的依赖性更大。在求解时,根据(5.1)式热变形为

$$\varepsilon_T = \alpha \Delta T = \alpha(T - T_0) \tag{5.7}$$

可写为

$$\varepsilon_T = \int_{T_0}^{T} \alpha(T) \mathrm{d}T \tag{5.8}$$

从初始温度 T_0 到现在温度 T,需要始终考虑热膨胀系数 α 的温度依赖性。同上面公式的推导一样,如不考虑温度依赖性,只考虑现在温度可以有对应的弹性常数,如纵向弹性模量可变成:

$$E = E(T) \tag{5.9}$$

典型碳纤维/环氧树脂复合材料弹性模量和热膨胀系数对温度的依赖性如图 5.1 所示[5.1]。

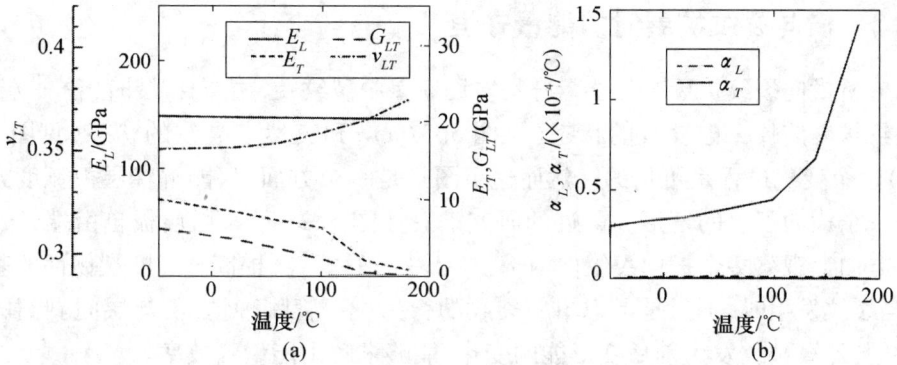

图 5.1　碳纤维/环氧树脂复合材料弹性模量和热膨胀系数对温度的依赖性[5.1]
(a) 弹性模量；(b) 热胀系数。

5.3　横向裂纹及断裂力学

5.3.1　断裂力学的应用

横向裂纹存在于层板中主承载方向无横向纤维的纤维层中。裂纹朝向与纤维平行，通常层板厚度方向上，跨层间的连接界面上也发生。在层板中不仅是在受拉伸载荷作用下产生横向裂纹，而且在层板成型后由于热载荷引起的层间应力也能促使裂纹发生[5.2]。其破坏形式微观上来看是基体内部裂纹和基体与纤维的界面间发生的裂纹。这里所说的横向裂纹发生裂纹点是在基体当中，并不包含微观上纤维与基体界面间发生的裂纹。

在此我们试图用断裂力学的方法来分析横向裂纹，当然用材料力学的强度理论来评价也是可以的。采用断裂力学的方法分析横向裂纹，本来有必要考虑层板的面内方向和厚度方向上的横向裂纹，但是多数情况下假定厚度方向上的裂纹扩展一定时，只研究分析面内方向上的裂纹扩展情况（见图 5.2）。

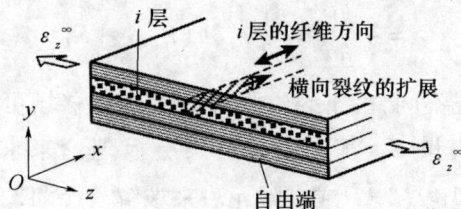

图 5.2　横向裂纹面内宽度方向上的扩展

5.3.2 横向裂纹扩展时的能量守恒

分析横向裂纹扩展时的能量守恒。图 5.2 中裂纹在 x 方向扩展时,看 yz 端面,从裂纹扩展前什么也没有的状态(见图 5.3(a))到突然有裂纹的状态(见图 5.3(b))这个变化过程是可见的。然而这个图只是一个方面,只能解释层板宽度方向只有一个横向裂纹的情形。最近的研究汇总如图 5.2 所示,由层板自由端开始在宽度方向上观察多个横向裂纹向内部扩展[5.3]。这样,在提高材料断裂韧性的基础上,当裂纹发生时,不只是考虑单一裂纹的行为。不管哪种情况,与层间剥离的情况相同,计算裂纹发生前后变形能的变化,能够求解出能量释放率。

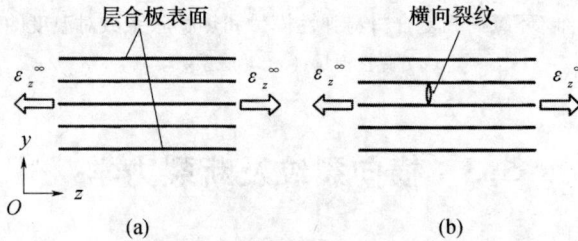

图 5.3　横向裂纹扩展时的能量守恒
(a) 裂纹扩展前;(b) 裂纹扩展后。

在此为了简单起见,不考虑热应力的情况。在求解图 5.3 两种状态下的变形能时,首先,图(a)中与上一章的层间剥离情况一样。由于看上去没有裂纹的层板的纵向弹性系数为 E_{LAM},则裂纹发生前层板单位宽度单位长度上的变形能 U_{LAM} 为

$$U_{LAM} = \frac{1}{2}\varepsilon_z^{\infty 2}hE_{LAM} \tag{5.10}$$

另外,对于只发生一个横向裂纹的状态,取弹性模量为 E_{TC},同理变形能 U_{TC} 为

$$U_{TC} = \frac{1}{2}\varepsilon_z^{\infty 2}hE_{TC} \tag{5.11}$$

根据(4.11)式,得到能量释放率为

$$G = -\frac{\partial U}{\partial a} = \frac{1}{2}\varepsilon_z^{\infty 2}h(E_{LAM} - E_{TC}) \tag{5.12}$$

与层间剥离的情况不同,由于裂纹附近局部的位移场可能紊乱,因此,在裂纹存在的情况下,弹性模量 E_{TC} 就不能由经典层板理论来求得,必须依赖于解析法[5.4,5.5]和高阶层板理论[5.6,5.7]或有限元法来求解。(5.12)式是起始只有一个横向裂纹发生时的能量释放率,当裂纹增加时同样也可以进行计算。适用于假设裂纹等间隔发生的模型(见图 5.4),对于裂纹密度增加时也同样适用。

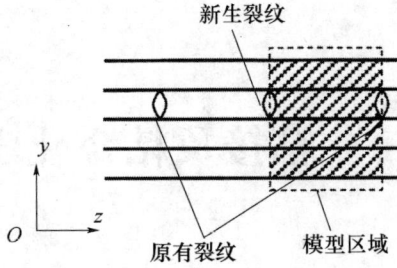

图 5.4 裂纹密度增加的标准模型

5.4 本 章 小 结

在本章作者指出从层板的构成来看,其内部产生热应力是不可避免的,并以正交铺层的层板为例,论述了热应力的计算及材料弹性常数对温度的依赖性,阐述了在某些方向上层板内热应力的存在,会促使横向裂纹和层间剥离的发生。本章对横向裂纹在机械载荷作用下,进行了断裂力学的分析,即使包含热应力,从能量守恒的角度也能够评价裂纹的发生及扩展情况。

参考文献

[5.1] H. Kumazawa, *et al.*: *AIAA Journal*, Vol.41, 2003, p.2037-2044.

[5.2] J.E. Bailey, *et al.*: *Proceedings of Royal Society of London* A, 366, 1979, p.599-623.

[5.3] T. Yokozeki, *et al.*: *Proceedings of AIAA SDM* 42, 2001, AIAA-2001-1639.

[5.4] D.L. Flaggs: *Journal of Composite Materials*, Vol.19, 1985, p.29-50.

[5.5] H.L. McManus and J.R. Maddocks: *Polymer and Polymer Composites*, Vol.4, 5, 1996, p.304-314.

[5.6] J.A. Nairn: *Journal of Composite Materials*, Vol.23, 1989, p.1106-1129.

[5.7] L.N. McCartney: *Journal of Mechanics and Physics of Solids*, Vol.40, 1992, p.27-68.

[5.8] A.S.D. Wang, *et al.*: *Composites Science and Technology*, Vol.24, 1985, p.1-31.

6 粘接及粘合化学

6.1 引　言

从化学的角度看粘接及粘合,其可归结为两种材料的界面及界面领域的构筑。作为复合材料 MMC(金属基)、CMC(陶瓷基)、PMC(高分子基),要说它们之间有区别的话,若从金属、陶瓷、聚合物中选择两种材料的组合,其各自的组合也就是存在界面特性的不同,没有统一的概念。这就意味着,论及粘接及粘合化学,都有必要分别各自论述。

然而由于章幅有限,本章只讨论高分子系复合材料所涉及的增强材料和基体间的界面,参考其他复合材料的界面问题,对于那些不包括的内容,现已发行成书[6.1-6.3]或收集在著名的会议文集中[6.4-6.6]。

6.2　复合材料界面

纤维与基体界面增强的重要性,在 Hull 所著的书[6.7]中已有记述,若界面不能很好地粘接,复合材料就不能充分显示基体材料的特性。在应用复合材料物性设计时,其复合原则就是以纤维与基体间的完全粘接为前提的。

虽然要有这样的原则,但另一方面,只强调提高界面粘接强度的话,也不能体现出复合材料的综合特性。因此,可以说"控制了界面就控制了复合材料的综合特性"或者说"复合材料归根到底是解决材料的界面",这种情况着眼点不是复合材料的静态强度与刚度。如下所述,由增强材料和基体制造成型的复合材料,把主要考虑其疲劳、破坏乃至其寿命的特性作为其效果目标。

(1) 纤维的保护作用(缺损、空气、酸蚀等)。

(2) 纤维的织造和配向作用(集束、织造摩擦等)。

(3) 提高复合材料的成型技术(树脂浸渍性等)。

(4) 提高原材料自身的特性(界面增强的原本目的)。

(5) 提高材料动态特性(破坏过程、冲击疲劳性等)。

(6) 耐环境作用(耐湿性、耐水性、耐药品性等)。

上述效果分类看起来比较复杂,但却是控制含糊的界面特性的有效指导方针。

换句话说,除了基本的界面增强以外,还要了解界面的作用存在于复合材料全部特性中。

6.3 界面的评价

为了研究界面的效果,必须有相关评价界面的方法。界面评价大致分为界面的力学特性试验方法和分子论的测定方法。参照图 6.1 设计界面,为了尝试控制界面有必要两种评价方法并用。请注意下面的试验项目和推荐的参考文献,单纤维埋藏拉伸试验[6.8, 6.9]、埋藏纤维断裂应力测定法[6.10, 6.11]、单纤维埋藏压缩法[6.12]、单纤维拉拔法[6.2, 6.12]、微观接头法[6.13, 6.14]、X 射线解析法[6.18]、短梁法[6.12]及微观反接头法[6.19]。

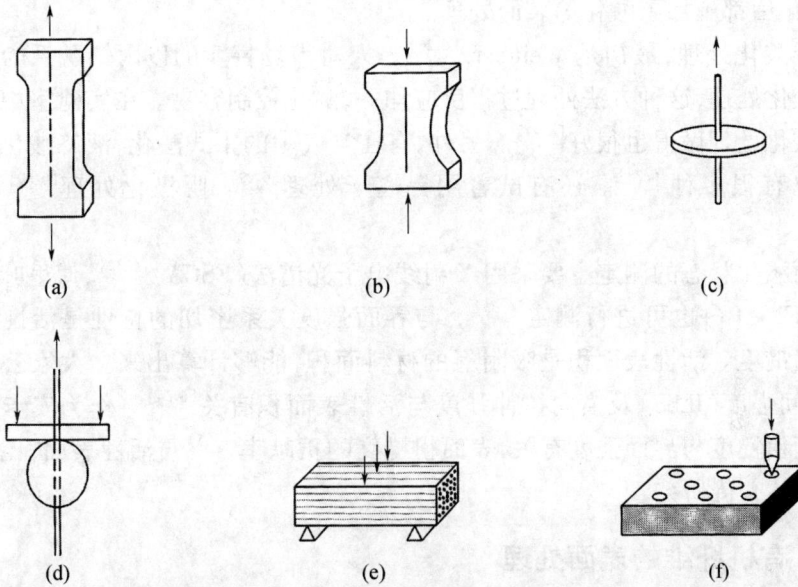

图 6.1 界面强度试验方法[6.2]

(a) 单纤维埋藏拉伸法;(b) 单纤维埋藏压缩法;(c) 单纤维拉拔法;
(d) 微观接头法;(e) 短梁法;(f) 微观反接头法。

其他的试验方法还有很多,例如,单向材料的横向拉伸试验、横向弯曲试验[6.20]、±45°拉伸试验[6.21, 6.22]及非对称四点弯曲法[6.21, 6.21]等。有关详情请参考原文献和成书[6.2, 6.24]。

如上所述,界面强度的评价方法有很多,各有优缺点,作为界面设计及控制的对象,既为了使用表面处理,也为了有确凿的证据,不得不选用这些方法。依据系统选用一定的方法,相对来讲,也可知道表面处理与界面增强的关系。当然,有必要熟知测定方法的缺点,以便来判断其结果。

6.4 工业的表面处理

在界面增强的过程中,与增强材料和基体相对应的必要处理方案多种多样。在此没有必要全作介绍,只以有代表性的增强纤维为主,论述其表面处理方法。

6.4.1 碳纤维的表面处理

复合材料用碳纤维根据其原料分为丙烯腈系和沥青系,各自的高元结构及表面特性是不同的[6.25]。它们之间的差别也同样影响到两系碳纤维的界面强度。通常由于纤维表面酸性基量相同可增加界面强度,所以无论哪一种市场上出售的纤维,在碳化后都施加了酸化等表面处理。

关于酸化处理,最初是 Weinberg[6.26]等人对市场售卖的以丙烯酸系为主的碳纤维做酸化处理,这种方法处理过程反应均一,酸化控制容易。在实验室中用硝酸等液态酸化处理做得也很好[6.27]。另外,有在空气中的干式酸化,液态酸化处理的酸化剂也有很多种[6.28]。还有试着用等离子处理[6.29]、阴极化处理[6.30]及氟化处理[6.31]。

表面酸化状态的测定主要采用 X 射线电子光谱法(ESCA)[6.32],傅里叶红外光谱分析(FT－IR)也可进行测定[6.33]。与界面强度关系密切的特性是活性表面积和表面粗糙度。活性表面积是吸附氧的材料面积,能够计算出来。大家公认界面强度、层间强度(ILSS)及横向拉伸强度与活性表面积有关[6.34]。作为安卡效应已表明表面粗糙度与界面强度有关,表面粗糙度的贡献率[6.35]与活性表面,比表面的关系[6.36]还有待研究。

6.4.2 有机纤维的表面处理

在众多的有机纤维当中,也只有高强度、高张力的芳纶纤维和聚乙烯纤维被用于复合材料的增强材料。另外,聚乙烯纤维也被用于轮胎等橡胶的增强材料。这些有机纤维也为寻求界面增强,试着进行表面处理[6.1, 6.2, 6.37－6.40]。

芳纶纤维的表面处理如图 6.2 所示。有各种各样的化学处理[6.41, 6.42],还有试图导入胺的等离子处理。化学处理存在过度变性问题,等离子处理存在表面改性、适时退化等问题。

最近,芳纶纤维之一的凯夫拉纤维,开发出了一种新的表面处理方法[6.43]。

其特征如图 6.3 所示,打开凯夫拉的洁净间隔,使聚合物以超临界流体状态浸透其中并重新化合。这样的处理结果表明在界面碎断强度上,界面增强率提高60%以上,今后还有望得到进一步提高。

加水分解法(Hoffman)[41]

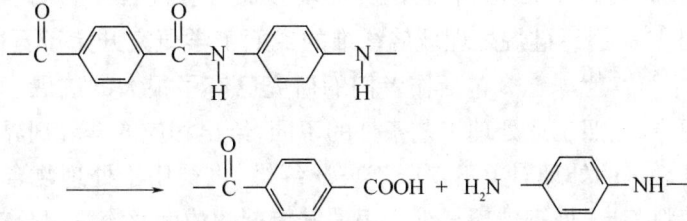

高柳法[42]

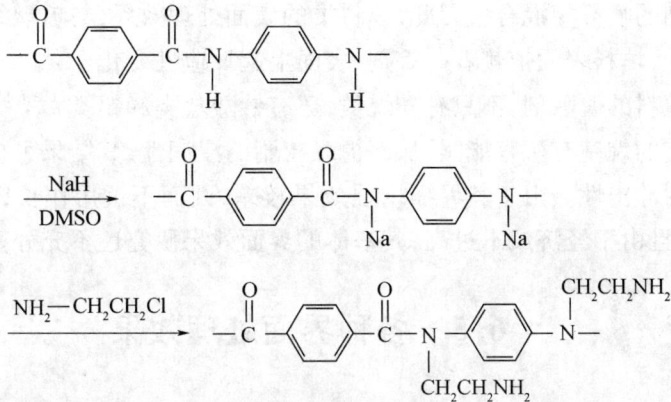

图6.2　芳纶纤维的化学表面处理[6.2]

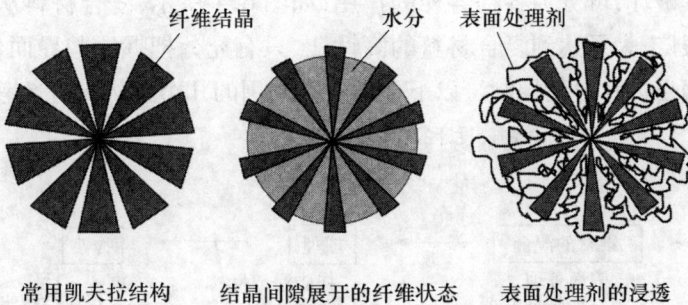

常用凯夫拉结构　　　结晶间隙展开的纤维状态　　　表面处理剂的浸透

图6.3　利用凯夫拉结晶间隔进行物理化学表面处理

　　超高强度聚乙烯纤维几乎没有化学极性,表面处理很困难。虽然有人做过电晕放电[6.38]、等离子处理[6.39]及化学处理[6.40]等表面处理,但都没有明显的效果。此外,参考文献[6.44]给出了利用聚乙烯纤维转化方法的有效结果。

　　总之,由于复合材料用有机纤维配向、结晶性高、无表面化学极性,导致的结果是表面处理易过度,很容易引起原纤维及纤维束的脆化。

6.4.3 玻璃纤维表面处理及硅烷偶联剂

众所周知,玻璃纤维复合材料的界面增强通常有代表性的化学表面改性是用硅烷偶联剂[6.45,6.46]。硅烷处理玻璃纤维的界面工学研究开始于石田等人的 FT - IR 表面分析[6.47,6.48]。至今包括作者们的研究已有了很大的进展。其中作为工业化处理的重点,按照工业处理工艺条件的不同,给出相应的硅烷剂界面构成。

硅烷处理剂的处理对象不仅限于玻璃纤维,也被用于处理复合材料粉末粒子填料。与填料相反,处理玻璃纤维所用的硅烷剂的浓度及溶媒组分有显著的不同。此外,硅烷剂施加手段也不同,玻璃纤维是浸渍在硅烷水溶液中,而粉状填料与高浓度硅烷剂的喷雾相混合。因此,填料类的表面处理效果,与玻璃纤维相比是有差异的。另外,填料表面依赖着硅烷剂,表面上起反应性变化[6.57]。

作为填料的偶联剂,不只有硅烷类,还有钛酸盐类和铅类[6.3,6.58]。这些偶联剂都具有长链的烷基有机官能团,从而提高树脂的浸润性,其结果可提高复合材料的可靠性和耐冲击性。由于其界面增强效果较差,因而不被用作长纤维复合材料的偶联剂,而且由于经济成本过高,其基体的界面效果研究还不充分。

6.5 各种界面处理效果

本节以硅烷剂的表面处理为例,讨论硅烷处理界面对复合材料物性的各种影响。众所周知,界面增强效果包括很多。此外,只是硅烷剂对界面增强作的研究,复合材料由成型到其破坏,可分为各种各样的作用,如图 6.4 所示,复合材料从成型到破坏涉的关联很广,为了达到复合材料的高性能,只有充分把握这些界面作用,才能实现实际的界面设计及界面控制。以下列举这些作用的几个事例作为参考。

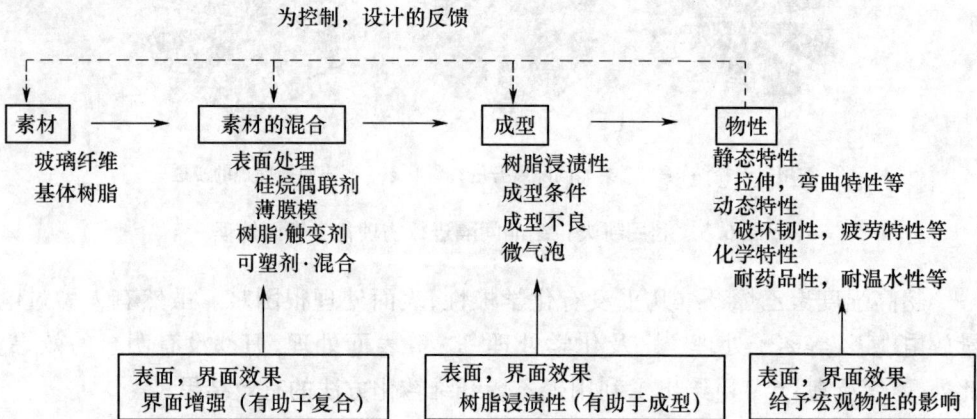

图 6.4 增强材料/树脂界面所提示的给予复合材料特性影响的种类[6.59]

6.5.1 提高成型的作用

如前节所述,硅烷剂使纤维/树脂的两相如化学结合起到增强界面的作用。除界面增强以外,硅烷处理还有提高树脂对纤维的浸渍性。但是由于这样的效果与界面增强是同样的化学因素的作用。因而,对树脂浸润性的定量分析还没有一个明确的结论。

学者们为了掌握成型性和界面的关系,采用树脂注射成型(RTM),将树脂注入到玻璃布中,检测树脂对玻璃纤维布的浸渍性[6.59],该研究方法可检测各种浓度的甲基丙烯酸类硅烷(MPS)处理的玻璃纤维布。

成型如图 6.5 所示,用两个具有同样空腔的平板试验片金属模具,在两个模腔中分别放入裁成矩形的四片用硅烷处理的和未处理的玻璃纤维布,然后合模,注入热固性树脂。

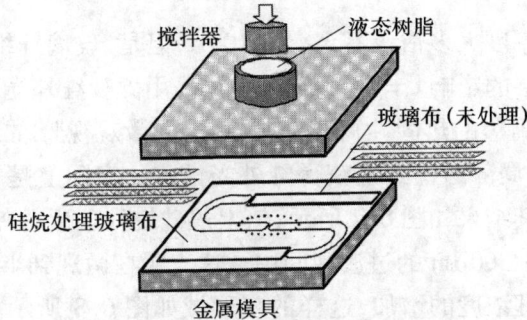

图 6.5 RTM 成型时玻璃纤维浸渍

成型后,观察试验片,未处理和低浓度硅烷剂处理的试验片外观不好,有明显的发白现象,高浓度处理的试验片,没有发白现象,显示出很高的透明度。为了定量分析发白现象,可用透光率检测,如图 6.6(a)所示,处理浓度在 0.01w/w% 以下时,发白的程度急剧增高,但是在这个处理浓度以上时,硅烷剂表现出对树脂的浸润作用,从而显示出成型性提高的作用。

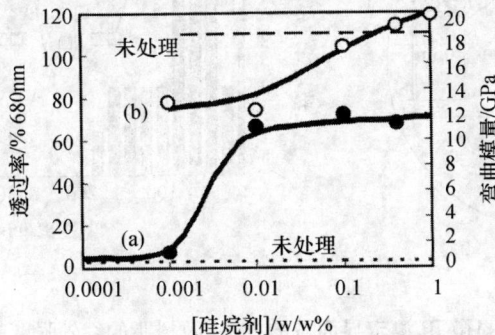

图 6.6 伴随硅烷浓度的 GFRP 泛白变化(a)和弯曲模量变化(b)

但同时这个处理浓度与众所周知的显示界面增强效果的处理浓度相比是非常低的。做试验件的三点弯曲试验,如图6.6(b)所示,由弯曲弹性模量的变化判断,硅烷处理剂起到界面增强作用的处理浓度是大于0.165w/w%以上。与这个浓度相比较,可以确认达到较高成型性作用的临界处理浓度是非常低的。这是硅烷处理时对界面增强的效果。由于起作用的顺序不同,误导出提高成型性的作用。

提高成型性是与树脂的浸渍性有关。一般来讲,树脂的浸渍性是可以由树脂的润湿性观察到,从表面张力的角度出发,与水相比较来评价树脂对玻璃布的润湿性。我们知道,硅烷处理后提高了树脂的润湿性,并不是表面张力起到的作用[6.60]。因此,硅烷剂提高成型性作为今后研究的课题,不仅研究树脂浸渍时静态的表面能,而且有必要考虑流体的粘弹性及树脂的热收缩作用。

6.5.2 纤维周围的树脂改性

虽然硅烷层的厚度大多估计不会超过100Å,但是,玻璃纤维经硅烷剂处理后,可以看到其对树脂层的影响。学者们至今为止是用微观红外光谱法测定用硅烷处理过的玻璃纤维束周边的热固性树脂[6.61],测定的微观视野在$20\mu m \times 40\mu m$的窗口范围内进行,在这局部的视野上获得红外光谱。这实际上是在局部视野内观测到的纤维长丝数。其结果如图6.7所示,依上述硅烷处理后,树脂变性或发生在玻璃纤维开始$100\mu m \sim 300\mu m$的过渡区间中。这表明在微观到半微观之间都影响着界面构造。随着处理浓度的增加,这样的变形域如图6.8所示。这里要特别注意的是,虽然用甲醇等有机溶剂清洗去除物理吸附的硅烷,仅存化学结合的硅烷剂,也存在相当量的变性域。由此可见,硅烷剂向树脂层扩散,不仅引发树脂变性,玻璃纤维表面的硅烷剂对超出$100\mu m$以外的树脂也产生影响。

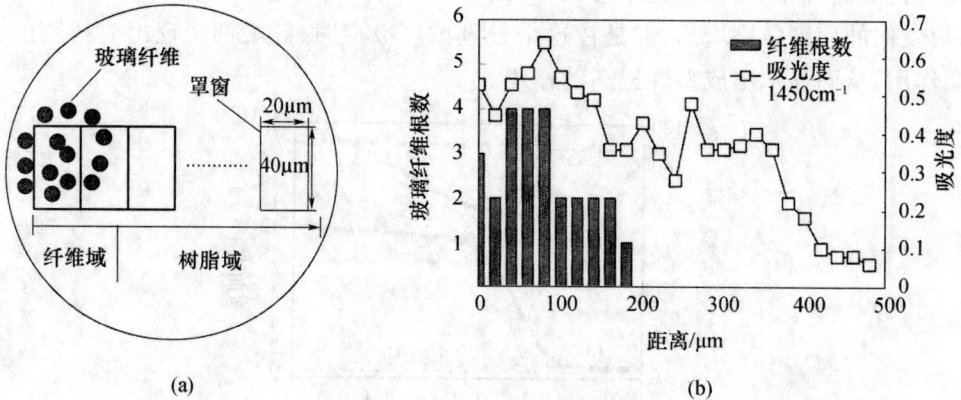

图6.7 按显微IR测定界面域的方法(a)树脂的红外强度的变化(b)

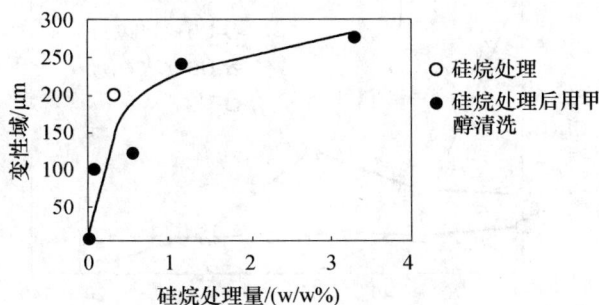

图 6.8　纤维上硅烷处理量与树脂变性界面域厚度的关系

　　因此,可以说硅烷剂的有机官能团像化学键结合一样附着在玻璃纤维表面上,同时大范围影响树脂的固化过程。这样局部微观环境的影响不仅是对热固性树脂,即使用热塑性树脂作为基体,也可以实现树脂的结晶性和配向性[6.62]。

6.5.3　浆膜层的添加作用

　　本节讨论浆膜层的处理。

　　如图 6.4 所示,浆膜层是将作为表面处理剂的硅烷剂、界面活性剂等混合在上浆剂溶液中,混合成乳胶形态,并附着在玻璃纤维表面。浆膜层除了起到上浆作用外,还有如下作用。

　　(1)纤维良好的适用性。

　　(2)对基体树脂良好的浸润性。

　　(3)纤维—基体间界面强度提高。

　　实质上令人期待的是第 3 项即界面增强,但是有关碳纤维的研究[6.63]却得出否定的结果。第 1 项和第 2 项的效果与界面增强没有关系,实际上只对复合材料特性产生影响。至今为止的研究,所用上浆剂的相对分子质量及构造还有很多不清楚的地方,特别是上浆剂对树脂的反应性及上浆剂由界面向树脂扩散,总体的概念也不是很清楚。在最近的研究报告中[6.64],对注射用短切玻璃纤维增强聚碳酸酯(PC)进行了研究,用胺基硅烷作为硅烷处理剂,用脲烷结合剂(UB)作为上浆剂,检测分析界面构造与物性的关系,最佳物性的 UB/硅烷为 9:1,显微红外吸收的测定如图 6.9 所示,可以确认像硅烷剂一样,UB 的扩散被抑制的同时,UB 也向 PC 基体扩散。因此,可以将上浆剂在硅烷剂与基体树脂两者间表现出很强的相互作用看作浆膜层优选的基准。今后会出现更多的关于硅烷剂—浆膜层—集体树脂相互作用的研究实例,以弄清楚浆膜层的作用。

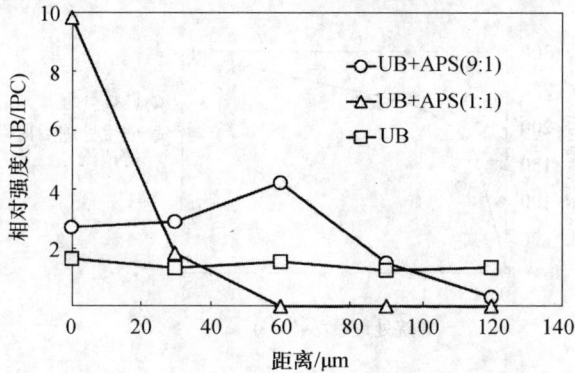

图 6.9　氨基甲酸乙酯黏结剂（UB）在热塑性树脂中的扩散：
显微红外法对聚碳酸酯（PC）的 UB 红外相对吸收强度

6.6　本　章　小　结

　　界面的作用如本章引言所述,在复合材料的各个阶段表现为不同的作用,他们的机构也不同,前面在各种各样的材料中,给出了其界面的多种作用形式。除前面论述的以外,需要讨论的问题还有很多,例如:热塑性树脂复合材料作为界面增强,纤维周围生长横向结晶的界面作用就可被忽略了[6.65]。还有,复合材料的环境恶化也和界面有很大的关系[6.66,6.67]。

　　在复合材料界面间距尚未清楚的时候,捕捉界面领域的材料科学及材料工艺学方面的研究是有必要的。有关界面增强的基础概念的把握和界面增强的优化方面的开发研究有助于今后复合材料分支的发展,同时也是我们期待的研究方向。

参考文献

[6.1] 材料技術研究協会編：「複合材料と界面」, テック出版, 1988.

[6.2] 幾田信生：繊維便覧第 2 版 (繊維学会編), 1994, p.120.

[6.3] 井出文雄：界面制御と複合材料の設計, シグマ出版, 1995.

[6.4] H. Ishida, J.L. Koenig: *Composite Interfaces*, Elsevier Sci, 1986.

[6.5] H. Ishida: *Interfaces in Polymer, Ceramic, and Metal Matrix Composites*, Elsevier Sci, 1988.

[6.6] H. Ishida: *Controlled Interphases in Composite Materials*, Elsevier Sci, 1990.

[6.7] D. Hull and T.W.Clyne: *An Introduction to Composite Materials*, Cambridge Univ. Press, 1996.
　　　宮入裕夫, 池上皓三, 金原勲共訳：複合材料入門 改訂版, 培風館, 2003.

[6.8] T. Osawa, A. Nakayama, M. Miwa, and A. Hasegawa: *Journal of Applied Polymer Science*, Vol.22, 1978, p.3203.

[6.9] M. Miwa, T. Ohsawa: *Journal of Applied Polymer Science*, Vol.25, 1980, p.795.

[6.10] 濱田泰以，前川善一郎，幾田信生，市橋秀樹，西尾悦雄：日本機械学会誌，Vol.A57, 1991, p.235.

[6.11] N. Ikuta, Z. Maekawa, H. Hamada, H. Ichihashi, E. Nishio, I. Abe: *Controlled Interphases in Composite Materials*, Ed., H. Ishida, Elsevier Sci, 1990, p.757.

[6.12] L.J. Broutman: *Interfaces in Composites*, ASTM STP Vol.452, 1969, p.27.

[6.13] L.S. Penn, C.T. Chou: *Journal of Composite Technology and Research*, Vol.12, 1990, p.164.

[6.14] B. Miller, U. Gaur, D.E. Hirt: *Composites Science and Technology*, Vol.42, 1991, p.207.

[6.15] R.J. Young, R.J. Day: *British Polymer Journal*, Vol.21, 1989, p.17.

[6.16] 佐藤紀夫，倉内紀雄：高分子，Vol.41, 1992, p.334.

[6.17] N. Sato, N. Tatsuda, T. Kurauchi: *Journal of Materials Science Letters*, Vol.11, 1992, p.365.

[6.18] 中前勝彦，西野孝，徐愛儒：第1回複合材料界面シンポジウム，1992, p.18.

[6.19] E.J. Chen, J.C. Young: *Composites Science and Technology.*, Vol.42, 1991, p.189.

[6.20] T.R. King, D.F. Adams, D.A. Buttery: *Composites*, Vol.22, 1991, p.380.

[6.21] C.T. Herkovich, F. Mizadeh: *Journal of Reinforced Plastics and Composites*, Vol.10, 1991, p.2.

[6.22] 前川善一郎，濱田泰以，李貴其，石橋壮一：日本複合材料学会誌，Vol.18, 1992, p.2.

[6.23] M.S. Madhukar and L. T. Drzal: *Journal of Composite Materials*, Vol.25, 1991, p.958.

[6.24] M.R. Piggott: *Proc. 36th Inter. SAMPE Sympo.*, 1991, p.1773.

[6.25] E. Fitzer, K.H. Geigl, W. Huttner, R. Weiss: *Carbon*, Vol.18, 1980, p.389.

[6.26] N.L. Weinberg, T.B. Reddy: *Journal of Applied Electrical Chemistry*, Vol.3, 1973, p.73.

[6.27] D.W. McKee: *Chemsitry and Physics on Carbon*, Vol.8, 1973, p.202.

[6.28] 森田健一：「炭素繊維産業」，近代編集社 (1984).

[6.29] P.W. Yip, S.S. Lin: *Proceedings of Materials Research Society*, Vol.170, 1990, p.339.

[6.30] T.R. King, D.F. Adams, D.A. Buttery: *Composites*, Vol.22, 1991, p.380.

[6.31] 鄭容宝，小原秀彦，渡辺信淳：第1回複合材料界面シンポジウム，1991, p.132.

[6.32] H. Ishida, G. Kumar: *Molecular Characterization of Composite Interfaces*, Plenum Press, 1985.

[6.33] C. Sellitti, J. L. Koenig, H. Ishida: *Carbon*, Vol.28, 1990, p.221.

[6.34] 中西洋一郎，澤田吉裕：第20回FRPシンポジウム前刷，大阪，Vol.A8, 1991, p.50.

[6.35] 澤田吉裕，中西洋一郎：炭素，Vol.140, 1989, p.248.

[6.36] W.P. Hoffman, W.C. Hurley, P.M. Liu, and T. W. Owens: *Journal of Materials Research* Vol.6, 1991, p.1685.

[6.37] 高田忠彦：高分子加工，Vol.36, 1986, p.390.

[6.38] H. E. Wechsberg, J. B. Webber: *Modern Plastics*, Vol.36, 1959, p.101.

[6.39] H. Schornhorn, R.H. Hansen: *Journal of Applied Polymer Science*, Vol.11, 1967, p.1461.

[6.40] J.R. Rasmussen, E.R. Stredrnsky, G.M. Whitesides: *Journal of American Chemical Society*, Vol.99, 1977, p.4736.

[6.41] Y. Wu, G. Tesoro, *Journal of Applied Polymer Science*, Vol.31, 1986, p.1041.

[6.42] M. Takayanagi, T. Kajiyama, T. Katayose: *Journal of Applied Polymer Science*, Vol.27, 1982, p.3903.

[6.43] 特願 2000-37386；大西，幾田，遠藤，坂本，小菅：最新の複合材料界面科学研究 2000, 2000, P-8-1.

[6.44] H. Fujimatsu, S. Ogasawara, N. Satoh, K. Komori, Y. Matsunaga, S. Kuroiwa: *Journal of Colloidal Polymer Science*, Vol.268, 1990, p.143.

[6.45] E.P. Plueddemann, *Silane Coupling Agents*, Plenum Press, 1982.

[6.46] 石田：繊維学会誌，Vol.44, 1988, P-56.

[6.47] H. Ishida, G. Kumar: *Molecular Characterization of Composite Interfaces*, Plenum Press, NY., 1985.

[6.48] J.D. Millear, H. Ishida: *Langmuir*, Vol.2, 1986, p.127.

[6.49] E. Nishio, N. Ikuta, T. Hirashima., Koga: *Journal of Applied Spectroscopy*, Vol.43, 1989, p.1159.

[6.50] E. Nishio, N. Ikuta, H. Okabayashi: *Journal of Analytical and Applied Pyrolysis*, Vol.18, 1991, p.261.

[6.51] N. Ikuta, T. Hori, H. Naitoh, Y. Kera, E. Nishio, I. Abe.: *Composite Interfaces*, Vol.1, 1993, p.455.

[6.52] E. Nishio, N. Ikuta, H. Okabayashi, R.W. Hannah.: *Journal of Applied Spectroscopy*, Vol.44, 1990, p.614.

[6.53] N. Ikuta, Z. Maekawa, H. Hamada, M. Ichihashi, E. Nishio.: *Journal of Materials Science*, Vol.26, 1991, p.4663.

[6.54] H. Hamada, N. Ikuta, Z. Maekawa, H. Ichihashi, N. Nishida.: *Composites Science and Technology*, Vol.48, 1993, p.81.

[6.55] H. Hamada, Z. Maekawa, N. Ikuta, H. Ichihashi, E. Nishio, Proc. 5th Japan-U.S. Conference on Composite Materials, 1990, p.535.

[6.56] N. Ikuta, Z. Maekawa, H. Hamada, H. Ichihashi, E. Nishio, I. Abe: *Controlled Interphases in Composite Materials*, Ed., H. Ishida, Elsevier Sci, 1990, p.757.

[6.57] 幾田，安部，内藤，計良，矢口：第1回複合材料界面シンポジウム，1992, p.88.

[6.58] K. L. Mittal: *Silanes and Other Coupling Agents*, VSP, BV, 1992.

[6.59] 幾田信生，成形加工，Vol.8, 1996, p.712-717.

[6.60] 幾田信生，森井亨，土屋孝志，大堀清和，最新の複合材料界面科学研究 '97, 1997, p.197.

[6.61] N. Ikuta, Y. Suzuki, Z. Maekawa, H. Hamada.: *Polymer,* Vol.34, 1993, p.2445.

[6.62] 幾田信生，近藤徳昭，柳川晃，濱田泰以，平井康順，花和孝：高分子学会予稿集，Vol.45, 1996, p.2848.

[6.63] Bascom, W.D. Yon, K.J. Jensen, R.M. Corder, L.: *Journal of Adhesion*, Vol.34, 1991, p.79.

[6.64] N. Ikuta, K. Tomari, H. Kawada, H. Hamada: *Key Engineering Materials,* Vol.137, 1997, p.207-212.

[6.65] M.G. Huson, W.J. McGill: *Journal of Polymer Science and Polymer Physics*, Vol.23, 1985, p.121.

[6.66] T. Morii, A. Yokoyama and H. Hamada: *Journal of Thermoplastic Composite Materials*, Vol.11, 1998, p170.

[6.67] T. Morii, H. Hamada, Z. Maekawa, T. Tanimoto, T. Hirano and K. Kiyosumi: *Polymer Composites,* Vol.15, 1994, p.206.

7 粘接连接的力学

7.1 引　言

在金属结构的复合连接中,部分地采用粘接补强由来已久。然而,要把粘接连接技术应用到一体结构部件上,诸如外板的连接以及板材与增强材料的结合上,人们从可靠性上考虑则慎之又慎。就简化结构集成、减少工时而言,粘接连接技术在复合材料结构中是必不可少的,但使用中必须避免结构效率降低问题[7.1]。复合材料结构中,外板与增强材料、修补部位的补丁之间等诸多部位都采用粘接连接。此外,从更微观的角度来看,增强纤维与基体树脂的界面也是重要的连接部位,界面上力的传递在纤维增强机理中会影响材料的基本性能。

7.2　粘接部位力的传递

7.2.1　薄板间连接(粘接接头)中的材料力学处理

在薄壁轻量结构中,板之间的粘接接头主要用于传递面内拉伸力和剪切力。这些力通过粘接面的剪切力来传递(见图 7.1)。如图 7.2 所示,根据粘接面的不同,接头形式的分类有诸如单搭接、单对接、双搭接、双对接以及嵌接等[7.2]。对于这些粘接结构的载荷传递,很早以来一直用剪力滞分析法作近似分析,尤其板材也都是层合板,基本上是一样的。下面就最简单的单搭接接头作剪力滞分析[7.1,7.3],以探讨其有效性和极限问题。

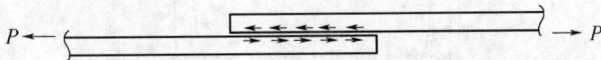

图 7.1　剪切力的载荷传递

如图 7.3(a)所示,探讨的情形为:粘接层厚度为 t,两块层合板的板厚分别为 h_1、h_2,粘接层长度为 $2l$,板的宽度方向设为单位长度。设层合板面内方向的平均纵向模量为 E,粘接层的横向模量为 G,粘接层为可变剪切情形。

将 S_1、S_2 分别设为层合板的拉伸力,τ 为层合板的剪应力,则板的载荷方向(x

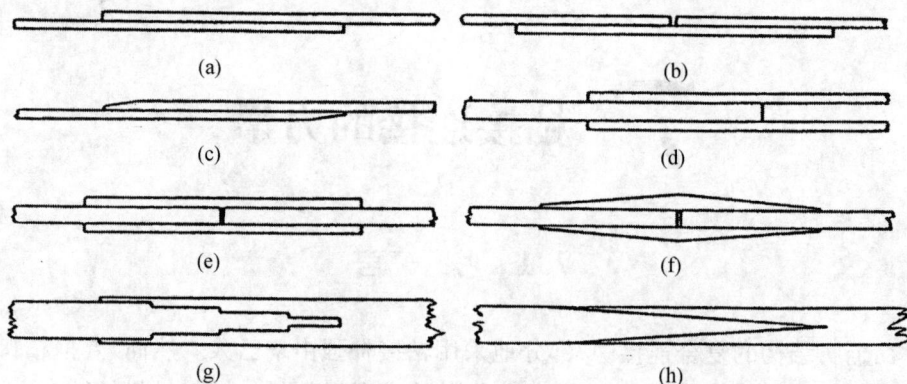

图 7.2　胶接接头的样式[7.2]

（a）单搭接连接；（b）单对接连接；（c）带锥度单搭接连接；（d）双搭接连接；

（e）双对接连接；（f）带锥度对接连接；（g）带锥度搭接连接；（h）嵌接连接。

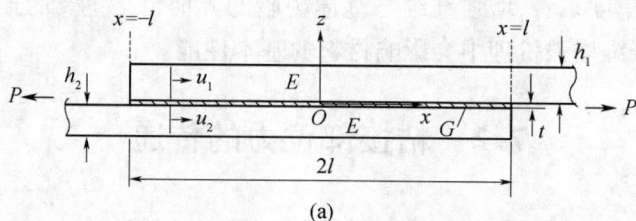

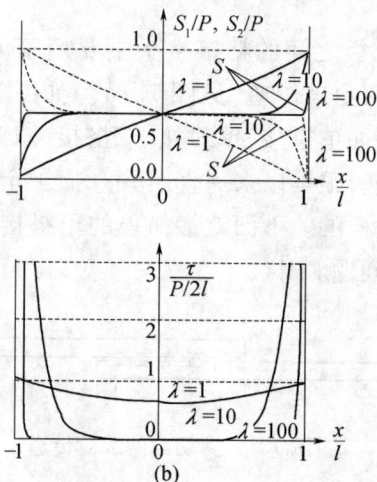

图 7.3　单搭接粘接接头的剪力滞分析

（a）参数与坐标系；（b）基体的轴向力 S_1、S_2 及粘接层的剪应力 τ 的分布。

方向）力的平衡为

$$\frac{\mathrm{d}S_1}{\mathrm{d}x} = \tau, \qquad \frac{\mathrm{d}S_2}{\mathrm{d}x} = -\tau \tag{7.1}$$

对于层压板,结构方程式为

$$S_1 = Eh_1 \frac{\mathrm{d}u_1}{\mathrm{d}x}, \qquad S_2 = Eh_2 \frac{\mathrm{d}u_2}{\mathrm{d}x} \tag{7.2}$$

对于粘接层,结构方程式为

$$\tau = G \frac{u_1 - u_2}{t} \tag{7.3}$$

式中:u_1、u_2 为板 x 方向的位移。

边界条件为

$$3x = -l \quad S_1 = 0 \quad S_2 = P$$
$$x = l \quad S_1 = P \quad S_2 = 0 \tag{7.4}$$

首先,根据(7.1)式有

$$\frac{\mathrm{d}S_1}{\mathrm{d}x} + \frac{\mathrm{d}S_2}{\mathrm{d}x} = 0 \tag{7.5}$$

由此结合边界条件(7.4)式有

$$S_1 + S_2 = P \tag{7.6}$$

将(7.3)式对 x 进行微分,结果代入(7.2)式,如采用(7.6)式可求得有关 S_1 的微分方程式。如用 $\xi = x/l$,x 为无因次式来表示,则有

$$\frac{\mathrm{d}^2 S_1}{\mathrm{d}\xi^2} - \lambda^2 S_1 = -\frac{Gl^2 P}{Eth_2} \tag{7.7}$$

式中

$$\lambda = \frac{Gl^2}{Et}\left(\frac{1}{h_1} + \frac{1}{h_2}\right) \tag{7.8}$$

此式的一般解是

$$S_1 = A_1 \sinh\lambda\xi + A_2 \cosh\lambda\xi + \frac{h_1}{h_1 + h_2} P \tag{7.9}$$

将其代入边界条件式(7.4)中可得

$$A_1 = \frac{p}{2\sinh\lambda}, \qquad A_2 = \frac{(h_2 - h_1)P}{2(h_1 + h_2)\cosh\lambda} \tag{7.10}$$

特别地,当 $h_1 = h_2$ 时,有

$$S_1 = \frac{P}{2}\left(1 + \frac{\sinh\lambda\xi}{\sinh\lambda}\right), S_2 = \frac{P}{2}\left(1 - \frac{\sinh\lambda\xi}{\sinh\lambda}\right) \tag{7.11}$$

就 τ 而言,将其代入(7.1)式可得

$$\tau = \frac{P}{2l}\frac{\lambda\cosh\lambda\xi}{\sinh\lambda} \qquad (7.12)$$

例如,$h_1 = h_2 = 2\text{mm}$,$t = 0.2\text{mm}$,$l = 20\text{mm}$,层合板为 CFRP 横观各向同性层合板,$E = 70\text{GPa}$,粘接层的 $G = 4\text{GPa}$,则无因次量 $\lambda = 114$。$\lambda = 1、10、100$ 时,将 S_1、S_2、τ 数据作图,有如图 7.3(b)所示。

根据剪力滞分析,如从载荷方向上看,粘接层剪切应力的最大值产生于上下板各自的前端,此处的粘接层或者粘接层/板界面间破损情况也能预测到。但是,与各向同性材料相比,多数情况下层合板面外剪切刚度相对于其面内拉伸刚度要低很多。剪切层的厚度等于粘接层的厚度时,剪力滞理论的误差大,因为很难界定层合板到哪部分包含于剪切层中。

7.2.2 粘接接头上的断裂力学分析

根据对理想的粘接接头进行严密的弹性力学分析可知,在粘接层与板界面的各部分应力为无限大[7.4],如上述剪力滞分析那样,无法得到有限的最大应力值,因此采用材料力学分析是不适合的。另外,按照断裂力学的定义,此部分粘接面的剥离可被视为不同材料界面的裂纹,可用断裂力学来处理。在从粘接区域的端部进行剥离时,断裂力学上的能量平衡可如下述简单地加以考虑。

这里,我们分析一下无需考虑局部弯曲的双搭接连接接头情形(见图 7.4)。当外力一定时,能量释放率可用应变能量 U 的剥离面积 A 相关的微分表示。

$$G = -\frac{\partial \prod}{\partial A}\bigg|_{\substack{\text{load}\\\text{const}}} = \frac{\partial U}{\partial A} \qquad (7.13)$$

如果剥离从端部向厚度方向对称产生,与此同时若剥离长度 a 增大到某种程度时,则应变能 U 的变化只是应变能 U_1、U_2 的增减,如图 7.4 所示的区域①、②部分,无需考虑剥离前端区域的复杂应力状态。

$$G = \frac{\partial(U_1 + U_2)}{\partial A} \qquad (7.14)$$

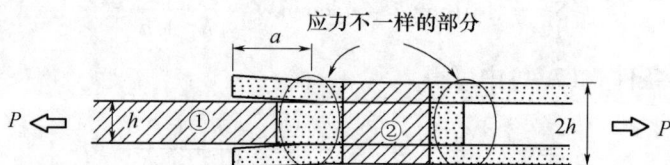

图 7.4 双搭接接头的能量平衡

考虑宽度方向为单位长度,U_1、U_2 的载荷方向每单位长度的值为 a_1、a_2,上下的剥离同时进行时,因为区域①增加而区域②减少则

$$\frac{\partial U_1}{\partial A} = \frac{\partial U_1}{\partial (2a)} = \frac{\overline{U}_1}{2}, \frac{\partial U_2}{\partial A} = \frac{\partial U_2}{\partial (2a)} = -\frac{\overline{U}_2}{2} \qquad (7.15)$$

因此,可得

$$G = \frac{1}{2}(\overline{U}_1 - \overline{U}_2) \qquad (7.16)$$

为简单起见,如果厚度 $2h$ 区域②的板厚是区域①板厚的 2 倍,且层合板为均质材料时的载荷方向上的等价纵向模量均为 E_{eq},则各部分的应力应变为

$$\sigma_1 = \frac{P}{h}, \qquad \varepsilon_1 = \frac{P}{E_{eq}h}$$

$$\sigma_2 = \frac{P}{2h}, \qquad \varepsilon_2 = \frac{P}{E_{eq} \cdot 2h} \qquad (7.17)$$

根据(7.16)式可得

$$G = \frac{1}{4}\frac{P^2}{E_{eq}h} \qquad (7.18)$$

在此例中,我们考虑上下是同时进行剥离的,实际上多数情况是只有一方出现剥离,结果导致粘接部位产生弯曲,应力状态变得复杂。为简化起见,考虑用(7.18)公式得出的能量释放率为 2 倍程度就足够了。

另一方面,用前面的剪力滞分析法分析单搭接接头时,由于载荷本身有偏心,实质上伴随弯曲产生,所以正确的方法是需要将弯曲因素考虑在内。根据更为精确的大变形分析可知,在施加载荷前就已偏心的载荷线,其偏心量随着载荷的增大而减少,伴随的变形犹如拉伸载荷接近在一条直线上一般。

7.2.3 层合板与增强材料的结合

在用于外板的增强层合板中,除了增强材料与层合板一体成型、增强纤维在两者之间连接贯通的情况之外,都需要考虑增强材料与层合板分离的可能性。特别增强材料的结合是通过二次成型的,两者间没有纤维相连接,就要考虑两者界面上可能的剥离[7.5]。一般而言,对于有拉伸载荷作用的增强层合板,多数场合下增强材料的剥离不会产生很大的问题。但另一方面,在承受压缩和剪切载荷的部位,小于设计载荷下允许屈曲,则有可能由于屈曲变形,此时必须考虑导致增强材料与外板之间的面外应力急剧增大[7.6](见图7.5)。

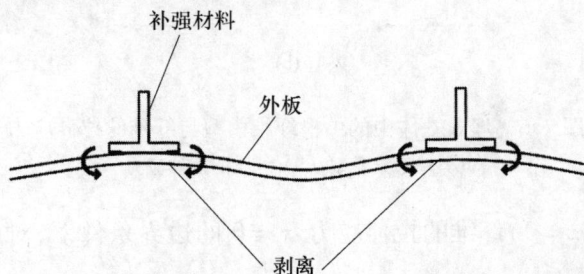

图 7.5 面外变形导致的增强材料/层合板之间的剥离

7.3　纤维与基体树脂的结合

除上述结构件的粘接连接问题之外,在纤维增强复合材料中,纤维及包裹纤维的基体之间的界面结合性会影响着复合材料的基本性能,长期以来对此就有着诸多研究[7.7]。以下所述的是在这些分析研究中考虑有限长纤维产生的轴向增强效果上颇为有效的经典方法。

为简单起见,只考虑一根直线状纤维埋入基体中的情形(见图7.6(a))。无限长纤维在纤维与基体的界面上不产生纤维方向的应力,但是若纤维长度有限,则会在其端部附近产生很大的垂直应力和剪切应力。特别是,关注纤维方向力的平衡,可知端部附近的剪切应力,随拉伸载荷的增加而增大,一般会达到屈服应力。在此状态时屈服的界面上剪切应力 τ 设定为 τ_m,此时,根据在该界面屈服区域中纤维轴向力的平衡:

$$\pi r_f^2 \frac{\mathrm{d}\sigma_f}{\mathrm{d}x} = 2\pi r_f \tau_m \tag{7.19}$$

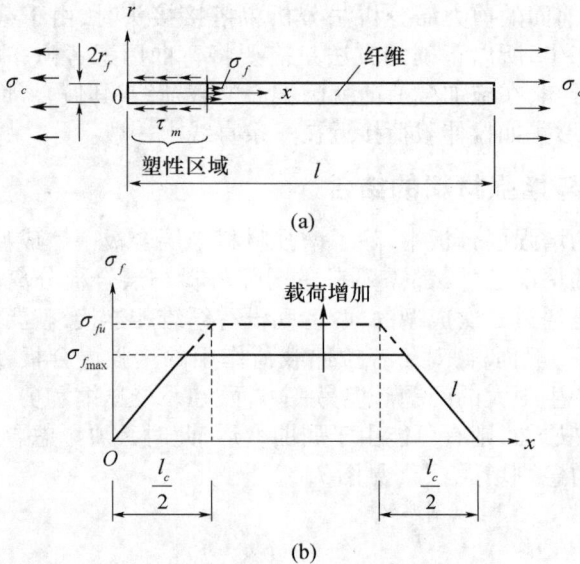

图 7.6　埋入基体中的单根纤维模型与纤维的拉伸应力
(a) 单纤维模型;(b) 纤维的拉伸应力。

在纤维端部($x=0$)纤维的拉伸应力 $\sigma_f=0$ 的边界条件下,对(7.19)式进行积分,可得

$$\sigma_f = \frac{2\tau_m}{r_f}x \qquad (7.20)$$

(7.20)式表明:纤维的拉伸应力 σ_f 与其离端部的距离成正比。纤维的垂直应变 ε_f 也与该应力成比例增大,但是若纤维垂直应变值等于周围基体的应变时,则在界面上不会出现大于它的力的传递,即不会发生剪切应力,因此根据力的平衡,σ_f 也会稳定下来,其结果如图7.6(b)所示。图中拉伸应力的最大值 σ_{fmax} 是在作用载荷增大时纤维上产生的最大应力,如果此值小于纤维的拉伸强度 σ_{fu},则意味着还未加载至使纤维断裂的载荷,可以认为纤维的能力尚未有效地发挥。反之,为有效地使用纤维,在

$$\sigma_{fmax} \geqslant \sigma_{fu} \qquad (7.21)$$

达到时为止加长纤维长度。为此,将 σ_{fu} 代入(7.20)式的 σ_f 中,则有

$$\frac{l_c}{2} \equiv x_{\sigma_f = \sigma_u} = \frac{\sigma_{fu}}{2\tau_m} \qquad (7.22)$$

最小长度需要距两端分别有 $l_c/2$ 的长度,作为纤维希望具有 l_c 以上的长度,这是纤维的临界长度。根据(7.22)式,在纤维/基体界面得到的最大剪切应力 τ_m 越大,即使短的纤维也能有效地发挥作用。此外,即便是连续纤维,由于某种原因导致纤维断裂时,同样地界面的载荷传递也会变得非常重要。

以上分析说明,界面上产生了屈服应力,如同做了极限解析般的剪力滞分析处理,但还对其进行了弹性处理的详细研究[7.8,7.9]。此外,将纤维作为椭圆体夹杂物的艾雪比夹杂物理论的处理方法也被广泛地研究[7.10],以对纤维和基体的应力以及界面的应力进行详尽分析。当然,有限元法等数值分析法也被大量地采用。

7.4 本 章 小 结

对复合材料而言,为最大限度地发挥其性能,粘接连接在宏观和微观两方面都扮演着非常重要的角色。本章从力学的观点出发,叙述了界面上产生的应力以及以其为基础的断裂力学性能的参数。在实际设计中,需要使用这里介绍的应力等参数来讨论耐负荷能力,本章将其全部省略。作为高分子材料结合的界面特征,我们可以列举环境条件对强度和断裂韧性等影响极大的诸多实例。如果要讨论静态或动态的耐负荷能力问题,需要强调的是要特别注意使用环境。

参考文献

[7.1] L.J. Hart-Smith: Analysis and Design of Advanced Composite Bonded Joints, NASA CR-2218, 1974.

[7.2] M.C.Y. Niu: *Composite Airframe Structures*, Conmilit Press, Hong Kong, 1992.

[7.3] 小林繁夫: 航空機構造力学, 丸善, 1992.

[7.4] P. Destuynder *et al.*: *International Journal of Numerical Methods in Engineering*, Vol.35, 1992, p.1237-1262.

[7.5] J.N. Dickson and S.B. Biggers: Design and Analysis of a Stiffened Composite Fuselage Panel, NASA CR-159302, 1980.

[7.6] 複合材補強パネルの座屈許容設計の研究，革新航空機技術開発に関する調査研究成果報告書 No.0601，日本航空宇宙工業会，1995.

[7.7] 材料技術研究協会編集委員会編: 複合材料と界面，総合技術出版，1986.

[7.8] H.L. Cox: *British Journal of Applied Physics*, Vol.3, 1952, p.72-79.

[7.9] B.W. Rosen: *AIAA Journal*, Vol.2, 1964, p.1985-1991.

[7.10] T. Mura: *Micromechanics of Defects in Solids*, Martinus Nijhoff Pub, 1987.

8 复合材料结构的屈曲

8.1 引　言

　　复合材料,不仅需要考虑因材料的各向异性和组合不同所产生的非均质性的影响,而且(根据需要)还可以进行材料设计,需要理解材料和结构两方面问题,是一种结构设计人员的知识和经验极大地影响着最终结构性能的材料。尤其在宇航结构件中,由于要求轻量、薄壁设计,起因于屈曲以及伴随屈曲而变形的破坏常常成为急需解决的问题。作为复合材料,其不仅受结构形状和边界条件的影响,还受到各向异性和非均质性的影响,影响参数可以说是不计其数,用简单公式或少数图表来表示其特性几乎是不可能的,在详细设计阶段大多都要求进行应力分析和实验。然而,使用复合材料时,屈曲同样也是一种结构的整体现象,几何学形状和边界条件等基本因素的作用与各向同性材料时基本相同,通过妥善考虑各向异性和非均质性情况,在某种程度上可以由各向同性材料的结果推断屈曲现象。

　　结构件受力会变形,大多数情况下可以假定变形与载荷之间成比例关系。不过,即使应变较小,应力与应变之间成线性关系,由于几何学性质的形状发生变化,力的分布也会变化,载荷与变形之间不成比例关系的情况也大量存在。我们将伴随形状变化而发生的非线性称为几何非线性,与因材料的屈曲等造成的材料非线性相区别。例如,给杆件施加外力时,如图 8.1(a)当垂直施加力时,力与挠度基本成比例;如图 8.1(b)当斜上方施加力时,随着变形,变得难以挠曲;如图 8.1(c)当斜下方施加力时,挠度随着变形而变大。我们称前者为硬化,称后者为软化。作为软化现象的一种极限,一旦载荷超过某种限度,可能会产生完全不同的变形,出现变形增加剧烈,或者突然失去耐负荷能力等结构不稳定现象。此现象一般被称为屈曲。屈曲源于压缩应力,无论看不见压缩却存在压缩应力成分还是在部分结构上产生压缩应力,都将可能会产生屈曲现象,因此需要引起注意。本节的目的就是讨论屈曲的基础问题,并给出在复合材料结构设计中处理屈曲现象的基本指导思想。

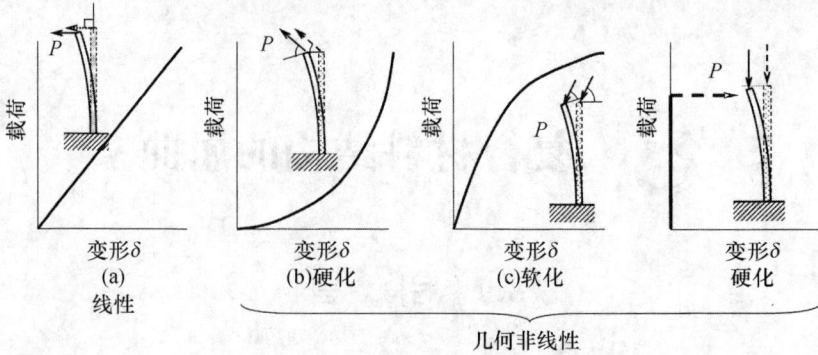

图 8.1　结构构件与几何非线性

8.2　杆件的屈曲

如图 8.2 所示,看看在两端简支、弯曲刚度为 EI 的杆件上施加压缩力 P 时的情况如何。当 P 较小时,杆件直接形成压缩变形。根据此平衡状态,在只变形 w 时力的平衡表示为

$$EI \frac{\mathrm{d}^4 w}{\mathrm{d}x^4} + P \frac{\mathrm{d}^2 w}{\mathrm{d}x^2} = 0 \tag{8.1}$$

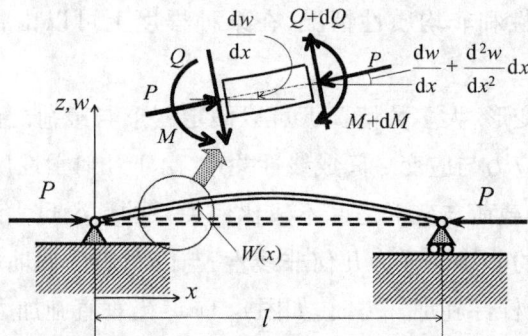

图 8.2　承受压缩载荷的杆件力的平衡与稳定问题

(8.1)式称为杆件弯曲变形的屈曲方程式。此方程式有一个解 $w = 0$(平凡解)。对该方程式进行特征值分析,可以求出特征值(载荷)P_n($n = 1,2,\cdots$)和与其相对应的非平凡解(变形形状)$\phi(x)$。此式中,P_n 的最小值称为屈曲载荷,与其相对应的变形形状称为屈曲模态。如超出此值,平凡解在物理上会变得不稳定。两端简支时的屈曲载荷以及屈曲模态用下式表示:

$$p_{cr} = \frac{\pi^2 EI}{l^2}, \qquad \phi(x) = \sin \frac{\pi x}{l} \tag{8.2}$$

式中:l 为杆的长度。

由此可知,屈曲载荷与弯曲刚度成正比,与长度的平方成反比。这说明细长的杆件无法承受压缩力,与细铁丝可以抵抗拉伸载荷但无法用作压缩部件的经验知识相一致。

8.2.1　屈曲载荷与边界条件

即使是同一根杆件,其边界条件不同,屈曲载荷也会有很大差异,对在边界处的变形约束越大,屈曲载荷就越高。图 8.3 给出主要的边界条件和屈曲载荷的关系。

边界条件	固定与自由	两端简支	固定、一端简支	两端固定
杆的屈曲变形形状		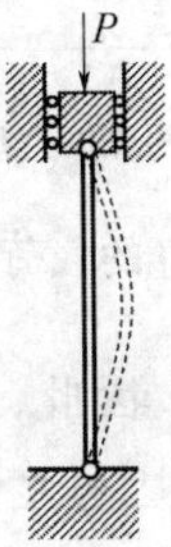	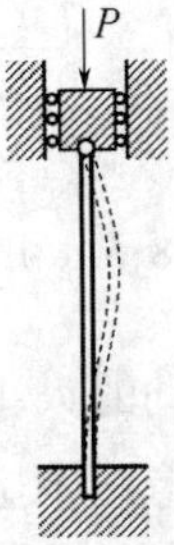	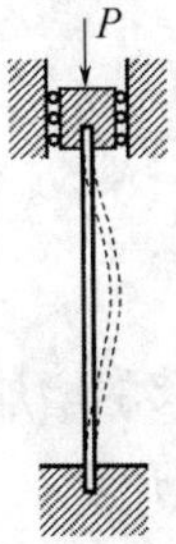
屈曲载荷 P_{cr}	$\dfrac{\pi^2 EI}{4l^2}$	$\dfrac{\pi^2 EI}{l^2}$	$2.048\,\dfrac{\pi^2 EI}{l^2}$	$\dfrac{4\pi^2 EI}{l^2}$

图 8.3　边界条件与屈曲载荷(杆的弯曲刚度 EI、长度 l)

8.2.2　初始扰动的影响

如图 8.4 所示,考虑初始挠曲 $w_0(x)$ 与载荷偏心 e 的两端简支梁,并将其与理想形状的差称为初始扰动。此时力矩的平衡方程式为

$$EI\frac{\mathrm{d}^2 w}{\mathrm{d}x^2} + Pw = -P(w_0 + e) \tag{8.3}$$

如果右边的初始扰动如下:

$$w_0 + e = \sum_{n=1}^{\infty} a_n \sin\frac{n\pi x}{l} \tag{8.4}$$

可展开为傅里叶(Fourier)级数,则位移 w 即使在屈曲载荷以下也不会为零,而是

$$w = \frac{P}{P_{cr}}\sum_{n=1}^{\infty}\frac{a_n}{n^2 - P/P_{cr}}\sin\frac{n\pi x}{l} \tag{8.5}$$

(8.5)式表明,当 $P \to P_{cr}$ 时,第 1 项急剧变大,位移发散。如假定只是(8.4)式的第 1 项作为初始扰动,绘制其中间点的挠度与载荷的关系,则可得到图 8.5。当载荷较小

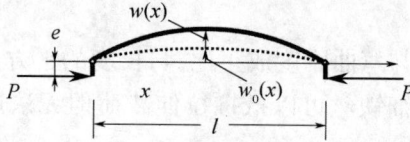

图 8.4　初始扰动的杆的压缩

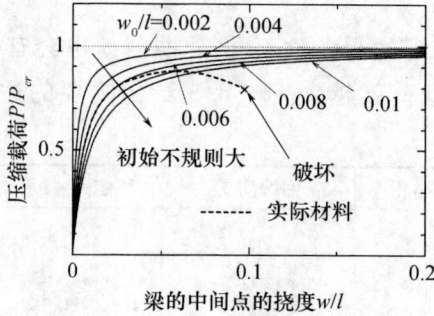

图8.5　初始扰动的杆的载荷与挠度的关系

时,位移的增加与初始扰动的大小成正比。因此,一般认为,如果初始扰动较大,在屈曲前变形也会变大,并且像图中虚线那样,因过度的弯曲应力而引起的材料非线性会使强度降低,而初始扰动较小时,一旦载荷迫近屈曲载荷,会发生急剧变形。

8.2.3　屈曲后的变形与载荷

(8.1)式是假设变形微小而得到的平衡方程式。像钢琴琴弦那样细的零件被称为弹性件,即使屈曲后的变形变大,弯曲、应变的值也较小,处于弹性变形状态。如图 8.6 所示,两端简支的弹性件存在平衡状态,即使在屈曲后变形急剧增大,变形状态处于载荷平衡,属于物理上稳定的问题。

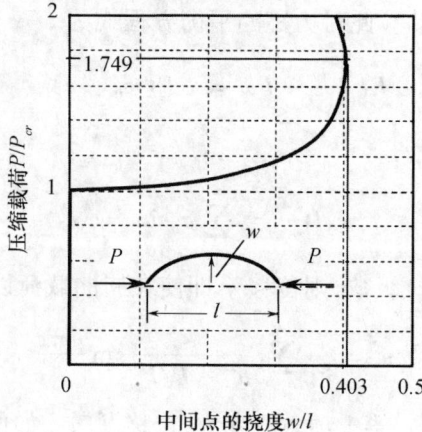

图 8.6　承受压缩的两端简支的弹性件的载荷挠度曲线[8.1]

106

8.2.4 剪切刚度与屈曲载荷

复合材料的剪切模量小,所以在考虑杆与板的问题时,经常会讨论剪切变形的影响。下面就来看看剪切变形对屈曲的影响。为研究剪切变形,可以考虑铁木辛柯(Timoshenko)梁理论[8.2](与中性轴垂直的截面在变形后保持平面,但也可以不与中性轴垂直)。此时两端简支的杆屈曲压力表示为

$$\sigma_{cr} = \sigma_{cr0} \frac{1}{1 + \sigma_{cr0}/G} \tag{8.6}$$

这里,$\sigma_{cr0} = \pi^2 EI/l^2$ 是忽略剪切变形得到的两端简支梁的屈曲应力,G 是剪切模量。由此式可知,σ_{cr0}/G 是表示剪切变形影响的参数。当为各向同性材料时,$E/G = 2(1+v) \approx 2.6$,而当为单向增强碳纤维复合材料时,变为 $E/G \approx 150\text{GPa}/5\text{GPa} = 30$,相对于长度,剪切变形的影响会变大。当杆特别长时,$\sigma_{cr0} \ll G$,可以忽略剪切变形的影响。当 $l \to 0$ 时,$\sigma_{cr} \to G$,即 $l \to 0$ 时,压缩强度的极限值等于剪切模量。

8.2.5 受弹性支撑的杆件

如图 8.7 所示,看看杆件受到与位移成比例的每单位长度弹簧刚度为 k 的恢复力的情况。屈曲方程式写为

$$EI \frac{\mathrm{d}^4 w}{\mathrm{d}x^4} + P \frac{\mathrm{d}^2 w}{\mathrm{d}x^2} + kw = 0 \tag{8.7}$$

两端简支时的屈曲载荷(特征值)为

$$P_n = \frac{n^2 \pi^2 EI}{l^2} + \frac{kl^2}{n^2 \pi^2} \tag{8.8}$$

根据(8.8)式,在 $n = 1$ 时未必会最小,如图 8.8 所示,当杆的长度是 $l_0 = \pi \sqrt[4]{EI/k}$ 的整数倍时,屈曲载荷将变为最小($P_{\min} = 2\sqrt{kEI}$)。l 一变大,P_{cr} 就会与整体长度 l 无关,而变形的 1 半波长的长度将变为近似 l_0 的值。

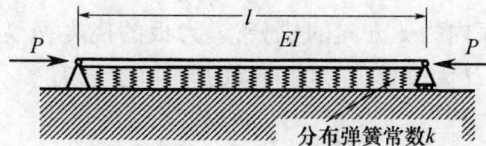

图 8.7 受弹性支撑的杆件

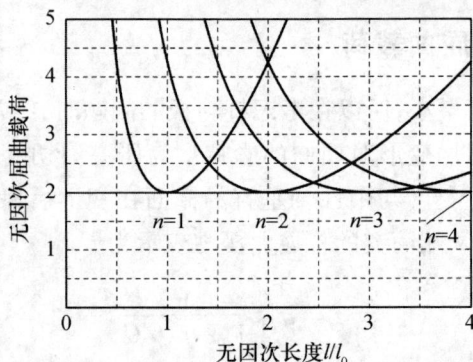

图 8.8　弹性基础上的杆的无因次长度与无因次屈曲载荷

8.2.6　杆件的各种屈曲现象

杆件的不稳定现象不只是发生屈曲弯曲,用薄壁来提高弯曲刚度时,还会呈现出其他屈曲形态。一些主要的形态有如表 8.1 所列。此外,当扭转中心与矩心不一致时,弯曲将与扭转屈曲复合,与各值相比屈曲载荷都将减少。

表 8.1　杆的各种屈曲形式[8.1]

载荷形态	直接变形形式	屈曲变形形式
压缩载荷	笔直缩短	弯曲变形
压缩载荷	笔直缩短	扭转变形
1 主轴回转的弯曲	该主轴回转的弯曲	其他主轴回转弯曲与扭转变形耦合
扭转载荷	扭转变形	弯曲变形

8.3　平板的屈曲

如图 8.9 所示,在挠曲很小时,可以给出面内载荷 N_x、N_y、N_{xy} 作用的平板基础方程式如下

$$D\Delta\Delta w - \left[N_x \frac{\partial^2 w}{\partial x^2} + 2N_{xy} \frac{\partial^2 w}{\partial x \partial y} + N_y \frac{\partial^2 w}{\partial y^2} \right] = q \qquad (8.9)$$

式中:[ ]内的部分是面内力 z 方向的成分;w 为板的挠度;q 为 z 方向的分布力;Δ 为二维拉普拉斯算符;D 为每单位宽度的板的弯曲刚度,有

$$D = \frac{Eh^3}{12(1-v^2)} \qquad (8.10)$$

式中:h、E、v 分别为板厚、弹性模量和泊松比。

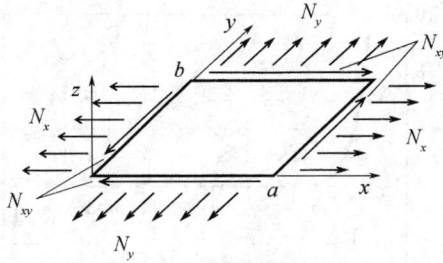

图 8.9　承受面内载荷的长方形板

8.3.1　四周简支的矩形板的单向压缩屈曲($N_x = -S, N_{xy} = N_y = 0$)

在(8.9)式中代入面内力的条件和 $q = 0$,可得屈曲方程式:

$$D\Delta\Delta w + S\frac{\partial^2 w}{\partial x^2} = 0 \qquad (8.11)$$

四周简支的边界条件为

$$w = \frac{\partial^2 w}{\partial x^2} = 0 \qquad (x = 0 \text{ 和 } a)$$

$$w \cdot = \frac{\partial^2 w}{\partial y^2} = 0 \qquad (y = 0 \text{ 和 } b) \qquad (8.12)$$

满足(8.11)式的特征值及特征函数分别为

$$S_{mn} = D\left(\frac{m\pi}{a}\right)^{-2}\left[\left(\frac{m\pi}{a}\right)^2 + \left(\frac{n\pi}{b}\right)^2\right]^2 \qquad (8.13)$$

$$\varphi_{mn}(x,y) = \sin\frac{m\pi x}{a}\sin\frac{n\pi y}{b} \qquad (8.14)$$

在(8.12)式中,最小特征值与屈曲载荷相对应。当 $n = 1$ 时,S_{mn} 最小,而 x 方向的频率 m 将由板的纵横比 b/a 决定,而不限于 $m = 1$ 时最小。这与受弹性支撑的杆的屈曲一样。

如果将屈曲应力 σ_{cr} 表示为

$$\sigma_{cr} = k\sigma_e, \sigma_e = \frac{\pi^2 E}{12(1-v^2)}\left(\frac{h}{b}\right)^2 \qquad (8.15)$$

则纵横比 a/b 与 k 的关系如图 8.10 所示,在 a/b 为整数时 k 值最小。

8.3.2　四周简支的正交各向异性板的单向压缩屈曲($N_x = -S, N_y = N_{xy} = 0$)

当材料的弹性特性为随方向而不同的正交各向异性时,弹性项的系数与(8.11)式相比会变得复杂,一般用以下公式来表示。

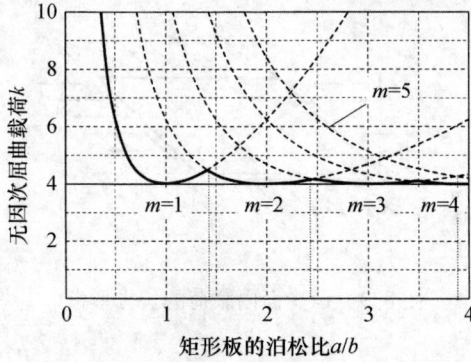

图 8.10　四周简支的各向同性板的纵横比与屈曲载荷的关系

$$D_{11}\frac{\partial^4 w}{\partial x^4} + 4D_{16}\frac{\partial^4 w}{\partial x^3 \partial y} + 2(D_{12}+2D_{66})\frac{\partial^4 w}{\partial x^2 \partial y^2} + 4D_{26}\frac{\partial^4 w}{\partial x \partial y^3} + D_{22}\frac{\partial^4 w}{\partial y^4} + S\frac{\partial^2 w}{\partial x^2} = 0$$

$$(8.16)$$

材料主轴与整体坐标 x、y 一致时，$D_{16}=D_{26}=0$，屈曲载荷为

$$S_{cr} = \frac{\pi^2}{b^2}\Big[D_{11}\Big(\frac{mb}{a}\Big)^2 + 2(D_{12}+2D_{66}) + D_{22}\Big(\frac{mb}{a}\Big)^{-2}\Big] \qquad (8.17)$$

这里，设屈曲载荷 S_{cr} 为

$$S_{cr} = k\frac{\pi^2 \sqrt{D_{11}D_{22}}}{b^2} \qquad (8.18)$$

将 k 对表示纵横比的参数 $\lambda = (a/b) \times \sqrt[4]{D_{22}/D_{11}}$ 来作图，得到图 8.11。x 方向的尺寸大小可以认为是 $\sqrt[4]{D_{22}/D_{11}}$ 的倍数，由各向同性板的结果可以类推正交各向异性板的结果。但是，正交各向异性板时，(8.17) 式的括弧中第 2 项 $(D_{12}+2D_{66})$ 比 $\sqrt{D_{11}D_{22}}$ 小，所以无因次屈曲载荷与各向同性板时相比将变小。

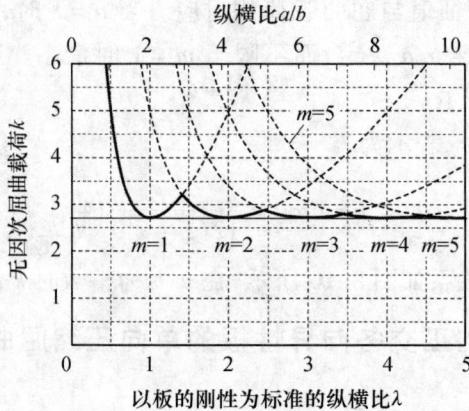

图 8.11　四周简支的矩形板的纵横比与屈曲载荷的关系
（ $E_L=150\text{GPa}, E_T=8\text{GPa}, v_{LT}=0.3, G_{LT}=5\text{GPa}$ ）

8.3.3 边界条件与屈曲载荷

多数屈曲现象表明,根据板的约束或者边界条件不同呈现出完全不同的状态。图 8.12 所示计算结果为:各种边界条件下各向同性材料的矩形板的纵横比与屈曲载荷的关系。即使是同一纵横比的板,根据约束条件不同屈曲载荷也会有很大差异。并且,在载荷方向上较长板时,屈曲载荷接近由板的宽度决定的固定值。此时,设屈曲变形的载荷方向上的一个波长将变为由侧边的约束决定的一定的长度。在 $a/b\to$ 小时,侧边的影响趋小,接近于杆的屈曲结果。

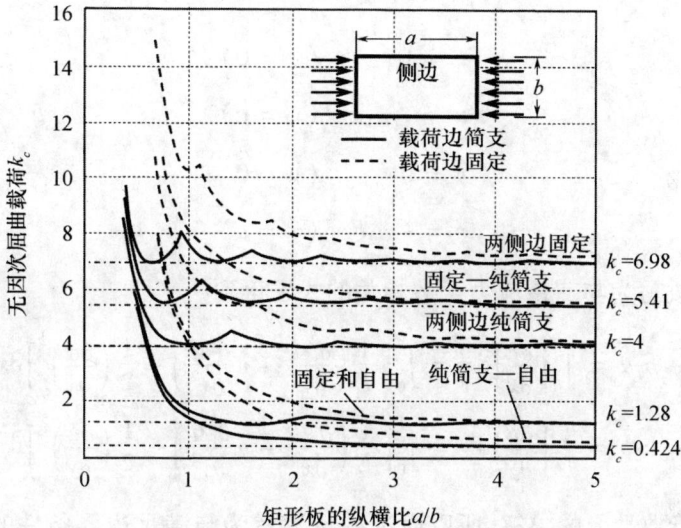

图 8.12 各向同性板时的各种边界条件与屈曲载荷[8.1]

8.3.4 平板屈曲后的行为

如图 8.13 所示,对于板材而言,由于侧边的挠度受到约束,与杆件不同,屈曲后仍具有载荷传递能力,一般在发生材料破坏之前,大多相当充裕。在飞机设计时,所进行的屈曲后设计也考虑了这种情况。当然,屈曲之后不仅刚度降低,弯曲应力也会激增,所以在进行屈曲后设计时要充分加以注意。

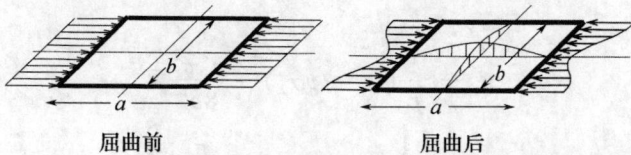

图 8.13 屈曲前和屈曲后的变形与载荷边的应力分布

111

下面对四周简支的矩形板的屈曲后的行为进行考察。屈曲后的有限变形方程式为

$$D\Delta\Delta w - h\left[\frac{\partial^2 \Phi}{\partial y^2}\frac{\partial^2 w}{\partial x^2} + \frac{\partial^2 \Phi}{\partial x^2}\frac{\partial^2 w}{\partial y^2} - 2\frac{\partial^2 \Phi}{\partial x\partial y}\frac{\partial^2 w}{\partial x\partial y}\right] = q$$

$$\Delta\Delta\Phi = E\left[\left(\frac{\partial^2 w}{\partial x\partial y}\right)^2 - \frac{\partial^2 w}{\partial x^2}\frac{\partial^2 w}{\partial y^2}\right] \tag{8.19}$$

式中:Φ 为艾雷(Airy)应力函数;q 为板厚方向上的分布载荷。

与 w 相关的边界条件与(8.12)式相同。在同样压缩时,面内的边界条件表示为

$$
\begin{aligned}
u &= 0 && (x = 0)\\
u &= -\varepsilon_1 a && (x = a)\\
v &= 0 && (y = 0)\\
v &= -\varepsilon_2 b && (y = a)
\end{aligned}
\tag{8.20}
$$

将(8.20)式改写为与艾雷应力函数相关的式子得到

$$-\varepsilon_1 a = \int_0^a \left[\frac{\partial u}{\partial x}\right]\mathrm{d}x = \int_0^a \left[\frac{1}{E}\left(\frac{\partial^2 \Phi}{\partial y^2} - v\frac{\partial^2 \Phi}{\partial x^2}\right) - \frac{1}{2}\left(\frac{\partial w}{\partial x}\right)^2\right]\mathrm{d}x$$

$$-\varepsilon_2 b = \int_0^b \left[\frac{\partial u}{\partial y}\right]\mathrm{d}x = \int_0^b \left[\frac{1}{E}\left(\frac{\partial^2 \Phi}{\partial x^2} - v\frac{\partial^2 \Phi}{\partial y^2}\right) - \frac{1}{2}\left(\frac{\partial w}{\partial y}\right)^2\right]\mathrm{d}x \tag{8.21}$$

因为难于进行数学上的求解,所以通过将 w 表示为与满足边界条件的 x 方向上的 n 半波的近似函数:

$$w(x,y) = W\sin\frac{n\pi x}{a}\sin\frac{\pi y}{b} \tag{8.22}$$

对其展开,计算近似解。将(8.22)式代入(8.19)式的第 2 个公式求解,可得:

$$\Phi = \frac{E}{32}W^2\left[\left(\frac{a}{nb}\right)^2\cos\frac{2n\pi x}{a} + \left(\frac{nb}{a}\right)^2\cos\frac{2\pi y}{a}\right] - \frac{1}{2}\sigma_1 y^2 - \frac{1}{2}\sigma_2 x^2 \tag{8.23}$$

这里,σ_1,σ_2 项是齐次解,σ_1,σ_2 是常数。将(8.22)式和(8.23)式代入(8.21)式可得关系式:

$$\varepsilon_1 = \frac{1}{E}(\sigma_1 - v\sigma_2) + \frac{n^2\pi^2}{8a^2}W^2$$

$$\varepsilon_2 = \frac{1}{E}(\sigma_2 - v\sigma_1) + \frac{\pi^2}{8b^2}W^2 \tag{8.24}$$

将(8.22)式和(8.23)式代入应变能量 U 的公式,如下所示,应变能可表示为挠度

W 的函数。

$$U = \frac{1}{2} \iiint_v (\sigma_x \varepsilon_x + \sigma_y \varepsilon_y + \tau_{xy} \gamma_{xy}) \, dxdydz$$

$$= \frac{1}{2} \iint_s \Big[\frac{h}{E} \Big\{ (\Delta \Phi)^2 - 2(1+v) \Big(\frac{\partial^2 \Phi}{\partial x^2} \frac{\partial^2 \Phi}{\partial y^2} - \Big\{ \frac{\partial^2 \Phi}{\partial x \partial y} \Big\}^2 \Big) \Big\} +$$

$$D \Big\{ (\Delta w)^2 - 2(1-v) \Big(\frac{\partial^2 w}{\partial x^2} \frac{\partial^2 w}{\partial y^2} - \Big\{ \frac{\partial^2 w}{\partial x \partial y} \Big\}^2 \Big) \Big\} \Big] dxdy$$

$$= \frac{Eabh}{2(1-v^2)} (\varepsilon_1^2 + \varepsilon_2^2 + 2v\varepsilon_1\varepsilon_2) + \frac{1}{8} \pi^4 D \frac{b}{a^3} (n^2 + \lambda^2)^2 W^2 +$$

$$\frac{\pi^4 Ebh}{256(1-v^2)a^3} W^4 \big[(3-v^2)(n^4 + \lambda^4) + 4vn^2\lambda^2 \big] -$$

$$\frac{\pi^2 Eh}{8(1-v^2)} W^2 \big[\varepsilon_1(n^2 + v\lambda^2) + \varepsilon_2(vn^2 + \lambda^2) \big] \tag{8.25}$$

这里，$\lambda = a/b$ 是板的纵横比。如利用势能极小（应变能极小）的条件，可得到

$$\frac{\partial U}{\partial W} = \frac{\pi^4 Ebh}{48(1-v^2)a^3} W \Big[h^2(n^2 + \lambda^2)^2 + \frac{3}{4} W^2 \big\{ (3-v^2)n^4 + (3-v^2)\lambda^4 + 4vn^2\lambda^2 \big\}$$

$$- \frac{12a^2}{\pi^2} \big\{ \varepsilon_1(n^2 + v\lambda^2) + \varepsilon_2(vn^2 + \lambda^2) \big\} \Big] = 0 \tag{8.26}$$

因此有

$$W = 0 \quad \text{或} \quad W^2 = \frac{\frac{16}{\pi^2} \big[\varepsilon_1\{n^2 + v\lambda^2\} + \varepsilon_2\{vn^2 + \lambda^2\} \big] - \frac{4h^2}{3a^2}(n^2 + \lambda^2)^2}{(3-v^2)\{n^4 + \lambda^4\} + 4vn^2\lambda^2}$$

$$\tag{8.27}$$

$W = 0$ 是平凡解，表示屈曲前的平衡状态。当第 2 个式子存在时，即

$$\varepsilon_1\{n^2 + v\lambda^2\} + \varepsilon_2\{vn^2 + \lambda^2\} > \frac{\pi^2 h^2}{3a^2}\{n^2 + \lambda^2\}^2 \tag{8.28}$$

$W = 0$ 会不稳定，(8.27) 式表示屈曲后的平衡状态。$\sigma_2 = 0$ 时，屈曲前的应力应变关系为 $\sigma_1 = E\varepsilon_1$，屈曲后为

$$\sigma_1 - \sigma_1^* = E \frac{n^2 + \lambda^2}{3n^2 + \lambda^2}(\varepsilon_1 - \varepsilon_1^*) \tag{8.29}$$

这里

$$\sigma_1^* = E\varepsilon_1^* , \varepsilon_1^* = \frac{\pi^2}{12(1-v^2)} \frac{(n^2 + \lambda^2)^2}{n^2} \Big(\frac{h}{a} \Big)^2 \tag{8.30}$$

113

（8.30）式是屈曲后变形形状还没有改变的结果,虽然只是表示有关屈曲发生之后行为的倾向,但却对屈曲后整个问题带来有趣的启示,即

（1）屈曲后的表观刚度的降低,$\lambda = a/b$ 越大,它就越小。

（2）载荷方向的频率越大,表观刚度的降低就越大。

图 8.14 绘制出了正方形板（$\lambda = 1$）时的平均应变与平均应力的关系。$n = 1$ 和 $n = 2$ 的平衡曲线,如实线与单画划线所示。此时,$n = 1$ 时的屈曲载荷小,而屈曲后的面内的表观刚度是屈曲前的 1/2,比 $n = 2$ 时的 17/49 大,所以如果变形加大,在 $n = 2$ 时平衡状态下的载荷会变小。这表明,在板厚较薄、屈曲后变形即使变大,板子也不损坏时,1 半波屈曲的板可能会转移为 2 半波的形状,我们称此现象为二次屈曲[8.3,8.4]。如上所述,由于载荷方向上的频率越大,屈曲后的表观刚度就越小,所以认为在载荷方向上发生了转移为多频率的变形形状的现象。

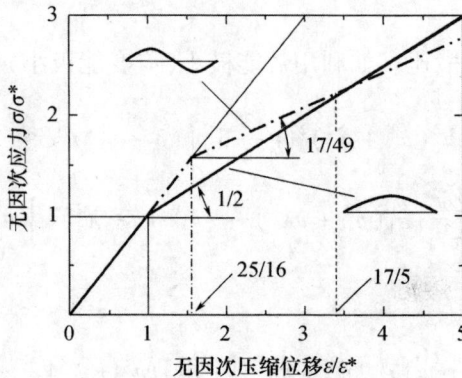

图 8.14 平板屈曲后的载荷与载荷边的位移关系
（图中实线表示 1 个半波的形状,单点划线表示 2 个半波的形状。）

8.4 增强平板的屈曲

在飞机结构中,为提高压缩特性常常使用增强平板。如图 8.15 所示,通过使用增强构件代替一张板,提高增强板整体的等效弯曲刚度,就是提高了作为整体板的屈曲载荷。此时因为蒙皮板及增强构件的板厚变薄,有时该增强板的每个构件的局部屈曲载荷比整体屈曲载荷小,为充分满足设计标准,该值也需要进行设计。例如,如图 8.15 中间部分的图那样的增强板,将增强构件分割成 1 边自由的矩形板以及约束了被增强部件包围部分的四周的矩形板等,推断各部分的局部屈曲载荷,并考虑可能的载荷状态,推断各部件的局部屈曲和整个板的整体屈曲来进行屈曲设计。

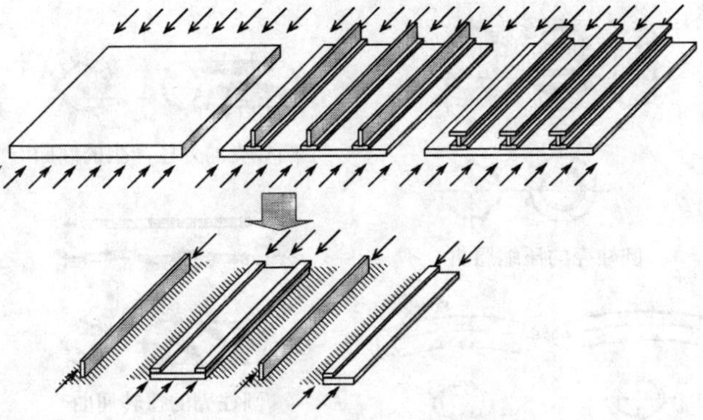

图 8.15　增强板的示例与增强板的局部屈曲推断法的示例

8.5　壳的屈曲

具有曲率的面板叫做壳或薄壳，因其在结构上具有良好的载荷传递效率而广泛应用于各种场合。图 8.16 显示出圆柱壳的压缩行为与屈曲模式的简图，与杆件和板不同，在屈曲后其载荷传递能力急剧降低。而且，对初始扰动非常敏感，圆柱壳一般只能实现理论值的 1/2 的值。设圆筒的半径为 r，壁厚为 h，则屈曲载荷的理论值如下式：

$$\sigma_{cr} = \frac{E}{\sqrt{3(1-v^2)}}\frac{h}{r} \approx 0.6\frac{Eh}{r} \tag{8.31}$$

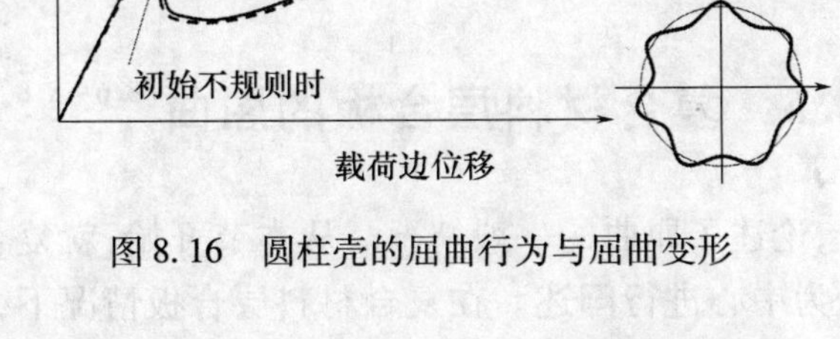

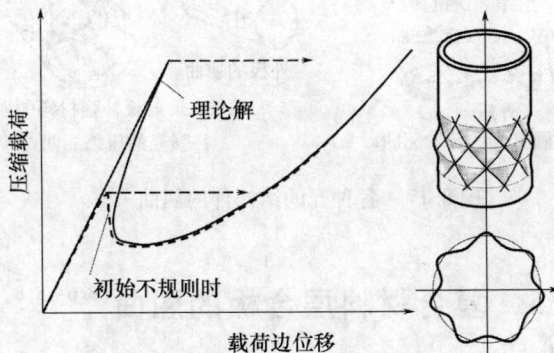

图 8.16　圆柱壳的屈曲行为与屈曲变形

极小值[8.5]为

$$\sigma_{cr} = 0.194\frac{Eh}{r} \tag{8.32}$$

为作参考，图 8.17 所示为参考文献[8.5]所展示的各种壳结构的屈曲模型。

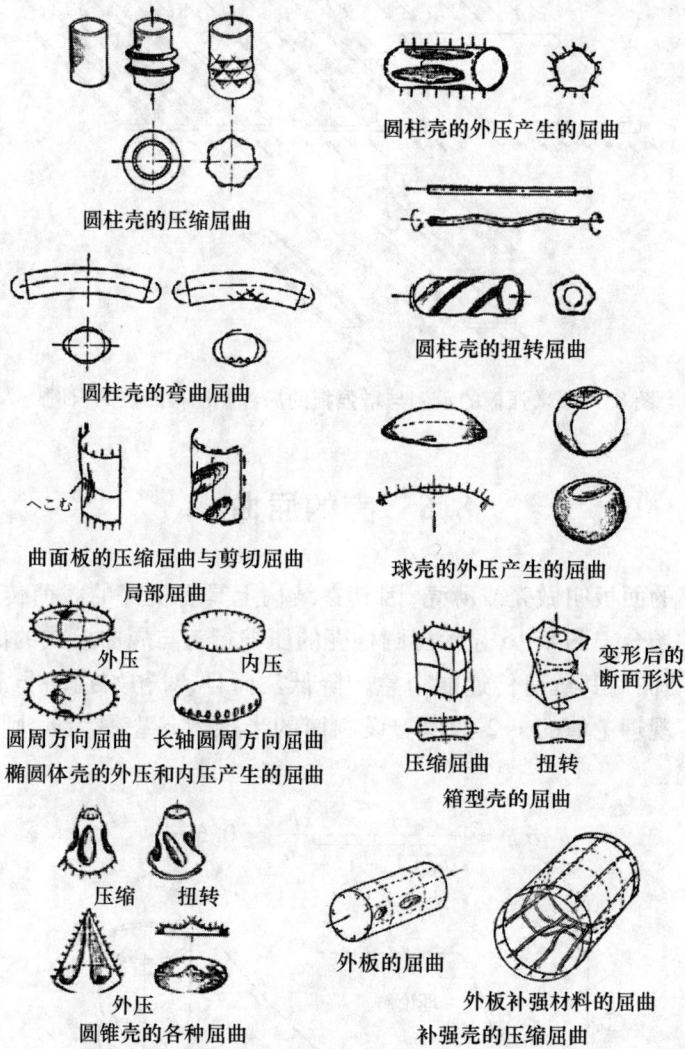

圆柱壳的压缩屈曲

圆柱壳的外压产生的屈曲

圆柱壳的弯曲屈曲

圆柱壳的扭转屈曲

曲面板的压缩屈曲与剪切屈曲
局部屈曲

球壳的外压产生的屈曲

外压　　　　内压
圆周方向屈曲　长轴圆周方向屈曲
椭圆体壳的外压和内压产生的屈曲

变形后的
断面形状

压缩屈曲　　扭转
箱型壳的屈曲

压缩　　扭转

外压
圆锥壳的各种屈曲

外板的屈曲

外板补强材料的屈曲
补强壳的压缩屈曲

图 8.17　各种壳的结构件的屈曲[8.5]

8.6　复合材料层合板的屈曲[8.6-8.8]

至上一节为止,论述了屈曲的一般情况。从本节开始,就复合材料层合板,以特别要注意的问题为中心进行阐述。在复合材料层合板情况下,基于经典层合理论构成的方程式,如果如第 3 章所述那样因板厚方向的非均质性而任意层合,会出现面内的问题和面外的弯曲问题相复合,因此即使在只施加面内的压缩载荷时,弯曲变形也会与载荷成比例增加。图 8.18(a)的粗实线意指 8.3 节所述的均质材料板的平衡曲线,但是在板为非对称层合时,则如图 8.18(b)那样,在载荷增加的同时位移稳定地增加。此时,严格来讲不存在屈曲载荷。作为实际问题,均质板的情形也如图 8.18(a) 单点划线所示那样,因初始扰动而增加压缩载荷,随之挠度增加,在一接近屈曲载荷时,挠度会急剧增加。所以,以工程学的观点可以将挠度急剧增加的始点看作屈曲。在复合材料层合板时,由于其面内和弯曲项的复合而产生的变形一般比板厚小,所以如忽略屈曲前的挠度来计算屈曲载荷,即可导出上述弯曲变形激增点的近似解。

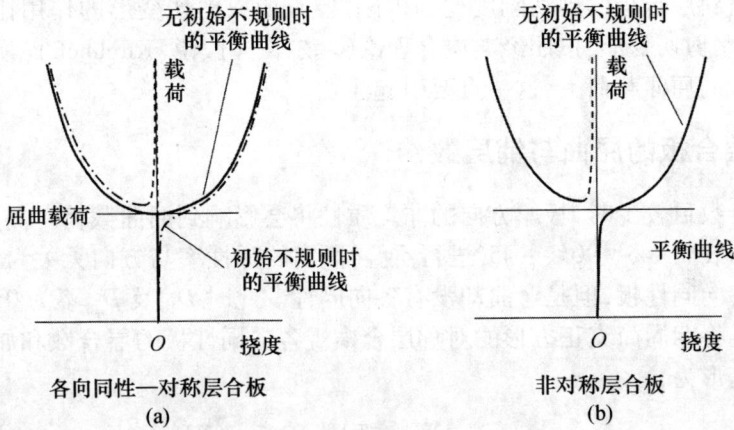

图 8.18 各向同性材料板及一般复合材料层合板的载荷与中间点的挠度关系
（图中实线或单点画线表示稳定的平衡曲线,虚线表示不稳定的平衡曲线。）
（a）各向同性材料板—对称层合板的平衡曲线;（b）非对称层合板的平衡曲线。
伴随从载荷的初始到载荷的增加,位移也增加。
没有明确的屈曲点,类似于初始扰动时各向同性板的行为。

从假定没有挠度所得到的屈曲前的平衡状态起,施加了微小的扰动。将面内截面的总应力以及总弯曲力矩的微小扰动分别表示为 δN_x、δN_y、δN_{xy}、δM_x、δM_y、δM_{xy},将外部施加的面内载荷表示为 S_x、S_y 和 S_{xy},则平衡方程式为

$$\delta N_{x,x} + \delta N_{xy,y} = 0$$
$$\delta N_{xy,x} + \delta N_{y,y} = 0$$
$$\delta M_{x,xx} + 2\delta M_{xy,xy} + \delta M_{y,yy} - \left[S_x \frac{\partial^2 \delta w}{\partial x^2} + 2S_{xy}\frac{\partial^2 \delta w}{\partial x \partial y} + S_y \frac{\partial^2 \delta w}{\partial y^2}\right] = 0 \quad (8.33)$$

这里,估且认为挠度等的扰动很小,忽略了二次以上的项,并且

$$\begin{Bmatrix} \delta N_x \\ \delta N_y \\ \delta N_{xy} \end{Bmatrix} = \begin{bmatrix} A_{11} & A_{12} & A_{13} \\ A_{12} & A_{22} & A_{23} \\ A_{13} & A_{23} & A_{33} \end{bmatrix} \begin{Bmatrix} \delta\varepsilon_x \\ \delta\varepsilon_y \\ \delta\varepsilon_{xy} \end{Bmatrix} + \begin{bmatrix} B_{11} & B_{12} & B_{13} \\ B_{12} & B_{22} & B_{23} \\ B_{13} & B_{23} & B_{33} \end{bmatrix} \begin{Bmatrix} \delta\kappa_x \\ \delta\kappa_y \\ \delta\kappa_{xy} \end{Bmatrix}$$

117

$$\left\{\begin{array}{c}\delta M_x \\ \delta M_y \\ \delta M_{xy}\end{array}\right\} = \left[\begin{array}{ccc}B_{11} & B_{12} & B_{13} \\ B_{12} & B_{22} & B_{23} \\ B_{13} & B_{23} & B_{33}\end{array}\right]\left\{\begin{array}{c}\delta\varepsilon_x \\ \delta\varepsilon_y \\ \delta\varepsilon_{xy}\end{array}\right\} + \left[\begin{array}{ccc}D_{11} & D_{12} & D_{13} \\ D_{12} & D_{22} & D_{23} \\ D_{13} & D_{23} & D_{33}\end{array}\right]\left\{\begin{array}{c}\delta\kappa_x \\ \delta\kappa_y \\ \delta\kappa_{xy}\end{array}\right\} \qquad (8.34)$$

式中:$\delta\varepsilon_x$、$\delta\varepsilon_y$、$\delta\varepsilon_{xy}$、$\delta\kappa_x$、$\delta\kappa_y$、$\delta\kappa_{xy}$为中性面的面内方向的应变以及曲率的扰动。关于各系数,请参照 3.1 节。(8.33)式表现了联立微分方程式的固有值问题。如果相对于中性面进行对称层合,则叠加项 B_{ij} 将变为 0,与一般各向异性板的问题相同。

复合材料层合板的剪切刚度比面内刚度小,所以剪切变形的作用比各向同性板要大,忽略剪切变形,按照经典层合理论(基尔霍夫假说(Kirchhoff))所得的屈曲载荷比实际的屈曲载荷大,这一点要引起注意。

8.6.1 层合板的屈曲与铺层数

当层合数目较少时,板厚方向的非均质性将会影响到屈曲载荷。例如,将纤维方向与 x 轴成 0°、45°、90°、-45°进行重叠,面内的弹性率与方向无关为固定值,被称作横观各向同性板,但是弯曲却没有各向同性。此时 D_{16} 及 D_{26} 不为 0,所以得不到理论解。将四周简支正方形的对称层合横观各向同性板的层合数和屈曲载荷的关系近似变形为

$$w(x,y) = W_1\sin\frac{\pi x}{b}\sin\frac{\pi y}{b} + W_2\sin\frac{2\pi x}{b}\sin\frac{2\pi y}{b} \qquad (8.35)$$

若按照伽辽金(Galerkin)法导出,如图 8.19 所示。由此可知,即使是具有同方向成分的板,如果层合数较少,屈曲载荷也会因层合顺序的不同而有很大差别,板厚方

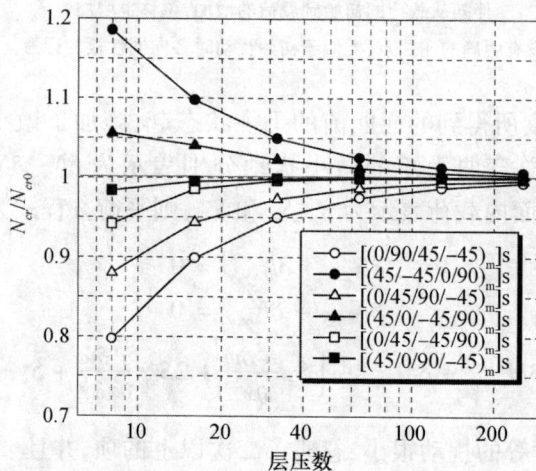

图 8.19 按照从面内刚性导出的屈曲载荷进行无量纲化的横观各向同性板的屈曲载荷与层压数(由上可知屈曲载荷与层合方法密切相关)
$(E_L = 150\text{GPa}, E_T = 8\text{GPa}, v_{LT} = 0.3, G_{LT} = 5\text{GPa})$

向上的材料特性不一样的影响也很大。复合材料可以设计,换句话说,可以理解为是必须设计的材料。根据此结果可知,将与载荷方向成 ±45°的层放在板的表面上有利于提高屈曲载荷。若层数增加则层合顺序的影响就会变小,乃至可以忽略。

此外,在进行各向同性矩形板的有限元分析时,考虑到对称性,常常只将 1/4 区域模型化;而对于层合板而言,例如在 ±45°层等无法对称,所以在设定层合板的分析区域时,需要引起充分的注意。

8.7 层间剥离与屈曲载荷

与面内的特性相比,复合材料层合板的层间韧性小,所以不仅是低速冲击,各种原因都会导致发生层间剥离,而从 CAI(冲击后压缩)(Compression After Impact) 强度问题到冲击损伤与压缩屈曲的关系特别受到关注,不断进行着研究[8.9]。冲击会产生如图 8.20(a)的圆形损坏区域。此板一旦承受到压缩载荷,损坏部分就如同图 8.20(b)因低载荷而产生局部屈曲变形。而此变形一旦变大,则损坏就会横向扩展乃至最终破坏。

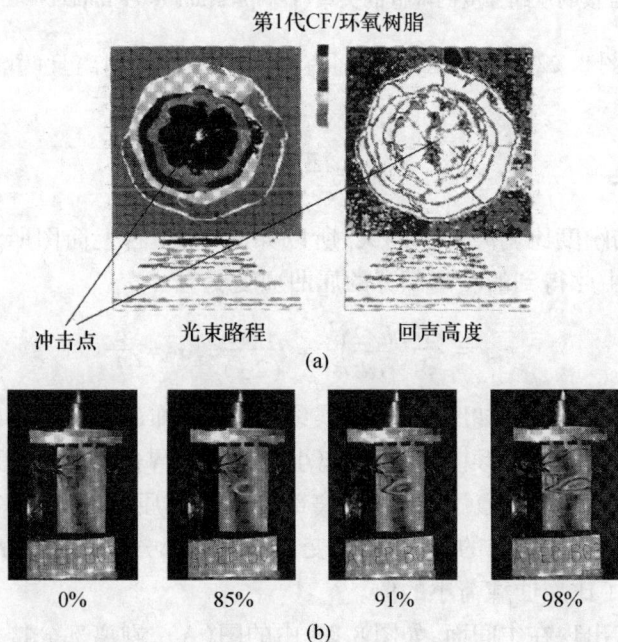

图 8.20 CF/环氧树脂横观各向同性层合板上发生的冲击损伤(a)和承受冲击的横观各向同性的压缩破坏反应(b)(数字是相对于破坏载荷的比率)[8.9]

因损坏不稳定,如图 8.21 所示,压缩强度大幅降低。即在薄板重叠的状态下,已剥离的部分局部弯曲刚度降低,承受压缩载荷时在剥离部分的变形起支配作用的变形模式下易产生屈曲,进而根据屈曲后的变形而扩展损坏部分的剥离,从而板的耐载荷能力急剧降低直至最终破坏。下面试着进行此现象的力学性考察。

层压构成[45/0/−45/90]/ns

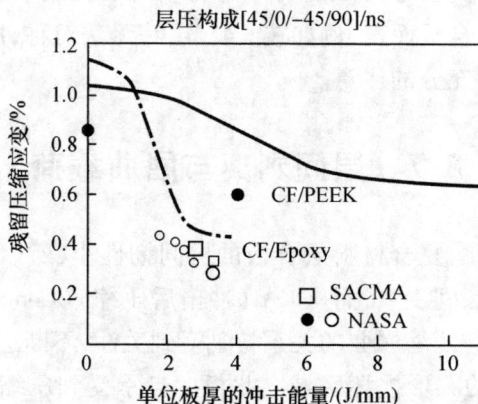

图 8.21　冲击能与 CF/环氧树脂以及 CF/PEEK 树脂横观各向同性层合板的压缩强度的降低的关系(Compression After Impact)[8.9]

首先,探讨图 8.22 左上所示的中间有剥离的杆。无剥离且两端固定的杆在屈曲时的应变为

$$\varepsilon_{cr0} = \frac{\pi^2}{3}\left(\frac{h}{l}\right)^2 \tag{8.36}$$

未剥离的部分的刚度比剥离部分的大,所以如图 8.22 右上简图所示,假定未剥离的部分无变形,由此得到的剥离部分的屈曲应变为

$$\varepsilon_{crl} = \frac{\pi^2}{3}\left(\frac{h/2}{\alpha l}\right)^2 = \frac{\varepsilon_{cr0}}{(2\alpha)^2}, \alpha = \frac{a}{l} \tag{8.37}$$

系统整体的屈曲应变如图 8.22 的实线所示,可知(8.36)式和(8.37)式概略地显示了屈曲应变降低的倾向,即当剥离小于某一边界值时,剥离几乎不影响屈曲载荷,而剥离一超过临界值就会产生剥离部分的局部屈曲。中间剥离的大小就像图 8.23 中标记了整体屈曲的图,在整体变形与剥离部分局部变形的叠加状态下屈曲,并分别显示了比屈曲载荷小的值。

即使剥离未出现在中间面,如图 8.23 中的图(A),剥离部分接近表面(r = {剥离片的厚度}/{板厚}≪1),基本上也与中间剥离一样,但是局部载荷急剧降低,极大地限制了局部屈曲与整体屈曲的复合区域。局部屈曲应变表示为

$$\varepsilon_{crl} = \frac{\pi^2}{3}\left(\frac{\gamma h}{\alpha l}\right)^2 = \left(\frac{\gamma}{\alpha}\right)^2 \varepsilon_{cr0} \tag{8.38}$$

因复合区域小,所以屈曲应变用(8.36)式和(8.38)式就基本可以表达。但是,剥

离片的局部屈曲产生的板整体刚度的降低很小,与板的破坏不对应。根据剥离的杆(模型(A))的非线性响应分析得到的变形大的载荷如图8.23⊙符号所示,与模型(B)的屈曲载荷(虚线)很好地对应。从该意义上来说可以认为,表面层剥离的杆的最终强度为除剥离片外的杆的强度,而非剥离片的屈曲载荷。

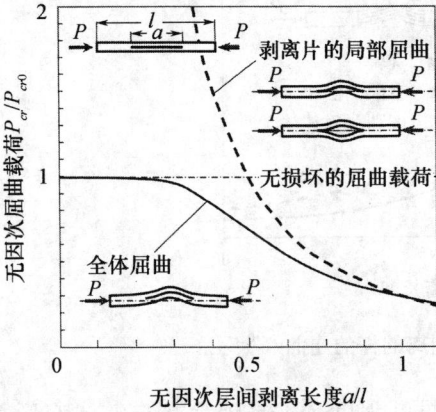

图8.22 中间面有层间剥离的杆的屈曲机理及屈曲载荷的降低[8.10]

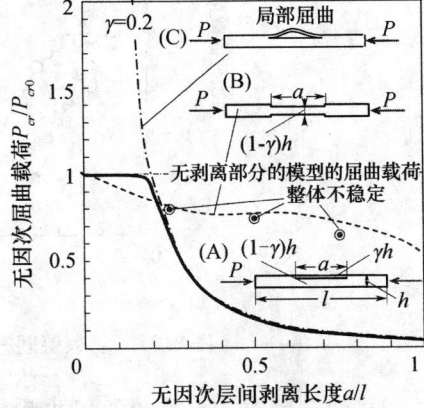

图8.23 接近表层的层间剥离产生的载荷及屈曲载荷降低的考察

像夹层梁那样,当芯层的刚度较小时,看图8.24便知,表面层一剥离,剩下的基础的弯曲刚度也大大降低。因此,表面板的剥离直接引起开口型屈曲变形,在梁的弯曲刚度降低的同时与剥离的传播互相关联的可能性极大,即夹层梁在压缩侧的表面层与芯的剥离与性能劣化密切相关,所以特别需要注意不要引起表面层与芯之间的剥离。

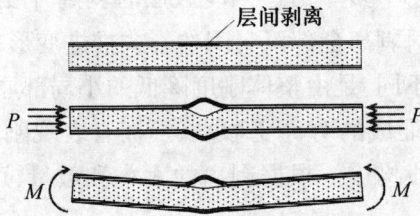

图8.24 层间剥离与夹层板的屈曲载荷降低的机理

如图8.25中模型图,看看在 $N-1$ 层之间发生剥离的梁时的情形。可以看出,薄剥离片的屈曲关系到板整体的载荷负担能力的消失。可以推测在冲击点下的多层之间产生剥离是CAI(冲击后压缩)强度大大降低的重要因素。$N=4$ 时通过分析和实验得到的屈曲载荷值与剥离宽度的关系示于图8.25。2半波的变形形状的屈曲在剥离宽度小的区域发生,并因剥离长度的增加而引起屈曲载荷的急剧降低。

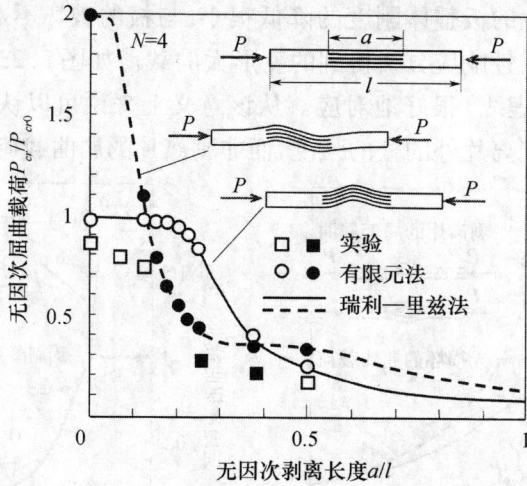

图 8.25　复数层间有层间剥离的杆的屈曲[8.10]

　　通过两端固定的剥离片的屈曲载荷无法推断强度。这是因为在与整体变形叠加时的对称变形中,会发生上下剥离片之间的长度差异,而在 2 半波变形时,剥离部分不产生面内应变所致。它暗示了 CAI(冲击后压缩)强度可能不仅依赖于冲击损坏的大小而且还依赖于试验片的大小,以及损坏部分的大小超过临界值的瞬间会引起非常急剧的强度降低。

　　如图 8.26,考虑一下板中间部分的复数层之间产生的层间剥离的平板[8.11,8.12]。此平板模型的屈曲载荷和剥离的大小以及剥离数的关系如图 8.27 所示。剥离片仅进入中间层之间时不太薄,为板厚的 1/2,所以屈曲载荷在剥离达到板宽度的 1/2 之前降低得不多。当进入复数层时剥离片变薄,即使剥离半径小也无法忽略屈曲载荷。此时剥离全部以封闭的形式推进变形,虽未显示结果,但是此模型屈曲后的行为与杆不同,是由整体刚度降低的小局部屈曲、刚度降低明显的剥离部分与整体变形复合而成的对称变形、以及拥有表观刚度更小的载荷方向上 2 半波形状的变形 3 个阶段构成。根据剥离的大小和数量,可能最初的 2 个阶段显

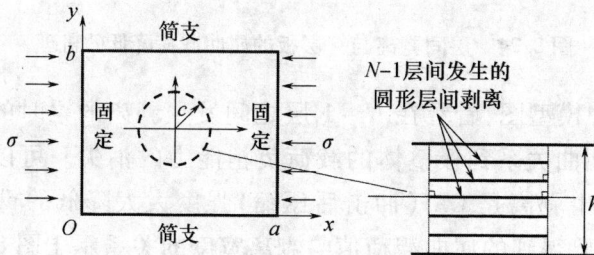

图 8.26　产生多重层间剥离的层合

示不清楚或者不显示。这些复杂的现象也可以通过应用与杆的屈曲问题相关的争论和平板的屈曲问题的知识达到某种程度的理解。

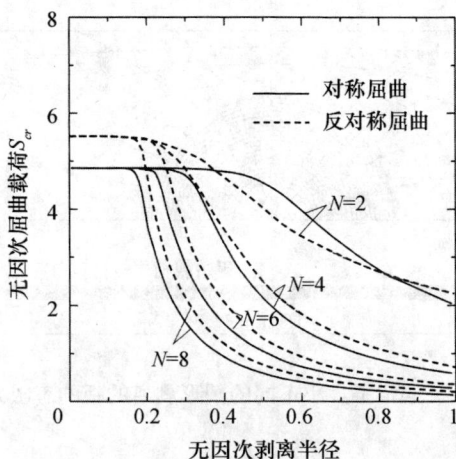

图 8.27　圆形多重层间剥离导致的屈曲特性劣化[8.12]　$\left(\text{图中}\ S_{cr} = \dfrac{\sigma_{cr}}{E(h/b)^2}\right)$

　　在图 8.20 的 CAI(冲击后压缩)试验中,可以观察到与上述结果不同的剥离片的开口。下面看一个有限元分析例子吧,即考虑如图 8.20(a)所示的冲击损坏、假定剥离半径不同的板的压缩行为。

　　此时的有限元分割图如图 8.28 所示。剥离半径从小算起有 12.5mm、15mm、17.5mm、20mm、22.5mm、25mm、27.5mm。这些结果使用了玻璃纤维增强材料的材料常数($E=17.0\text{GPa}$、$v=0.3$)以便与实验进行比较。图 8.29 显示出载荷与变形的关系。关于这样复杂的问题也可以使用有限要素法进行分析,可以切实体验一下这个已经成为工程学问题的有效工具的分析方法。结果显示,半径最大的剥离片会因非常小的载荷而屈曲、开始弯曲,而这也是剥离片的局部屈曲,几乎不会引起板整体的压缩刚度的降低,也就不引起屈曲载荷,即破坏载荷。在载荷增加的同时剥离片纷纷变得不稳定并开始弯曲。在局部屈曲变形上叠加了拥有板整体对称形状的变形,进而如载荷增加,对称成分将减少并且板整体过渡到 2 个半波的反对称变形。此时可以看出引起了另一个阶段的面内的表观刚度降低。可以认为,这个看似非常复杂的做法其相当一部分可以利用板的屈曲及屈曲后问题的基础知识来说明。在冲击损坏中有一种倾向,就是靠近冲击侧与相反表面的层间剥离比其他剥离大,此剥离片一般可以因很小的载荷而屈曲,但是基本上不会引起板整体的刚度降低,大多跟破坏无密切关系。如考虑从剥离部分整体变形的载荷到层间剥离的不稳定的问题,不难想象损坏的板厚方向上的平均尺寸为 CAI(冲击后压缩)

的大致目标之一。但是其只显示出冲击损坏自身复杂的状态,关于损坏板的屈曲及屈曲后的行为,期待将来进一步进行详细的研究。

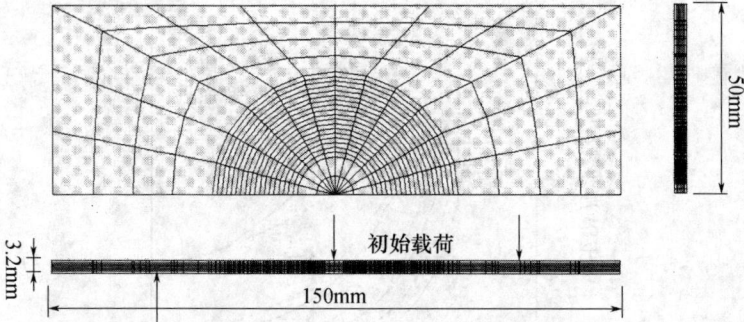

图 8.28　假定了大小不同的圆形剥离的板的有限元模型

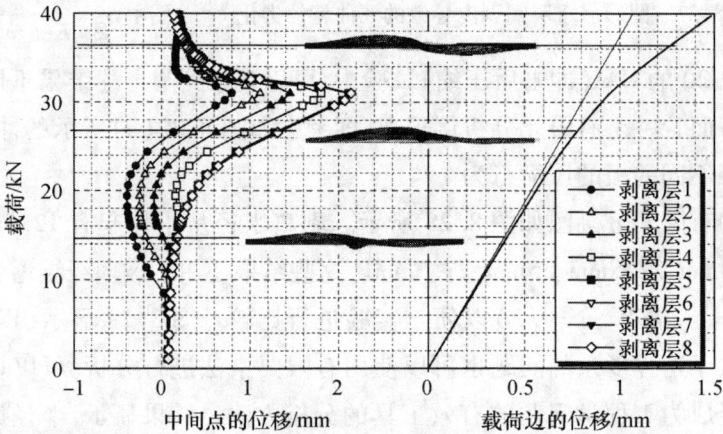

图 8.29　根据对假定了大小不同的圆形多层剥离的板进行压缩反应的有限元分析的结果。
显示了在 7 层之间有圆形剥离(剥离直径分别是 12.5mm、15mm、17.5mm、20mm、
22.5mm、25mm、27.5mm)时,按照屈曲载荷从低到高的顺序,
因剥离半径大的层间剥离而分离的剥离片的位移。

　　剥离的厚度按照从表到里进行变化时,一般认为板不对称,根据变形是向正推进还是向负推进,行为有所不同。图 8.30 给出改变了初始扰动所得的结果。如果大剥离片向负向弯曲,其余剥离片将向相反方向弯曲。根据这一倾向,一般认为可以得到用●表示的行为。○是向负向给予了具有非常大的整体变形的初始扰动所得的结果。

124

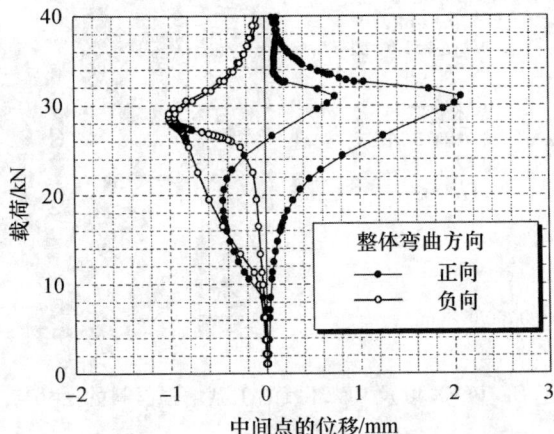

图 8.30　在 7 层之间有圆形剥离(剥离直径分别是 12.5mm、15mm、17.5mm、20mm、22.5mm、25mm、27.5mm)时,初始扰动对层合板屈曲后行为的影响

8.8　T 型增强材料的屈曲与屈曲后的行为

在 8.4 中记述了增强平板的屈曲,而讨论增强平板的屈曲与屈曲后的行为已超出本书的范围,本书中有将其构成要素的 T 型增强材料的屈曲及屈曲后破坏进行非线性分析的一例,特别设置一节进行记述。此问题与含有一边自由、含有载荷边的 3 边简支的长板屈曲问题有类似性,对飞机结构中常常使用的 L 型增强材料的屈曲问题也给予了启发,当然也与增强平板问题密切相关。

作为记述对象的结构是图 8.31 左侧所示的 T 型增强材料,其尺寸如表 8.2 所列。特点是长度分为 140mm 和 280mm 两种,筋板宽度 b_w 稍大于法兰的半个宽度 b_t,这是要形成屈曲诱导,试验中准备了两种确定屈曲载荷的重要参数到自由边缘的宽度与板厚的比 $(b_w - t/2)/t$。在使用的 CF/PEEK 的部分被测件中,因当时的成型技术不太成熟,导致该比不能稳定在固定值,还有分散的事例。层合结构以图 8.31 左图所示的 N 型为主要对象,一部分还使用 W 型:$(45/0^2/-45/0^2/45/0/-45/90)_{sym}$ 的层压以观察对 D_{16}、D_{26} 大小的影响。压缩试验是:在螺丝驱动位移控制试验机的十字联轴节和托架上安装圆盘状的平压板,由此以 0.5mm/min 的速度直接按压被测件。此试验状况的照片如图 8.31 的右图所示。连续测量了载荷、负荷点位移、靠近筋板中间终端的横向位移、被测件各部位的应变等 13 个项目。

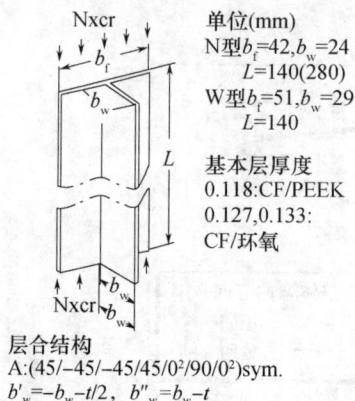

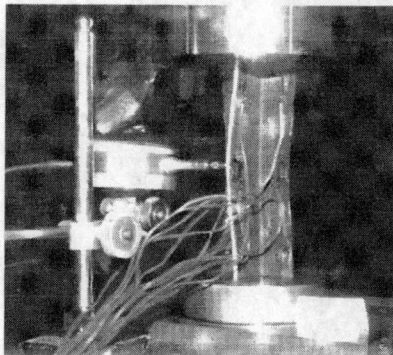

图 8.31 使用了 CF/PEEK 以及 CF/环氧的 T 型增强材料的尺寸与屈曲试验状况

表 8.2 T 型增强材料被测件的尺寸与层合结构

材料	CF(AS4)/PEEK					CF(AS4)/环氧		
制造批次	#1		#2			#3		
层合结构	A	B	A			A		
被测件长度/mm	280	280	280	140		280	140	
法兰宽度/mm	42	42	42	42	42	42	42	51
筋板宽度/mm	24	24	24	24	25	24	24	29
平均板厚/mm	1.9	1.9	2.2	2.2	2.9	2.7	2.7	2.6
试验片数	2	2	3	4	2	2	2	4

分析中使用了能量法和有限元法。屈曲的基本方程式使用了(8.17)式所示的公式,在其中假定适当的面外变形 w 的位移函数,计算系统的势能 Π_p。在能量法中,分析对象是 3 边简支(2 个短边长度为 b)、剩下的一个长边自由(长度为 a)的长方形板,而非实际的 T 型增强材料。Π_p 用以下公式来表示。

$$\Pi_p = \frac{1}{2}\int_0^a\int_0^b\left\{D_{11}\frac{\partial^4 w}{\partial x^4} + 2D_{12}\frac{\partial^2 w}{\partial x^2}\frac{\partial^2 w}{\partial y^2} + D_{22}\frac{\partial^4 w}{\partial y^4}\right.$$

$$\left. + 4D_{66}\frac{\partial^4 w}{\partial x^2\partial y^2} + 4D_{16}\frac{\partial^4 w}{\partial x^3\partial y} + 4D_{26}\frac{\partial^4 w}{\partial x\partial y^3} + N_x\frac{\partial^2 w}{\partial x^2}\right\}dydx \quad (8.39)$$

作为满足上述边界条件的位移函数,取前 3 项可得下式:

$$w(x,y) = \sum_{m=1}^{3}\sum_{n=1}^{3}\sum_{p=1}^{3}\sin\left(\frac{m\pi x}{a}\right)\cdot\left\{A_{mn}\sinh\left(\frac{ny}{b}\right) + B_{mp}\sin\left(\frac{p\pi y}{b}\right)\right\} \quad (8.40)$$

将其代入(8.39)式,根据能量守恒原理可得固有方程式。通过用反复法求解,可得屈曲固有值,但是不适于与实际值进行比较,虽然此解可能会用于问题初期的预测与有效预料 D_{16}、D_{26} 的影响。在单向材料弹性系数中使用了表 8.3 的值[8.14,8.15]。

此表中 CF 聚酰亚胺是为了观察 T 型增强材料拐角填充物的影响、并与已实施的三维有限元分析[8.16]相比较而输入的分析,与实验无关。这里使用的 ν_{TT} 有些大,只是因为其些许有利于板厚方向剪切刚度,所以采用此值。

表 8.3　为预测数值使用的单向增强复合材料的弹性常数

弹性常数	E_L/GPa	E_T/GPa	G_{LT}/GPa	v_L	v_{TT}
CF/PEEK(UD)	117.3	10.3	4.62	0.38	0.5
CF/环氧(UD)	137	12	5.5	0.34	0.5
CF/聚酰亚胺(织物)	73.5	73.5	5.02	0.04	0.4
CF/聚酰亚胺(UD)	156.9	8.43	4.65	0.32	0.5

首先,在进入正题即屈曲应力的预测与实验结果比较之前,就实用上非常重要的拐角填充物对屈曲的影响作概要叙述。在实际复合材料结构中,为防止形成孔隙,在成型时将带状单向材料插入 T 型的 2 面相交的相关线形部位,与此相对应,必须在拐角部分施加曲率。有人指出[8.17]这样会对增强材料的屈曲造成影响,日本也实施了与开发 HOPE - X 复合材料结构有关的三维有限元分析[8.16]。但是,常常使用三维有限元甚是繁杂,因此在此简单地实施了通过在层合要素中间夹入单向材料层可否模型化的分析,并与参考文献[8.16]的结果进行了比较。其结果如图 8.32 所示。为使其更加明显,如在拐角部分相关线形的位置正确地反映单向材料的体积,结果是即使一单元模型化也可得到非常接近三维有限元解的结果。在以下的分析中,采用 CF/PEEK 增强材料 $R=2$mm、CF/环氧增强材料 $R=3$mm 这些实测值,通过使用此模型(单侧一单元)获得了足够的结论。

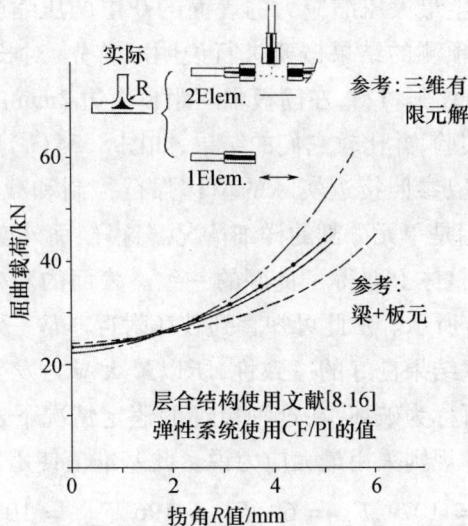

图 8.32　波及 T 型增强材料的屈曲应力的填充物的影响

　　在这种增强材料的结构设计中,重要的参数是自由边、相关线的宽度和板厚的比,以$(b_w - t/2)/t$为变量,固定载荷边的所有边界条件并在纵轴上绘制屈曲应力可得图 8.33。首先,一般认为数值解与实验值有良好的一致性。这里,在 CF/PEEK 增强材料中因板厚管理的困难而非故意地产生了横轴数值的偏差,但从实验与分析的比较上来看倒是恰好。如图 8.33 所示,在该比值超过 7 的区域,随着比值的上升,屈曲应力急剧减少,而增强材料长度反应比较迟钝,在设计方面得到了重要的信息。还可以知道,如果板厚比起设计来偏薄,屈曲载荷可能极端降低,由此我们获得了决定性的信息——在这样的部位进行板厚管理非常重要。

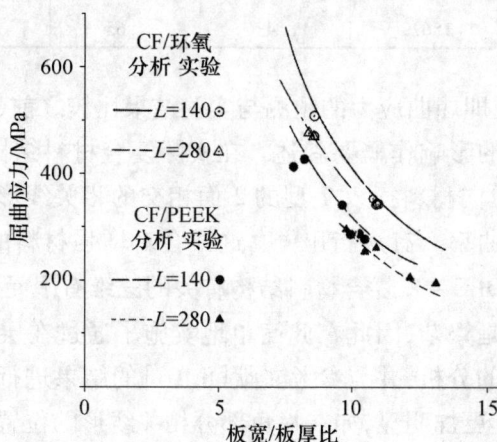

图 8.33　T 型增强材料的屈曲应力预测值与实验值的比较(载荷边固定)

　　接下来,进行屈曲后的非线性分析,并进行面外变形、发生应变预测与实验的比较,同时假定靠近产生最大压缩应力的表面的 0 层的压缩应力达到规定值会产生破坏,来就进行破坏预测的结果概要进行说明。首先,对长 140mm 的 W 型(法兰宽度 51mm)CF/环氧增强材料,在筋板中间距自由边 2mm 的点(对应测量点)进行面外位移的分析和实验,并比较它们的结果,如图 8.34(a)所示。分析结果显示了各种情况,结论是可以参照接近实际的位移强行控制和载荷边固定的解(白圆标、黑圆标线)。白圆标是单元分割的详细情况。这样,面外变形相当大时,实验与分析结果有些背离,但整体上取得了良好的一致。表面的应变的测量结果和数值分析结果如图 8.34(b)所示。由此可知直到破坏附近非常一致。

　　因为已确认与这些结果良好的一致性,所以最大应力发生层的应力一达到决定论的材料破坏值即可称为破坏,在这种单纯的假定情况下进行 T 型增强材料的破坏预测。所用的破坏规则采用最大应力说。此基准值使用以下值。

$$F_{Lt} = 1726, F_{Lc} = 1079, F_{Tt} = 69, F_{Tc} = 196, F_{LTs} = 108 \quad (\text{单位:MPa})$$

$$(8.41)$$

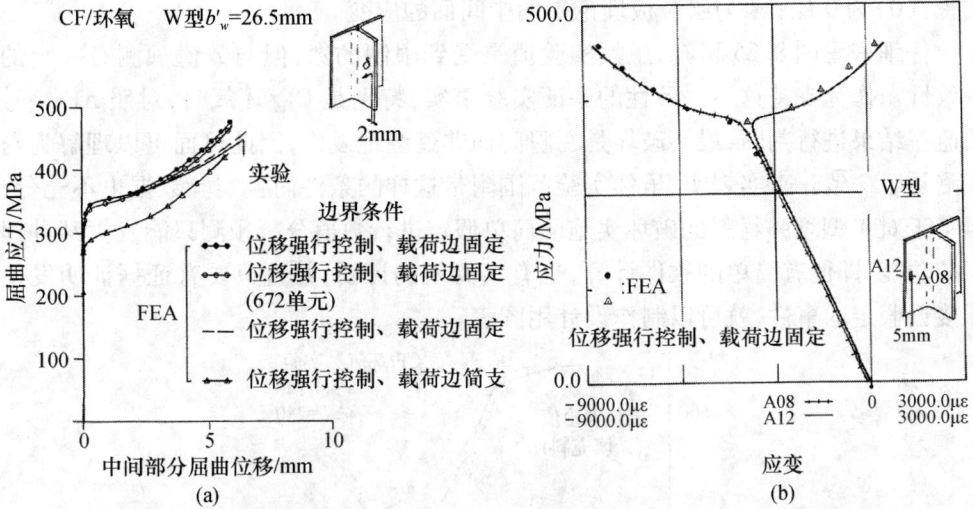

図 8.34 T型增强材料的屈曲后的面外变形(a)与应变(b)实验的比较

遗憾的是,在该文献阶段,这些值是从几个文献推断的值的综合结果,而并非基于实验值的结果,但这些值,特别是在本问题中实际支配破坏的 F_{Lc} 可以说作为使用了碳素纤维 AS4 的 $V_f = 67\%$ 的单向材料的压缩强度值是恰当的。要说明实际的破坏预测步骤,首先是在屈曲后,在进行了相当大的变形的状态下(例如第 14 步:平均应力 446.3MPa),从表里开始数在最初的 0 层(第 5 层、第 16 层)内部中间面计算纤维方向的最大应力值,则会在右法兰的中间和左法兰的载荷端产生几乎相等的最大应力,其值为 -1080.7MPa。这里使用的纤维方向压缩的平衡强度值 F_{Lc} 是 1079MPa,所以在该载荷级别增强材料将破坏,反复进行这样的计算,并按照破坏步骤以及前一步骤发生的应力与 F_{Lc} 之差内插进行强度预测。考虑到最大应力是在法兰上而并非在筋板上产生的,将图 8.33 的横轴修改为法兰上的类似比($b_f - t)/(2t)$,绘制其与破坏应力的关系并与实验结果进行比较可得图 8.35。实验结果以确立成型法的 CF/环氧的实验结果为比较对象,并且考虑到此图中与图 8.33 的横轴有微妙的不同,还原屈曲预测值的曲线,是为了补充被测件长度 140mm 的屈曲值的结果。从该图列举的结果可知,首先,屈曲的同时会发生最终破坏,或者先发生先于屈曲的面内最终破坏。拥有无限宽度的层合材料的面内力下的简单预测结果,可通过下式简单的解给出,将其用虚线示于图 8.35 中,但是,其中未考虑加入拐角填充料的影响。作为相关联的事实,比起考虑了拐角填充料影响的有限元解,单纯层合理论解给出的预测值要更低些。

$$N_x = \left(A_{11} - \frac{A_{12}^2}{A_{22}} \right) \varepsilon_x^0 \qquad (8.42)$$

$$\sigma_x = \left(Q_{11\langle 0\rangle} - Q_{12\langle 0\rangle} \frac{A_{12}}{A_{22}} \right) \varepsilon_x^0 \qquad (8.43)$$

式中:(0)为 0 层;ε_x^0 为层合板理论中的中间面的应变。

仔细查看图 8.25 可知,虽然实验值是受到限制的数,但与数值预测有一定的一致性。作为支持这个一致性的旁证实验事实,特别是 CF/环氧时,对照 AE 信号的监视结果进行判断,最终破坏是在瞬间而非逐渐地发生,因此侧面可以理解为与预测易于一致。事实表明,虽然实验范围附带这样的条件而且实验数据也不充分,但基于对 T 型增强材料的破坏实施的简单假定进行数值分析预测只能发挥某种程度的功能,即使有简单的软件计算,也有实验值的证明,并且只要有证据证明发生了接近假定的事件,就可以制作设计用图表。

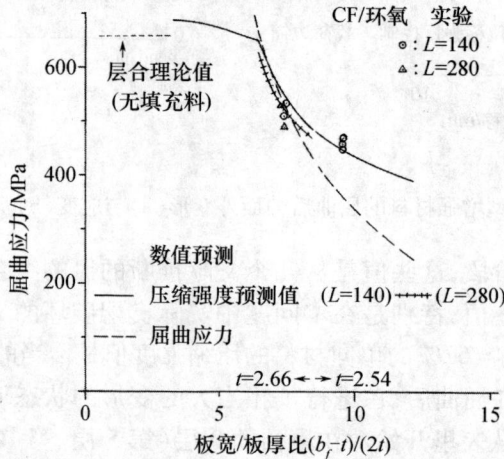

图 8.35　T 型增强材料的屈曲后的破坏预测线与实验的压缩强度的比较

以使用了先进复合材料的 T 型增强材料的屈曲后破坏为例阐明了只要问题简单,通过现在的标准有限元软件以及提高使用技巧就可以进行充分的预测。像冲击后压缩强度那样非常难的问题,数值解更偏向于定性说明,但可以反映今后的理论进步,提高定量性。作为不久将来的课题,将现在全部依靠实验的复合材料的强度证明所需的搭积木法(Building Block Approach)对应理论和软件的进展,通过数值分析进行置换,有可能改善需要花费大量评价成本的全数据实验证明的现状。

8.9　本 章 小 结

对于复合材料来说,因其整体复杂性的缘故,屈曲现象也看似非常复杂,但是,通过将其分为以各向同性板等基础理论为参考可推理的部分和复合材料特有的部分进行考察,大多可以很好地预测整体屈曲。不要因为复杂而放弃屈曲设计,使用基础知识导出设计方针所需的数据并非不可能,实验结果的分析也一样。此外,考虑到伴随剥离等损坏时的结构不稳定,进而形成结构不稳定和损坏的传递问题叠加的复合材料所特有的问题等,只要应用结构问题基础理论和破坏力学理论,在某种程度上也可以定性地推测现象。虽然包含着诸多问题,只要使用数值分析方法,就可以根据材料的基础数据来定量地推断这些现象。

参考文献

[8.1] 小林繁夫,航空機構造力学,丸善,1992.

[8.2] P.S. Timoshenko and J.M. Gere, *Theory of Elastic Stability*, McGraw-Hill, 1963.

[8.3] 邉吾一,植村益次,日本機械学会論文集,43,372, 1977, p.2818-2836.

[8.4] M. Uemura, G. Ben, *International Journal of Non-Linear Mechanics*, Vol.12, 6, 1977, p.355-370 および Vol.13, 1, 1978, p.1-14.

[8.5] 長柱研究委員会,弾性安定要覧,コロナ社,1960.

[8.6] R.M. Jones, *Mechanics of composite materials*, Hemisphere Publishing Corporation, 1975.

[8.7] 複合材料学会編,複合材料ハンドブック,日刊工業新聞社,1989.

[8.8] 福田博,邉吾一,複合材料の力学序説,古今書院,1989.

[8.9] T. Ishikawa, S. Sugimoto, M. Matsushima and Y. Hayashi, *Composite Science and Technology*, Vol.55, 1995, p.349-363.

[8.10] H. Suemasu, *Journal of Composite Materials*, Vol.27, 12, 1993, p.1172-1192.

[8.11] H. Suemasu, T. Kumagai and K. Gozu: *AIAA Journal*, Vol.36, p.7 , 1998, p.1279-1285.

[8.12] H. Suemasu and T. Kumagai: *AIAA Journal*, Vol.36, 7, 1998, p.1286-1290.

[8.13] 石川隆司,松嶋正道,林洋一:日本複合材料学会誌,22巻2号,1996, p.64-75.

[8.14] T. Ishikawa, M. Matsushima and Y. Hayashi: *Composite Structures*, Vol.26, 1993, p.25.

[8.15] 石川隆司,小山一夫,小林繁夫:日本航空宇宙学会誌,23巻263号,1975, p.678-684.

[8.16] 三本木茂夫:日本航空宇宙学会他,第33回構造強度に関する講演会予稿集,1991, p.58-61.

[8.17] D.L. Bonanni, E.R. Johnson and J.H. Starnes, Jr.: AIAA 29th SDM Conference, AIAA Paper 88-2251, 1988, p.313.

9 复合材料的有限元分析

有限元法是将连续体的微分方程问题离散化,并将其作为有限自由度的联立方程问题而能求解的一种方法。自 1950 年初期由波音公司特纳等人开发并被称为有限元法之基的结构分析矩阵法以来,有限元法的理论研究和应用方法的开发如火如荼,伴随计算机的飞速发展,有限元法已成为工程学上非常有效的方法。由于"基于变分原理,寻求使泛函为驻函数的分段连续型函数以求近似解的方法"已被数学上证明,所以可从数学上保证分析方法的合理性,因而这一点对有限元法的发展做出了巨大贡献[9.1,9.2]。近年来,融合了预处理器和后处理器等图像处理技术的有限元法程序也开始市售,并且不限于研究目的,在设计现场也被广泛采用。日本市售的有限元法程序不仅下了很大功夫以适用各种问题,而且对尚未深刻理解有限元法的用户也颇费苦心,预置了可模拟接触问题和非弹性变形问题的例行程序,具有根据形状将结构件自动分割成单元的功能以及提供易于目视分辨答案的功能等。自动导入 CAD 数据及用三维形状测量装置捕捉的图像进行应力分析等技术开发也正在进行。此外,在复合材料结构分析中也进行了各种努力,特别是在复杂且设计参数众多的复合材料结构件中,可以期待有限元法等数值分析法的进步将会为缩短开发时间、削减开发成本做出大的贡献。

如此一来,有限元法变为简便的工具,但反过来却产生了不仔细推敲求解结果等弊端。在将有限元法应用到复合材料设计时,存在各向异性问题、非均质材料特有的问题、损伤的处理与处理金属材料情形不同等问题以及难以解释求得的解的问题。为了使有限元法正确应用于复合材料问题,不仅要理解复合材料的本质,而且还要对有限元法的特点有深程度上的理解。本章将就有限元法的原理进行比较通俗的阐述。

9.1 有限元法的基础知识[9.1-9.4]

使用有限元法进行连续体的应力分析时步骤如下:

(1) 在边界上将连续体分割为有限个单元,如图 9.1 所示。

(2) 各个单元在边界的节点上相互连接,单元在节点上的位移为所求未知参数。

(3) 将单元内的位移状态作为节点位移的函,设定边界上的位移仅用其边界

132

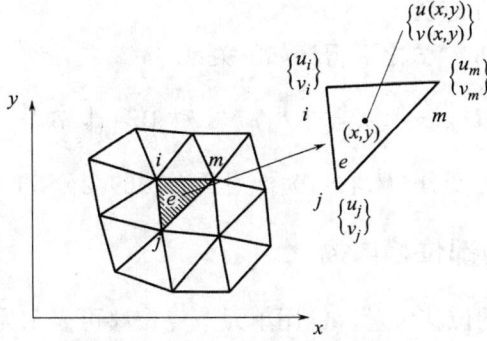

图 9.1　有限元法的分割和节点位移

线上节点位移来表示,边界上不发生不连续的位移。

（4）用节点位移的函数表示单元内应变及应力状态。

（5）对于在边界上的应力及任意的分布载荷,确定集中于平衡节点的节点力,导出以节点位移为未知数的联立方程式。

$$[\boldsymbol{K}]\{\boldsymbol{\delta}\} = \{\boldsymbol{f}\} \tag{9.1}$$

式中:$[\boldsymbol{K}]$为刚性矩阵;$\{\boldsymbol{\delta}\}$为节点位移矢量;$\{\boldsymbol{f}\}$为节点力矢量。

（6）通过数值分析求解联立方程式。

有限元法理论等价于变分原理,因此若位移场定义得当,通过无限分割有限单元,求得的解收敛于真解。进一步而言,有限元法不是只适用于结构问题,而是可扩展到通过变分原理定性化的所有问题。

9.2　基于位移法的有限元分析

本部分概括基于虚功原理位移型有限元法的一般格式,对于有限元法的基本特性进行解释。

9.2.1　虚功原理

设物体的体积为 V,受力作用的边界为 S_σ 时,虚功原理表示为

$$\int_V \delta\{\varepsilon\}^{\mathrm{T}}\{\sigma\}\,\mathrm{d}V = \int_V \delta\{u\}^{\mathrm{T}}\{F\}\,\mathrm{d}V + \int_{S_\sigma} \delta\{u\}^{\mathrm{T}}\{p\}\,\mathrm{d}S \tag{9.2}$$

式中:$\{\varepsilon\}$、$\{\sigma\}$ 分别为应变和应力;$\{u\}$、$\{F\}$、$\{p\}$ 分别为位移、体积力和作用于 S_σ 上的表面力;上标字母 T 表示转换,δ 表示变分。$\delta\{u\}$ 为满足几何学边界条件的任意函数设应力和应变之间胡克定律成立,则有

$$\{\sigma\} = [\boldsymbol{D}]\{\varepsilon_e\} = [\boldsymbol{D}](\{\varepsilon\} - \{\varepsilon_0\}) \tag{9.3}$$

式中:$[\boldsymbol{D}]$为弹性矩阵,复合材料中一般使用各向异性弹性矩阵;$\{\varepsilon_e\}$为弹性应变;

$\{\varepsilon_0\}$ 为热应变等非弹性应变。

将(9.3)式代入(9.2)式之后得到如下关系：

$$\int_V \delta\{\varepsilon\}^{\mathrm{T}}[D]\{\varepsilon_e\}\mathrm{d}V = \int_V \delta\{u\}^{\mathrm{T}}\{F\}\mathrm{d}V + \int_{S_\sigma}\delta\{u\}^{\mathrm{T}}\{p\}\mathrm{d}S \qquad (9.4)$$

此处左边是应变能量的变分 δU，右边为外力所做功的变分 δW。

9.2.2　有限单元内部位移内插

有限单元 e 内部的位移矢量 $\{u^e\}$ 用单元节点位移可表示为

$$\{u^e\} = [N(x,y)]\{\delta^e\} \qquad (9.5)$$

式中：$[N(x,y)]$ 为坐标 x,y 的已知函数，称作形函数。单元内的应变 $\{\varepsilon^e\}$ 可将 (9.5)式直接代入应变—位移关系式中求得：

$$\{\varepsilon^e\} = [B]\{\delta^e\} \qquad (9.6)$$

式中：$[B]$ 为形函数微分构成的行列式，除特殊情况外均为坐标 x,y 的函数。另外，如考虑应力—应变的关系，可得出下式：

$$\{\sigma^e\} = [D]\{\varepsilon_e^e\} = [D][B]\{\delta^e\} - [D]\{\varepsilon_0^e\} \qquad (9.7)$$

9.2.3　控制方程的导出

系统整体的应变能及外力功的变分可用各个单元的应变能及外力功的变分求和来表示：

$$\delta U = \sum_e \delta U^e$$

$$\delta W = \sum_e \delta W^e \qquad (9.8)$$

式中的下标 e 表示单元

$$\delta U^e = \int_{Ve} \delta\{\varepsilon^e\}^{\mathrm{T}}[D]\{\varepsilon^e\}\mathrm{d}V$$

$$\delta W^e = \int_{Ve} \delta\{u^e\}^{\mathrm{T}}\{F\}\mathrm{d}V + \int_{S_\sigma^e}\delta\{\varepsilon^e\}^{\mathrm{T}}\{p\}\mathrm{d}S \qquad (9.9)$$

式中：V^e、S_σ^e 为各个单元 e 的体积及单元包含一部分力学边界时的面积，将(9.5)式和(9.6)式代入(9.9)式之后可得到：

$$\delta U^e = \delta\{\delta^e\}^{\mathrm{T}}([k^e]\{\delta^e\} - \{P_i^e\})$$

$$\delta W^e = \delta\{\delta^e\}^{\mathrm{T}}(\{P_v^e\} - \{P_S^V\}) \qquad (9.10)$$

式中：$[k^e]$ 为单元的刚度矩阵；$\{P_i^e\}$ 为与初始应变等价的单元的初始节点载荷矢量；$\{P_V^e\}$、$\{P_S^e\}$ 分别为体积力及与表面力等价的单元节点载荷矢量，即

$$[\boldsymbol{k}^e] = \int_{Ve} [\boldsymbol{B}]^{\mathrm{T}} [\boldsymbol{D}] [\boldsymbol{B}] \mathrm{d}V$$

$$\{\boldsymbol{P}_i^e\} = \int_{Ve} [\boldsymbol{B}]^{\mathrm{T}} [\boldsymbol{D}] \{\varepsilon_0^e\} \mathrm{d}V$$

$$\{\boldsymbol{P}_V^e\} = \int_{Ve} [\boldsymbol{D}]^{\mathrm{T}} [\boldsymbol{N}]^{\mathrm{T}} \{F\} \mathrm{d}V$$

$$\{\boldsymbol{P}_S^e\} = \int_{Se} [\boldsymbol{N}]^{\mathrm{T}} \{p\} \mathrm{d}S \tag{9.11}$$

因此,(9.8)式可表示为

$$\delta U = \sum_e \delta\{\boldsymbol{\delta}^e\}^{\mathrm{T}} ([\boldsymbol{k}^e]\{\boldsymbol{\delta}^e\} - \{\boldsymbol{P}_i^e\}) = \delta\{\boldsymbol{\delta}\}^{\mathrm{T}} ([k]\{\delta\} - \{P_i\})$$

$$\delta W = \sum_e \delta\{\boldsymbol{\delta}^e\}^{\mathrm{T}} (\{P_V^e\} - \{P_S^e\}) = \delta\{\boldsymbol{\delta}\}^{\mathrm{T}} (\{P_V\} - \{P_S\})$$

若考虑 $\delta U = \delta W$,则可得到系统整体控制方程:

$$[k]\{\delta\} = \{P\} = \{P_V\} + \{P_i\} + \{P_S\} \tag{9.12}$$

(9.12)式无任何约束条件,因此作刚体运动时结果不定。处于静态平衡状态的物体,被外部固定、约束为刚体运动。在位移被约束的节点上,可给出如下约束条件:

$$\{\delta_i\} = \{\bar{\delta}_i\} \tag{9.13}$$

假设 $\{\delta\}$ 的 n 个元素中最后 m 个被约束时,(9.12)式可表示为

$$\begin{bmatrix} [K_{11}] & [K_{12}] \\ [K_{21}] & [K_{22}] \end{bmatrix} \begin{Bmatrix} \{\delta\} \\ \{\bar{\delta}\} \end{Bmatrix} = \begin{bmatrix} \{R\} \\ \{Q\} \end{bmatrix} + \begin{bmatrix} \{F_p\} \\ \{G_p\} \end{bmatrix} \tag{9.14}$$

因此可对以下公式求解:

$$[K_{11}]\{\delta\} = \{R\} + \{F_p\} - [K_{12}]\{\bar{\delta}\} \tag{9.15}$$

位移作用点上产生的反力可由(9.14)式的后半部来求解

$$\{Q\} = -\{G_p\} + [K_{21}]\{\delta\} - [K_{22}]\{\bar{\delta}\} \tag{9.16}$$

对于梁或板类问题,可将节点位移和旋转选为节点的自由度,与之对应的力和力矩选为节点的载荷。此时,按照上述的思路也可作这类问题定性化。

9.2.4 解的收敛和误差

有限元法是基于能量原理的分析方法,其单元的位移函数满足完整性和适当条件时,近似解随着单元数的增加而更加精确。此处所说的完整性,即位移函数可表示所有刚体位移和一定应变状态,所说的适当条件,即单元内部及相邻单元间边界发生连续位移。在板和壳类单元中,能量函数包含位移二阶微分,所以要求完全满足单元边界位移的一阶微分连续条件。而若同时也包含与单元边界正交方向微分的连续性,满足上述条件并不容易。若为完全满足连续性而强力约束变形,会导

135

致近似程度恶化。此时,人们采用非协调元,因不能完全满足连续条件的单元(即非协调元)近似程度非常接近实际。非协调元若能表现一定的应变状态,则即便单元尺寸收敛速度不佳,也可能保证收敛。形函数一般使用多项式求解。用到高阶多项式,即节点数较多的高阶单元时,比起低阶单元可以得到较好的收敛精度。而且研究一般曲线边界时,曲线形状必须近似,同时还要考虑形状近似产生的误差。有关这些解的收敛和误差问题,参考文献[9.2]从数学的角度做了详尽说明。

9.3　几种不同类型的有限单元

如果根据问题能很好地选择单元,可高效求得高精度解。此处对于几个重要单元进行阐述。

9.3.1　常应变三角形单元

如图 9.2 所示,将考虑顶点 i、j、m 作为三个节点的三角形单元,单元内的位移可表示为

$$\{\boldsymbol{u}^e\} = \begin{Bmatrix} u(x,y) \\ v(x,y) \end{Bmatrix} = [N(x,y)]\{\boldsymbol{\delta}^e\} \tag{9.17}$$

此处,单元的节点位移矢量为

$$\{\boldsymbol{\delta}^e\}^{\mathrm{T}} = [u_i, v_i, u_j, v_j, u_m, v_m] \tag{9.18}$$

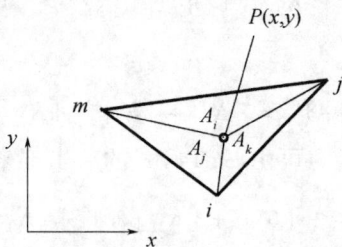

图 9.2　三角形单元和点 P 的面积坐标

形函数 $\{N(x,y)\}$ 为

$$[N(x,y)] = [[N_i(x,y)][N_j(x,y)][N_k(x,y)]]$$

$$[N_i(x,y)] = \begin{bmatrix} L_i & 0 \\ 0 & L_i \end{bmatrix}, [N_j(x,y)] = \begin{bmatrix} L_j & 0 \\ 0 & L_j \end{bmatrix}, [N_m(x,y)] = \begin{bmatrix} L_m & 0 \\ 0 & L_m \end{bmatrix}$$

$$L_i = \frac{A_i}{A}, L_j = \frac{A_j}{A}, L_m = \frac{A_m}{A} \tag{9.19}$$

如图 9.2 所示,式中 A 为单元的面积,A_i, A_j, A_m 分别表示由点 $P(x,y)$ 与各顶

点相连接的线段而围成的各个小三角形的面积。L_i 在节点 i 上值为 1,在不含节点 i 的边界上值为 0。通过(9.17)式既可将单元内任意点 (x,y) 的位移用有限个单元的节点位移来表示,还能假定单元边界上相邻的单元的位移和连续的位移。

在二元问题的应变和位移关系式中:

$$\{\boldsymbol{\varepsilon}\}^{\mathrm{T}} = [\varepsilon_x, \varepsilon_y, \gamma_{xy}] = \left[\frac{\partial u}{\partial x}, \frac{\partial v}{\partial y}, \frac{\partial v}{\partial x} + \frac{\partial u}{\partial y}\right] \tag{9.20}$$

如代入(9.17)式,则 ε_x 为

$$\varepsilon_x = \frac{\partial u}{\partial x} = \left[\frac{\partial N_{i11}}{\partial x}, \frac{\partial N_{i12}}{\partial x}, \frac{\partial N_{j11}}{\partial x}, \frac{\partial N_{j12}}{\partial x}, \frac{\partial N_{m11}}{\partial x}, \frac{\partial N_{m12}}{\partial x}\right]\{\boldsymbol{\delta}^e\}$$

若对 ε_y、γ_{xy} 也进行同样运算,可以写成

$$\{\boldsymbol{\varepsilon}\} = [B(x,y)]\{\boldsymbol{\delta}^e\} \tag{9.21}$$

式中:$[B(x,y)]$ 为 $[N]$ 的组成部分的微分系数构成的行列式,在本单元中为常数。应力和应变的关系,依照弹性理论为

$$\{\boldsymbol{\sigma}\} = [D]\{\boldsymbol{\varepsilon}\} = [D][B(x,y)]\{\boldsymbol{\delta}^e\} \tag{9.22}$$

式中:$[D]$ 为弹性矩阵,在各向同性材料处于平面应力状态时,其值为

$$[D] = \frac{E}{1-v^2}\begin{bmatrix} 1 & v & 0 \\ v & 1 & 0 \\ 0 & 0 & (1-v)/2 \end{bmatrix} \tag{9.23}$$

应力也可用节点位移来表示,因此根据(9.10)式可导出单元刚度矩阵和节点载荷矢量。

9.3.2 四边形单元

如图 9.3 所示,各边与坐标轴平行的长方形(1234)单元中,可使用拉格朗日插值函数简单导出形函数(位移的 2 个分量 u、v 可用相同形式表示,此后本节为简单起见只表示与 u 相关部分)

$$u(x,y) = \sum_{i=1}^{4} N_i u_i, N_i = L_k^{(2)}(x) L_l^{(2)}(y) \tag{9.24}$$

式中:$L_k^{(2)}$ 为连接 2 点的拉格朗日插值函数。

在 $i=1$ 的点 $(k,l)=(1,1)$,在 $i=2$ 的点相应 $(k,l)=(2,1)$。一般来说,$L_k^{(n)}$ 为 n 个点 $(i=1,2,\cdots,n)$ 的 $n-1$ 次多项式可写为

$$L_k^{(n)}(x) = \prod_{i=1(i\neq k)}^{n} \frac{x-x_i}{x_k-x_i} \tag{9.25}$$

N_i 为在节点 i 的值为 1,在其他节点为 0 的多项式。

不过,不用整体坐标,如图 9.3 所示那样,通过采用对每个单元假定的正规化

的局部坐标更能容易地表示形函数。当然,若通过坐标变换可导出与(9.24)式相对应的形函数。

$$[\boldsymbol{N}] = \frac{1}{4}\big[(1-\xi)(1-\eta) \quad (1+\xi)(1-\eta) \quad (1+\xi)(1+\eta) \quad (1-\xi)(1+\eta)\big]$$

$$(9.26)$$

如图9.4所示的任意四边形也可使用(9.26)式中定义的形函数。此时四边形内部的点的整体坐标(x,y)和局部坐标(ξ,η)的关系可表示如下:

$$x = \big[\overline{N}(\xi,\eta)\big]\{\overline{\boldsymbol{x}}\} \tag{9.27}$$

式中:$\{\overline{\boldsymbol{x}}\}$为节点的$x$坐标构成的矢量。

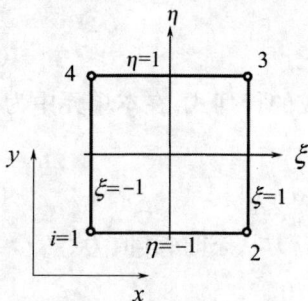

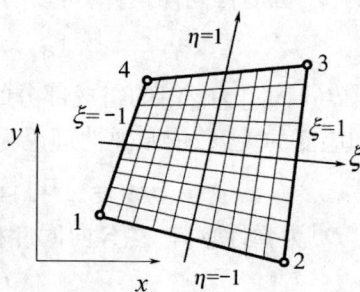

图9.3 长方形单元   图9.4 任意四边形单元和局部坐标

当表示位移的形函数和表示坐标关系的插值函数相同时,称为等参数单元。表示坐标关系的插值函数为低次元时称为亚参数,而反之称为超参数。具有曲线边界的情形也适用同一方法。

9.3.3 8节点等参数单元

如图9.5所示,考虑8节点构成的单元,该单元的形函数为

$$N_i = \frac{1}{4}(1+\xi_i\xi)(1+\eta_i\eta)(\xi_i\xi + \eta_i\eta - 1) \quad (\text{顶点 }1.3.5.7)$$

$$N_i = \frac{1}{2}(1-\xi^2)(1+\eta_i\eta) \qquad\qquad (\text{顶点 }2.6) \tag{9.28}$$

$$N_i = \frac{1}{4}(1+\xi_i\xi)(1-\eta^2) \qquad\qquad (\text{顶点 }4.8)$$

因此,等参数单元时,各个边的形状可经过3个点用二次曲线来表示。整体坐标和局部坐标关系为

$$x = \sum_{i=1}^{8} N_i(\xi,\eta)x_i \tag{9.29}$$

对于位移也可用同样的关系式表示:

$$u = \sum_{i=1}^{8} N_i(\xi, \eta) u_i \qquad (9.30)$$

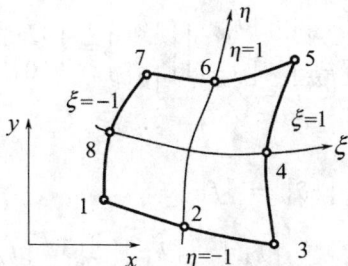

图 9.5 8 节点等参数单元

尽管应变可与 (9.6) 式一样表示,但形函数中的微分算子需要进行变换,即需要利用下式:

$$\begin{bmatrix} \dfrac{\partial N_i}{\partial x} \\[2mm] \dfrac{\partial N_i}{\partial y} \end{bmatrix} = [\boldsymbol{J}]^{-1} \begin{bmatrix} \dfrac{\partial N_i}{\partial \xi} \\[2mm] \dfrac{\partial N_i}{\partial \eta} \end{bmatrix} \qquad (9.31)$$

来表示 $[\boldsymbol{B}]$ 矩阵。此处

$$[\boldsymbol{J}] = \begin{bmatrix} \dfrac{\partial x}{\partial \xi} & \dfrac{\partial y}{\partial \xi} \\[2mm] \dfrac{\partial x}{\partial \eta} & \dfrac{\partial y}{\partial \eta} \end{bmatrix} = \begin{bmatrix} \displaystyle\sum_{i=1}^{8} \dfrac{\partial N_i}{\partial \xi} x_i & \displaystyle\sum_{i=1}^{8} \dfrac{\partial N_i}{\partial \xi} y_i \\[3mm] \displaystyle\sum_{i=1}^{8} \dfrac{\partial N_i}{\partial \eta} x_i & \displaystyle\sum_{i=1}^{8} \dfrac{\partial N_i}{\partial \eta} y_i \end{bmatrix} = \begin{bmatrix} \dfrac{\partial [\boldsymbol{N}]}{\partial \xi} \\[2mm] \dfrac{\partial [\boldsymbol{N}]}{\partial \eta} \end{bmatrix} \begin{bmatrix} \{\boldsymbol{x}\} & \{\boldsymbol{y}\} \end{bmatrix} \quad (9.32)$$

为雅可比矩阵。单元刚度矩阵可通过 (9.11) 式求得,此处使用局部坐标可表示为

$$[\boldsymbol{k}^e] = \iint_e [\boldsymbol{B}]^{\mathrm{T}}[\boldsymbol{D}][\boldsymbol{B}]\,\mathrm{d}S = \int_{-1}^{1}\int_{-1}^{1}[\boldsymbol{B}]^{\mathrm{T}}[\boldsymbol{D}][\boldsymbol{B}]\det|\boldsymbol{J}|\,\mathrm{d}S \qquad (9.33)$$

9.3.4 4 节点非协调四边形单元

对于 4 节点等参数单元,我们无法精确求得平板面内弯曲问题的解。若要加以改善,则需在单元内位移场中既有 4 节点等参数单元的形函数,还要加入 N_5、N_6 两个自由度。

$$u(\xi, \eta) = \sum_{i=1}^{4} N_i u_i + N_5 u_5 + N_6 u_6$$

$$N_5 = 1 - \xi^2, \quad N_6 = 1 - \eta^2 \qquad (9.34)$$

u_5, u_6 不是节点位移,而是单元本征位移,v 也是同样的。这些函数中包含面内弯曲的变形部分,因此对于面内弯曲问题可求得精确解。由于 u_5, u_6 和 v_5, v_6 与相邻

单元位移不协调,因此作为单元内其它节点的位移函数而给出。即单元刚度矩阵为

$$
\begin{bmatrix} [k_{\delta\delta}] & [k_{\delta\bar{\delta}}] \\ [k_{\bar{\delta}\delta}] & [k_{\bar{\delta}\bar{\delta}}] \end{bmatrix} \begin{Bmatrix} \{\delta\} \\ \{\bar{\delta}\} \end{Bmatrix} = \begin{Bmatrix} \{f\} \\ \{0\} \end{Bmatrix}
\tag{9.35}
$$

整理去掉 $\{\bar{\delta}\}$ 后,得到:

$$
[\tilde{k}_{\delta\delta}]\{\delta\} = \{f\}
$$

$$
[\tilde{k}_{\delta\delta}] = [k_{\delta\delta}] - [\tilde{k}_{\delta\bar{\delta}}][\tilde{k}_{\bar{\delta}\bar{\delta}}]^{-1}[\tilde{k}_{\bar{\delta}\delta}]
\tag{9.36}
$$

9.3.5 薄壳单元

复合材料层合板结构一般具有薄壁结构,与使用三维单元相比,使用薄壳单元计算更有效率,所以薄壳单元和板单元分析法比较常见。除了弹性矩阵的形式要复杂些之外,均可把一般各向同性材料的薄壳单元结构原样延用于复合材料结构之中。此处主要就等参数薄壳单元作介绍。

如图 9.6 所示,在给出薄壳单元上表面及下表面节点坐标时,单元内部点为

$$
\begin{Bmatrix} x \\ y \\ z \end{Bmatrix} = \sum_{i=1}^{8} N_i(\xi,\eta) \begin{Bmatrix} x_i \\ y_i \\ z_i \end{Bmatrix} + \frac{\varsigma}{2} \sum_{i=1}^{8} N_i(\xi,\eta) e_{3i}
$$

$$
\begin{Bmatrix} x_i \\ y_i \\ z_i \end{Bmatrix} = \frac{1}{2} \left(\begin{Bmatrix} x_i \\ y_i \\ z_i \end{Bmatrix}_{\text{top}} + \begin{Bmatrix} x_i \\ y_i \\ z_i \end{Bmatrix}_{\text{bot}} \right), e_{3i} = \begin{Bmatrix} x_i \\ y_i \\ z_i \end{Bmatrix}_{\text{top}} - \begin{Bmatrix} x_i \\ y_i \\ z_i \end{Bmatrix}_{\text{bot}}
\tag{9.37}
$$

附加字"上"和"下"意指薄壳的上表面和下表面。$N_i(\xi,\eta)$ 为形函数。在节点 i 时为 1,在其他节点时为 0。为 8 节点单元时,可写为

$$
N_i = \frac{1}{4}(1 + \xi_i\xi)(1 + \eta_i\eta)(\xi_i\xi + \eta_i\eta - 1) \quad (\text{顶点 1.3.5.7})
$$

$$
N_i = \frac{1}{2}(1 - \xi^2)(1 + \eta_i\eta) \quad\quad\quad (\text{顶点 2.6})
$$

$$
N_i = \frac{1}{4}(1 + \xi_i\xi)(1 - \eta^2) \quad\quad\quad (\text{顶点 4.8})
\tag{9.38}
$$

任意点位移,可用节点位移和形函数表示:

$$
\begin{Bmatrix} u \\ v \\ w \end{Bmatrix} = \sum_{i=1}^{8} N_i(\xi,\eta) \begin{Bmatrix} u_i \\ v_i \\ w_i \end{Bmatrix} + \frac{h\varsigma}{2} \sum_{i=1}^{8} N_i(\xi,\eta) [e_{1i} - e_{2i}] \begin{Bmatrix} a_i \\ \beta_i \end{Bmatrix} = [N(\xi,\eta)] \begin{Bmatrix} \{\delta_1^e\} \\ \vdots \\ \{\delta_8^e\} \end{Bmatrix}
\tag{9.39}
$$

式中:h 为板的厚度;e_{1i},e_{2i} 为相互垂直、且分别垂直于 e_{3i} 的单位矢量;节点位移 $\{\boldsymbol{\delta}_i^e\}^T = [u_i,v_i,w_i,\alpha_i,\beta_i]$ 具有 5 个元素;α_i、β_i 分别为 e_{1i}、e_{2i} 周围的截面旋转。

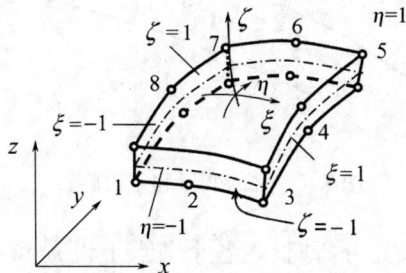

图9.6　8 节点等参数薄壳单元

应变和应力的定义采用取与 $\varsigma =$ 一定的面成垂直的方向为 z',而与 z' 垂直相交的 2 方向定为 x',y' 的局部垂直相交坐标系,板厚一定时,z' 的方向与 e_3 一致,即应变和应力定义为

$$\{\boldsymbol{\varepsilon}'\}^T = \left[\varepsilon_x{'},\varepsilon_y{'},\gamma_{y'z'},\gamma_{x'z'},\gamma_{x'y'} \right]$$

$$= \left[\frac{\partial u'}{\partial x'},\frac{\partial v'}{\partial y'},\frac{\partial v'}{\partial z'}+\frac{\partial w'}{\partial x'},\frac{\partial u'}{\partial z'}+\frac{\partial w'}{\partial y'},\frac{\partial v'}{\partial x'}+\frac{\partial u'}{\partial y'} \right] \qquad (9.40)$$

采用节点位移,应力和应变可表示如下:

$$\{\boldsymbol{\varepsilon}'\} = [\boldsymbol{B}']\{\boldsymbol{\delta}^e\} , \{\boldsymbol{\sigma}'\} = [\boldsymbol{D}][\boldsymbol{B}']\{\boldsymbol{\delta}^e\} \qquad (9.41)$$

对于层合板,$[\boldsymbol{D}]$ 在每个不同层取不同值。由此,单元刚度矩阵变为下式:

$$[\boldsymbol{k}^e] = \int [\boldsymbol{B}']^T [\boldsymbol{D}][\boldsymbol{B}'] \mathrm{d}V$$

$$= \int_{-1}^1 \int_{-1}^1 [\boldsymbol{B}']^T \left(\int_{-h/2}^{h/2} [\boldsymbol{D}] \mathrm{d}z \right) [\boldsymbol{B}'] \det|\boldsymbol{J}| \mathrm{d}\xi \mathrm{d}\eta \qquad (9.42)$$

9.3.6　高阶剪切单元与剪切闭锁

复合材料的剪切刚度比面内刚度小,因此计算结果对剪切变形的影响较大。要精确表示这种情况则需要使用高阶剪切理论。使用高阶剪切理论进行有限元分析时,会发生所谓的"剪切闭锁"现象。通过采用高阶剪切变形理论,会发生板和薄壳等会变得非常刚硬而不变形这一现象。下面,我们假定"垂直于中性轴的截面变形后依然保持平面,但可不垂直于中性轴",就考虑剪切变形影响的铁木辛柯梁理论进行分析。如图 9.7 所示,若考虑截面的变形,则梁的应变能可表示为

$$U = \frac{1}{2} \int_0^l \left[\frac{1}{2} EI \left(\frac{\mathrm{d}^2 w}{\mathrm{d}x^2} \right)^2 + \frac{1}{2} kGA \left(\frac{\mathrm{d}w}{\mathrm{d}x} - \phi \right)^2 \right] \mathrm{d}x \qquad (9.43)$$

如考虑到梁的长度和高度的关系,则第二项系数比第一项系数要大得多。因此,对于大部分梁的问题而言,$\mathrm{d}w/\mathrm{d}x \approx \phi$,于是该问题便归结为有助于剪切变形的

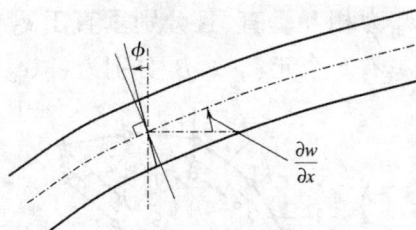

图 9.7　梁的变形和截面旋转

小应变问题。在进行有限元分析时,在各个节点上设 w 和 ϕ 为节点位移,则 w 和 ϕ 的形函数的次数相等(2 节点的单元都为线性函数)。因此,dw/dx 与 ϕ 的函数形式完全不同(2 节点单元中 dw/dx 为常数,ϕ 为线性函数)。即分割得再细也不会得到 $dw/dx \approx \phi$。因此,为减小势能,必须满足 $dw/dx \approx \phi \approx 0$,这就导致几乎不变形的刚性系统这一现象的发生。对于此问题,无论将单元分割得多小也无法解决,称为"剪切闭锁"。要避免产生这种问题,需要设法减少单元内用到的高阶形函数导致不一致的函数元素的影响,以及采用节点位移中没有 ϕ 的中间节点,以使 dw/dx 与 ϕ 的形函数保持一致。此外,也有这种情况:通过数值积分,用积分点数来表示单元的函数积分时陷入点数不足,此时采用减小剪切变形($dw/dx - \phi$)的做法不是在整个单元内,而只是在单元内数个点上。

9.4　非线性问题和有限元法

在结构问题中,载荷与变形不成比例会产生非线性问题。非线性问题就是:随着外力的增加,结构件的形状会发生变化,所施加的力与变形的关系也会发生变化的情况,或者材料本身变形增大,材料的应力与应变之间不成比例关系的情况。当然,也会有二者同时发生的情况。起因于前者称为几何非线性,起因于后者称为材料非线性。求解此类问题采用的是增量法:随着载荷和位移的逐渐增加,对各个增量逐一计算。求解非线性问题时,结果不仅受到增量大小的影响,而且其解未必唯一,也可能求出的是物理上无意义的解。所以为求得稳定解,在确定增量大小时需要加以注意。

9.5　有限元法和断裂力学

在复合材料中,诸如层间剥离和横向裂纹扩展等问题,多数情况下需要按照断裂力学问题处理。即,要求定量地导入两个量:断裂力学中的能量释放率和应力扩大系数。在此,我们就使用裂纹尖端的应力分布和位移分布直接求解能量释放率的虚拟裂纹闭合法(Virtual Crack Closure Technique)进行阐述[9.5]。

　　虚拟裂纹闭合法在 4.4 节中已进行了理论性说明,本节主要阐述其分析方法。裂纹在扩展开口时释放的应变能量等于关闭扩展长度所需的能量。线性问题中,通过将扩展量减小到极限这种方法得到的能量释放率是收敛的。通过将此闭合的能量合并到有限元中,分析就会更加容易。恰好闭合与有限元裂纹面对应的一边等效于全部关闭与此边对应的节点。因此,可以计算节点间相对位移和作用在节点上的节点力的乘积,以替代裂纹顶端微小区域的应力和位移之积的积分运算。如图 9.8 所示,首先考虑不含中间节点的单元。在图 9.8(a)状态下,设作用于 P 点上下单元间的节点力为 f_P,单个单元的裂纹扩展为 Δa 时,P 点的相对位移如图 9.8(b)所示,变为 δ_P。如果在图 9.8(b),P 和 P' 之间加入了 f_P 的力,则成为重叠的问题,便与图 9.8(a)的问题等效。P 点,就是单个单元的裂纹整体变回正好闭合的如图 9.8(a)状态。此时,根据克拉珀龙定理,f_P 所做的功为

$$\Delta W = \frac{1}{2}f_P\delta_P$$

关闭单位面积裂纹的功,即能量释放率可由下式求得:

$$G = \frac{\Delta W}{\Delta a} = \frac{1}{2\Delta d}f_P\delta_P \tag{9.44}$$

但是与裂纹长度相比,单元尺寸非常小,当与单元顶端的单元尺寸彼此相等时可表示为 $\delta_{P'} \approx \delta_P$,于是

$$G \approx \frac{1}{2\Delta d}f_P\delta_{P'} \tag{9.45}$$

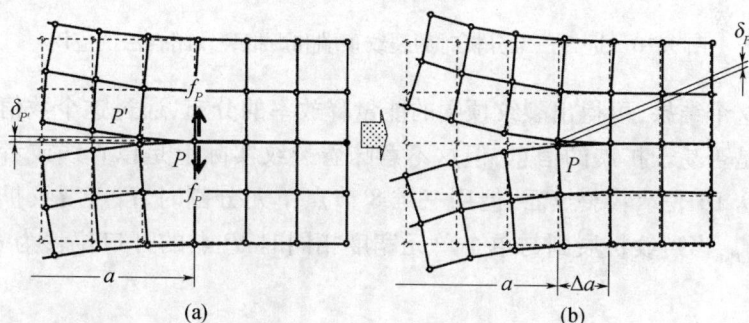

图 9.8　使用 4 节点单元时在伴随单个单元剥离扩展的节点 P 的节点力与开口位移的关系

　　接下来,考虑含有中间节点的情形,虽然会稍微复杂些,但与前面的问题在本质上是相同的。如图 9.9 所示,通过同时关闭中间节点和拐角处节点,就能完全关闭单个单元的裂纹,因此,能量释放率可通过下式求出:

$$G = \frac{\Delta W}{\Delta a} = \frac{1}{2\Delta a}(f_P\delta_P + f_Q\delta_Q)\frac{1}{2\Delta a}(f_P\delta_{P'} + f_Q\delta_{Q'}) \tag{9.46}$$

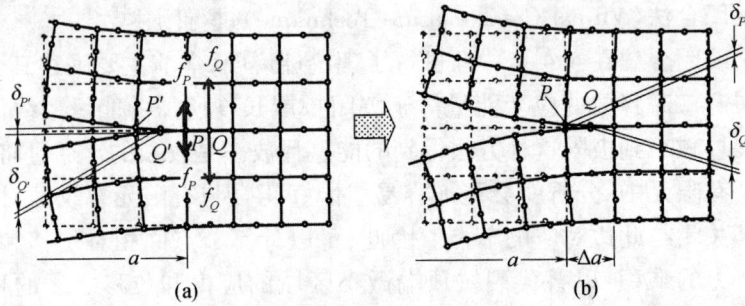

图 9.9　使用 8 节点单元时在伴随单个单元剥离扩展的节点 P、Q 的节点力与开口位移的关系

第二个式子是在第一次计算中近似时的计算公式。

　　用本方法计算三维问题时,能量释放率的捕捉方法要稍难一些。为定义能量释放率,要求扩展前和扩展后的裂纹之间其形状有自相似性(Self – Similar)。即,如图 9.10 所示,假定长方形一边原样直线状态扩大,圆形裂纹也按圆形状态扩大,计算裂纹顶端各点可释放多少能量。

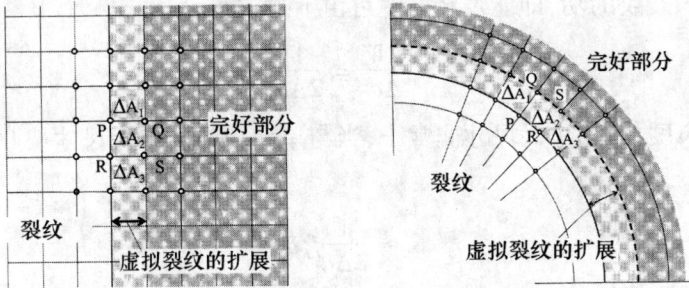

图 9.10　进行三维分析时的裂纹顶端和虚拟裂纹闭合法的应用

　　通过这个结果,可得出裂纹顶端的能量释放率的分布,通过这个数值可以获得判断裂纹是否易于扩展的信息,但这不意味着裂纹实际上是以直线或者圆形状态发展。图 9.10 表示着裂纹面,但用三维 8 节点单元分割时,P 点裂纹扩展之前的节点力为 f_P,当裂纹扩展到与单个单元宽度相同时,P 点的开口位移为 δ_P,P 点处释放能为

$$\Delta W = \frac{1}{2} f_P \delta_P \tag{9.47}$$

若考虑与此能量对应的面积为 $\Delta A_P = (\Delta A_1 + \Delta A_2)/2$,则能量释放率表示为

$$G = \frac{\Delta W}{\Delta A_P} = \frac{1}{2\Delta A_P} f_P \delta_P \tag{9.48}$$

另外,如考虑单个单元 ΔA_2 的能量释放,那么裂纹扩展前发生作用的节点力 f_P,f_R 对单元 ΔA_2 的作用,分别考虑其面积比,近似为

$$f_{P2} = f_P \frac{\Delta A_2}{\Delta A_1 + \Delta A_2}, f_{R2} = f_R \frac{\Delta A_2}{\Delta A_2 + \Delta A_3}$$

加上各个点的释放能后可以导出:

$$G = \frac{\Delta W}{\Delta A_2} = \frac{1}{2\Delta A_2}(f_{P2}\delta_P + f_{R2}\delta_R) \tag{9.49}$$

如图 9.11 所示,有中间节点时,公式(9.48)同样可以得到[9.6]。即把位于单元边界上节点的节点力对单元 ΔA_2 的作用作为单元尺寸比,则节点力近似为

$$f_{P2} = f_P \frac{\Delta A_2}{\Delta A_1 + \Delta A_2}, f_{Q2} = f_Q \frac{\Delta A_2}{\Delta A_1 + \Delta A_2}$$

$$f_{S2} = f_S \frac{\Delta A_2}{\Delta A_2 + \Delta A_3}, f_{T2} = f_T \frac{\Delta A_2}{\Delta A_2 + \Delta A_3}$$

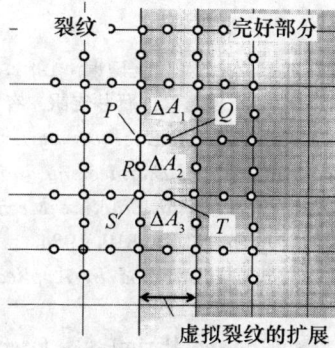

图 9.11　有中间节点的三维单元中裂纹顶端节点和虚拟裂纹闭合法的应用

将各个点的释放能相加除以单元面积 ΔA_2 可得到:

$$G = \frac{\Delta W}{\Delta A_2} = \frac{1}{2\Delta A_2}(f_{P2}\delta_P + f_{Q2}\delta_Q + f_R\delta_R + f_{S2}\delta_S + f_{T2}\delta_T) \tag{9.50}$$

当然,若采用与二维问题处理的同样思路,通过一次计算也可得到近似的能量释放率。

9.6　用于复合材料分析有限元法的开发

9.6.1　均质化法[9.7]

一般认为,复合材料结构是由如同纤维与基体关系那样微观上非均质的结构呈有规则分布而组成。对该结构施加载荷时,基于微小结构,微观上应力分布在较小周期内变动,而宏观上观察时微小结构的影响被平均化,呈现出与均匀材料相同的特性。这样的问题不能通过一般有限元法来分析。要导出宏观解的方法是,通

过比较与微观单元相关的坐标系和与宏观坐标系相关的量的顺序,求出均质化等效弹性率。通过对宏观解的后期处理,可以近似地求得微观的应力状态值。这为复合材料分析提供了一个重要的分析方法。

9.6.2 扩展有限元法(X − FEM) [9.8]

本方法的立意是,通过将特殊函数引入到形函数中,既能够假定边界在单元内部与单元分割相独立,也能假定在单元内部材料特性的不连续。人们非常期待该方法在裂纹尖端单元中导入裂纹尖端的特异应力场的同时应用于有裂纹损坏的问题的可能性,特别针对复合材料的损伤、破坏问题进行有效的数值分析,是人们期待今后发展的一种分析方法。

参考文献

[9.1] 鷲津久一郎他編 有限要素法ハンドブックⅠ 基礎編, 1981.

[9.2] G. ストラング, G.J. フィックス, 三好哲彦, 藤井宏訳, 有限要素法の理論, 培風館, 1982.

[9.3] K.J. Bathe, *Finite Element Procedures in Engineering Analysis*, Prentice-Hall, 1982.

[9.4] Zienkiewicz. *The Enginnering Method in Engineering and Science*, McGraw-Hill, 1971.

[9.5] E.F. Rybicky, M.F. Kanninen, *Engineering Fracture Mechanics*, Vol. 9, 911-938, 1977.

[9.6] Shivakumar, K.N., Elber, W., NASA TM 85819, 1984.

[9.7] J.M. Guedes, N. Kikuchi, *Computer Method in Applied Mechanics and Engineering*, Vol.83, 143-198, 1990.

[9.8] Belytschko, T., Moes, N., Usui, S. and Parimi, C., *International Journal of Numerical Methods and Engineering*, Vol.50, 993-1013, 2001.

10 损伤容限

10.1 引言

损伤容限(Damage Tolerance,DT)最初是在制造金属结构飞机时提出来的。随着复合材料在飞机结构中的应用,这个概念也开始在复合材料结构中使用。在民航机领域,美国联邦航空局(FAA)依据"咨询通告" AC20 – 107,为使复合材料结构具有如同金属结构一样的安全性,规定了间接地采用 DT。另外,军用飞机在美国军用标准 MIL – STD –1530A 飞行器结构验证程序(Aircraft Structural Integrity Program, ASIP)[10.1]中金属结构的基础上也增加了对复合材料结构 DT 要求的规定。

很多有关损伤容限的论述都涉及结构的疲劳损伤。对于有损伤的结构施加动/静载荷时,通过分析、试验预测该结构耐受载荷的差别,即剩余强度和直至破坏时寿命的关系,就是确保安全性损伤容限的概念[10.2](图10.1)。

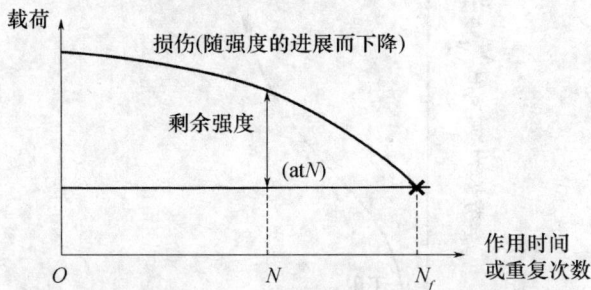

图 10.1　损伤容限的概念

在此针对复合材料结构的损伤容限的适用性,我们围绕与金属结构的对比加以概述。

10.2　损伤种类和损伤容限的适用范围

一般来说,针对金属结构损伤容限的概念,裂纹是唯一所考虑的损伤对象。与此不同,由于复合材料是非均质材料,其结构存在多种类型的损伤,且多数为临界损伤。除各部位的裂纹及开口周边的损伤外,必须考虑的损伤还有板的分层、层板/肋间的剥离、胶接面的剥离及斜坡部位的剥离等。层板结构引起的损伤很多,若横向开裂向其它层内扩展也有可能成为致命的缺陷。

对这些损伤的扩展进行评价时,由于各种各样结构部位的铺层、尺寸及载荷而产生的无数个损伤扩展组合情况的存在使针对复合材料损伤容限的判别极为困难。另外,大多数损伤还与高分子材料对温度、湿度及紫外线等环境条件依赖性有关,这样问题就变得更加复杂了。

作为损伤容限设计的考虑方法,复合材料结构在设计阶段必须考虑工作时的安全可靠性,即考虑复合材料结构在制造阶段就存在剥离及螺孔、开口、检查口周边的损伤等各种损伤情况。因此,设计时必须考虑,这样的损伤即便存在也不会因工作载荷的反复作用而扩展,或者即便是扩展了也不至于导致破坏。一般来说,固定翼飞机现在已有了防止工作载荷状态下损伤扩展的安全可靠性设计,但直升飞机等在更加严酷条件下防止损伤扩展的设计,还是一个难题。

无论如何,目前损伤扩展的数据积累是必不可少的。一般金属材料是画出裂纹扩展曲线,而复合材料是关注获取适用于层间剥离扩展数据的一些工作。例如,针对金属板的裂纹扩展特性画出应力扩大系数与裂纹扩展速度的关系图表,一般形成如图 10.2[10.2] 的曲线。

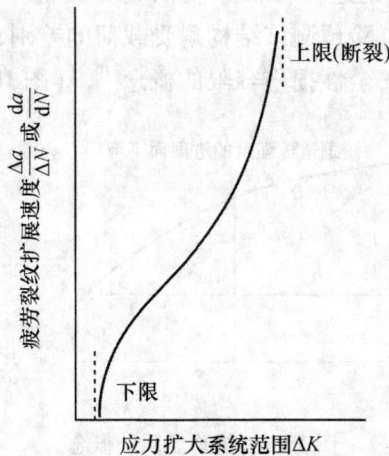

图 10.2 金属板的裂纹扩展特性[10.2]

该曲线的主要部分遵循如下所示的 paris 法则:

$$\frac{\mathrm{d}a}{\mathrm{d}N} = C(\Delta K)^n \tag{10.1}$$

式中:a 为剥离长度;N 为载荷作用次数;ΔK 为剥离开裂的应力扩大系数的振幅;C、n 为常数。按(10.1)式可近似地整理实验数据,直接替换为复合材料层间剥离特性,也可以扩大数据处理的范围。对于横向裂纹的损伤也一样,用损伤参数 D 替换剥离长度 a,同时采用造成损伤积累的应力 σ,有如下式:

$$\frac{\mathrm{d}D}{\mathrm{d}N} = C(\Delta\sigma)^n \tag{10.2}$$

经过整理,损伤积累与载荷作用次数的关系就建立起来了。

10.3 冲击损伤

在上述的损伤情况中,值得注意的一个问题是冲击引起的层间剥离、横向裂纹、纤维断裂等复合损伤,称作冲击损伤,如图 10.3[10.3] 所示。另外,在下一节图 10.6 中或在第 8 章的图 8.20(a)中用超声检测得到的冲击损伤面内形状的投影都作了展示。冲击损伤的原因如下:

(1) 滑行时跳起的小石块冲击。

(2) 工具下落的冲击。

(3) 其他(飞鸟冲撞、雷击、冰雹冲击及弹击等)。

按冲击程度来说,大多情况下从外观很难发现,在以损伤容限为依据进行设计时,其前提是清晰可见冲击损伤尺寸的则认为是严重的损伤。

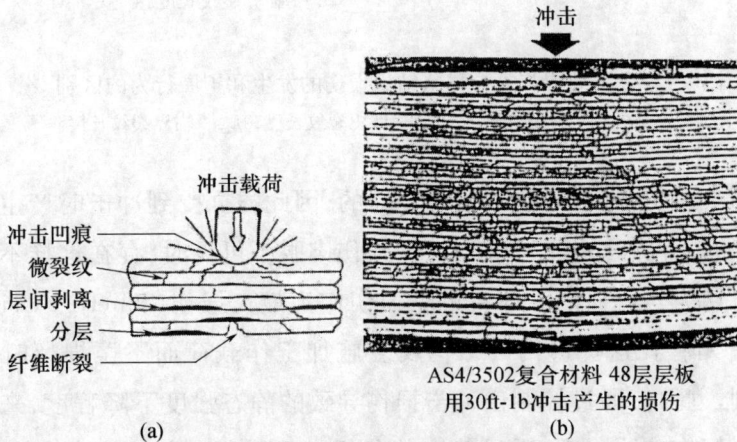

图 10.3 层合板的冲击损伤[10.3]

(a) 凹痕下的损伤;(b) 损伤实例。

与金属结构中裂纹主要由拉伸应力引起不同,复合材料的冲击损伤扩展一般是由压缩载荷引起。与拉伸载荷相比,损伤部位的耐压缩能力并不是明显下降,而是因为大多数损伤引起了分层和刚度降低,在压缩载荷的作用下,伴随着失稳变形而导致剥离扩展。

另外,金属结构从开始发生损伤至损伤的扩展,一直认为疲劳载荷是最大的原因,但复合材料结构由于冲击产生的冲击损伤是突然发生的,在设计方法上大多主要考虑的是冲击损伤而不是疲劳损伤。

金属结构与复合材料结构不同的破坏模式示于图10.4[10.5]中,与金属材料几乎都是考虑疲劳损伤的损伤容限不同,复合材料结构大多是重点考虑静载荷下的损伤容限。例如,由于冲击导致压缩强度降低,应以确保复合材料结构强度为目的而进行实验的同时,对实物飞机的复合材料结构最终破坏的预测也会有重要的作用。

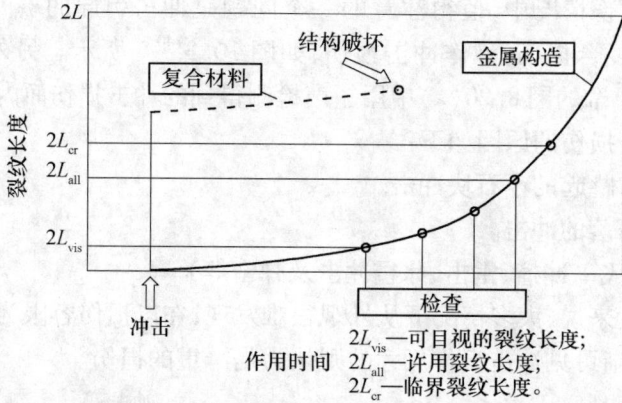

图 10.4　金属结构与复合材料结构损伤的发生和扩展行为的区别[10.5]

$2L_{vis}$—可目视的裂纹长度;$2L_{all}$—许用裂纹长度;$2L_{cr}$—临界裂纹长度。

对于冲击损伤,内部剥离缺陷是不同的,因此根据受到冲击时产生的损伤情况,可靠性的设计方法也不同。当冲击损伤肉眼不可见时,存在这样不可见损伤在设计上可认为是可靠的。即将可见损伤作为最大损伤(Barely - Visible Impact Damage),并对存在这种损伤的结构反复施加工作载荷而不至损坏时作为设计可靠性控制。此时,通过控制由冲击损伤导致的静态强度下降程度,来控制交变载荷引起的损伤扩展程度,通过静态的分析也可进行工作交变载荷耐受能力的设计。

一旦冲击能量变大,便可根据是否产生可见损伤进行识别。由于压缩强度下降幅度大,所以与交变载荷的耐受强度相比还是采用静态强度进行判断(标定)以飞机的实际工作为基础来规定剩余强度,当受到冲击时最好还是应该设计静态的承载能力。

针对飞机蒙皮增强肋结构损伤容限的确认试验而施加冲击损伤的部位的实例见图10.5[10.4]。针对这样的蒙皮增强肋进行冲击损伤后的静态损伤容限性能研究的实例[10.6]将在下面作简单介绍。

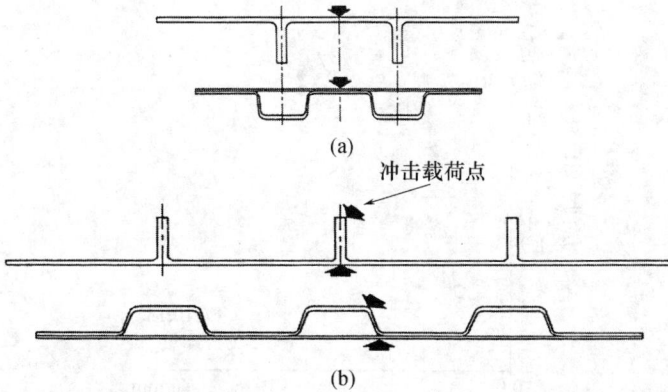

图 10.5　针对增强板结构的损伤[10.4]

（a）对外板（蒙皮）冲击载荷；（b）对增强板或有增强板的蒙皮（外板）的冲击载荷。

　　该实例是以粘接有 T 形截面增强材料（实际为一体成型）的复合材料结构为对象研究其受冲击后压缩强度的降低情况。试件材料为初级的低韧性碳纤维/环氧树脂 CFRP 材料，文中所述试样的截面形状在图 10.5（b）上，垂直的增强板材与蒙皮的接触面（Attachment Flange）相结合，形如倒 T 字，研究中的 T 形增强板材为 4 条。该增强板材从蒙皮一侧，受冲击的位置完全不同，见图 10.5（b），对增强板材中心和结点边缘正中点施加冲击，根据板厚不同改变能量水平（冲击能除以板厚），此时产生的剥离状态见图 10.6。图中可看出随冲击能的增大剥离面积增大，但如图 10.7 所示，单位板厚的冲击能水平超过 43/mm 时，层间剥离面积反而减少。其原因是冲击部位的板厚不到 4 mm，高能量水平的冲击损伤造成贯穿性破损，纤维的断裂（破损）吸收了更多的冲击能，所以可解释层间剥离面积反而降低。更有趣的是，图中所示高韧性材料 CF/PEEK 制取的相同规格的试样，因为没有发生贯穿性破坏，尽管是采用了高韧性材料，但层间剥离面积反而更大了。

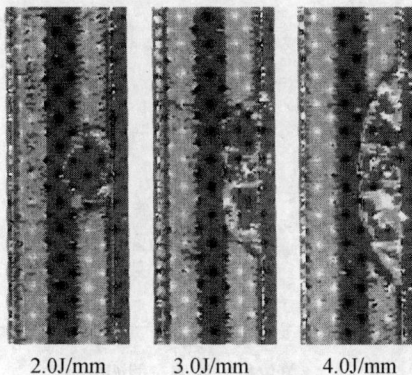

2.0J/mm　　3.0J/mm　　4.0J/mm

图 10.6　T 形增强板冲击后产生的层间剥离损伤实例[10.4]

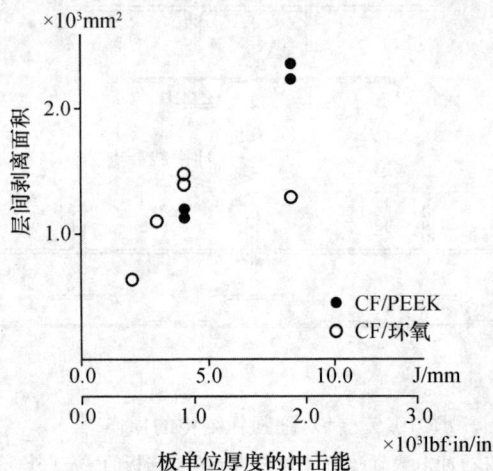

图 10.7　T 形增强板结构损伤与冲击能量水平的关系[10.6]

　　将受到冲击损伤的 T 形增强板的压缩强度降低与同材料同截面厚度(同截面积)平板的冲击剩余强度(CAI：NASA 法)比较,示于图 10.8 中。由此可知,复合材料因冲击损伤导致强度下降十分严重。但是,在增强肋结构上,即便发生层间剥离的表皮和增强肋因局部失稳而使剥离扩展,其它增强肋和蒙皮的剥离(本实例中还有其他三条增强板材(肋))也并不马上发生。对于 48 层的层板,当层间剥离沿垂直方向扩展时,由于不能使之终止,所以在很短的时间内就达到了最终的破坏[10.7],因此,厚层板的强度下降是非常迅速的。这里给出的复合材料结构特有的静态压缩载荷下 DT 特性的研究虽然仅仅是一个例子,但却是与金属结构 DT 完全不同的典型例证,是复合材料结构设计、强度保证的重要实例。

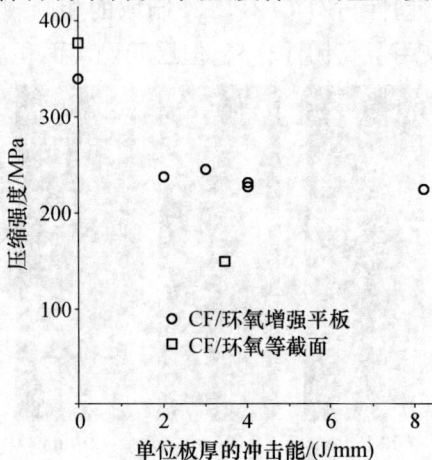

图 10.8　T 形增强肋结构单位板厚的冲击能与层间剥离投影面积的关系[10.6]

10.4　层 间 剥 离

针对损伤容限的适用性,在金属时不被考虑的层间剥离损伤应被重点叙述,肋端和开孔周边等自由边及坡度结构等不连续部位附近的剥离扩展也将被重点论述。作为剥离扩展的原因,我们还将论及这些部位的层间应力情况。复合材料层板仅受面内载荷时也将产生面外应力,这是仅从各向同性的金属结构概念出发来考虑不易弄清的问题。

由层间应力引起的层间剥离,在交变载荷作用下极易扩展,针对其扩展行为,与静载时方法相同,可以用能量释放率来解释。防止层间剥离的有效方法是降低层间应力。因此,在设计层板结构铺层时要考虑同一纤维方向的层不要相邻,相邻层的纤维方向的角度差要小等因素。作为飞机结构非常重要的加强肋增强蒙皮结构的肋与蒙皮的防剥离措施,是在结构设计上尽可能地(图 10.5[10.4])使肋间的蒙皮壁厚无变化。从结构设计角度考虑希望提高加强肋的轴向承载比例,而不希望蒙皮太厚。在设置蒙皮加强肋时(图 10.9),肋与蒙皮接触面法兰要斜坡过渡,避免弯曲刚度突变,以求尽量降低层间应力。

当然,采用已成功应用的缝编技术及 Z 型销技术等贯层强化手段,使肋与蒙皮有牢固的贯层结合,从而可有效地提高抗层间剥离能力。

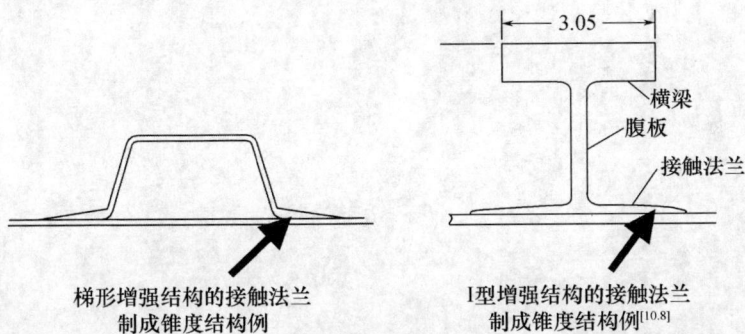

梯形增强结构的接触法兰制成锥度结构例

I型增强结构的接触法兰制成锥度结构例[10.8]

图 10.9　增强板中尽量采用延缓增强材料与蒙皮产生剥离的坡度结构

10.5　本 章 小 结

如上所述,由于复合材料结构很多损伤同时存在并相互影响,很难将所有的损伤扩展全部通过损伤容限控制。因此,实际上是依靠对大型构造部件或整机水平的实验加以确认。

通过损伤容限概念可以提前检测了解损伤的存在。与金属结构不同,对复合材料结构的剥离损伤是很难用外观等方法检测出来的,必须采用具有高可靠性的无损检测技术。随着这些技术的普及,在设计上利用建立数值模型及损伤扩展基础数据的积累,今后损伤容限概念将会广泛应用于复合材料结构中。

参考文献

[10.1] MIL-STD-1530A(USAF), Aircraft Structural Integrity Program, Airplane Requirements, 1975.

[10.2] K.L. Reifsnider and S.W. Case: *Damage Tolerance and Durability of Material Systems*, John Wiley & Sons, New York, 2002.

[10.3] MIL-HDBK-5H(USAF), Metallic Materials and Elements for Aerospace Vehicle Structures, 1998.

[10.4] M.C.Y. Niu: *Composite Airframe Structures*, Conmilit Press, Hong Kong, 1992.

[10.5] G.I. Zagainov and G.E. Lozino-Lozinsky, Eds.: *Composite Materials in Aerospace Design*, Chapman & Hall, London, 1996.

[10.6] 石川隆司, 林洋一, 松嶋正道: CF/PEEK 材と CF/エポキシ材を用いた補強平板構造の衝撃後残留圧縮強度, 日本航空宇宙学会誌, 42 巻 484 号, 1994, p.319-328.

[10.7] 石川隆司, 松嶋正道, 林洋一: 従来型 CF/エポキシ積層材の衝撃後残留圧縮強度 (CAI) 試験時の力学的挙動, 日本複合材料学会誌,26 巻 4 号, 2000, p.141-151.

[10.8] J.H. Starnes, Jr., N.F. Knight, Jr., and M. Rouse: AIAA Paper 82-0777, AIAA 23rd.SDM Conference, New Orleans, LA, Part 1, 1982, p.464-478.

11 复合材料结构设计要点

本章将论述复合材料结构在实际设计过程中应注意的事项。下面叙述的内容(除非特别指出)所涉及的复合材料结构一般都是指使用二维预浸料铺层的结构。

11.1 强度与刚度

对于复合材料,设计者可以根据结构部件所受的载荷条件来设计结构的强度和刚度。本章就是论述复合材料的强度和刚度。

一般来说,复合材料的强度和刚度是由各层的纤维方向决定的。图 11.1 所示为典型的碳纤维增强复合材料(CFRP)的纤维方向与弹性模量的关系[11.1]。碳纤维增强复合材料的强度与刚度(以载荷方向为 0°方向)可以通过调整纤维的方向获得从与玻璃纤维增强复合材料相同的较低值(±45°铺层 100% 层压片)到 Ti 合金强度(0°层 40%,±45°层 61% 层压片)水平值的广幅性能。作为中间值,也可以获得 Al 合金强度及刚度水平的性能。

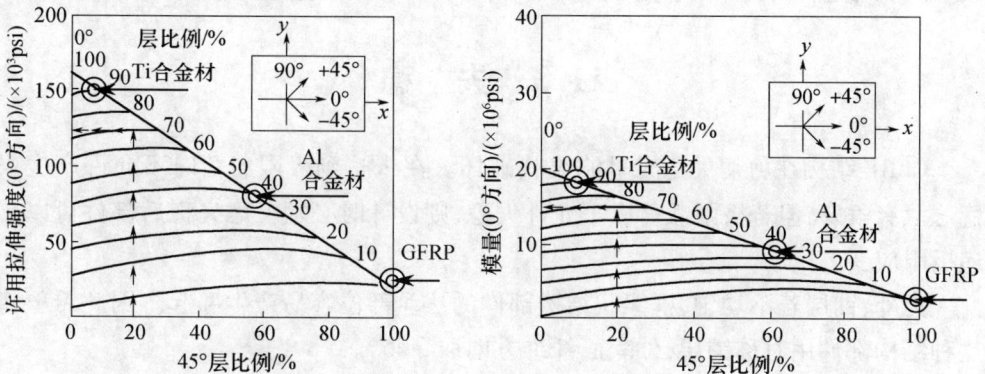

图 11.1 CFRP 铺层结构与强度/弹性模量的典型实例(1psi = 6.895kPa)

图 11.1 是复合材料设计时在结构设计基准中被设定的,根据是通用材料实验,并综合考虑了各影响因素(试验数据的离散性、CAI、有无开孔及环境影响等)。目前,这样的图表已电子数据化了,设计者只要将设计对象的层数结构参数输入,即可获得层数的强度及刚度性能。

　　复合材料的泊松比随铺层结构的不同而有较大的变化。如图 11.2 所示[11.1]，由于泊松效应而产生横向应力，设计时要特别注意。这种情况下，计算一下横向载荷的影响，若有问题，可通过加入 90° 层而使泊松比下降。（见图 11.3[11.1]）。

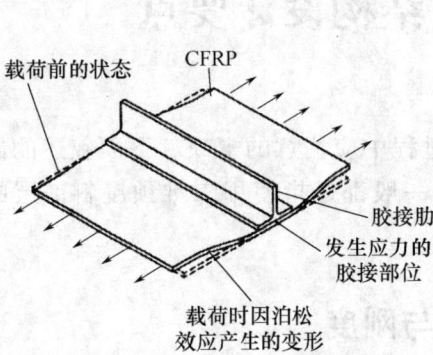

图 11.2　泊松比对载荷的影响

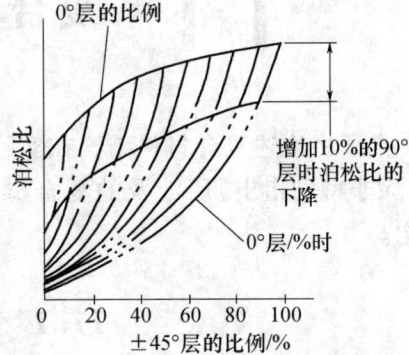

图 11.3　CFRP 铺层与泊松比的关系

11.2　热　膨　胀

　　复合材料的热膨胀系数也随铺层结构的不同而变化。一般必须注意，由于碳纤维增强复合材料（CFRP）的热膨胀系数比金属低，CFRP 与金属的结合部位因工作环境变化，由热膨胀的不同而产生应力。这样，在与 CFRP 连接部位使用膨胀系数小的 Ti 合金材料的同时，也要考虑采用可相对移动的连接结构。

11.3　失　稳

　　CFRP 结构在剪切失稳时呈波纹状破坏。在未达到极限载荷时不允许产生失稳这没有争议，但若极限载荷以下允许失稳，则设计时必须考虑失稳后部件可以传递极限应变。

　　另外，铺层若不均匀，框架状结构部件的法兰部位容易产生翘起。因此希望将这种结构部件用对称铺层，外表面纤维方向取 ±45°。

11.4　铺　层　结　构

　　关于复合材料铺层应注意如下几点：

　　（1）尽量避免对层间或纤维间的基体树脂施加载荷的结构，0° 层、±45° 层和 90° 层在整个层合结构中至少要占 10%。

（2）为防止从层板边缘发生开裂,尽量避免重复单一方向的铺层,设计时最多不超过5层。

（3）为防止最外层铺层的剥离,在部件的主载荷轴上应铺放 +45°层和 −45°层,而不能铺放0°或90°层。另外,避免最外层铺层间断或不完整。

（4）若使用非对称铺层,每层因同方向上的热膨胀不同会出现翘曲。因此,一般都要采用对称铺层。

（5）当增加铺强（附加）铺层时,每层阶梯最少要 3.8 ~ 6.4mm,（见图 11.4[11.1]）。另外,附加铺层的过渡斜角不可超过10°。附加铺层也应尽量采用对称铺层。

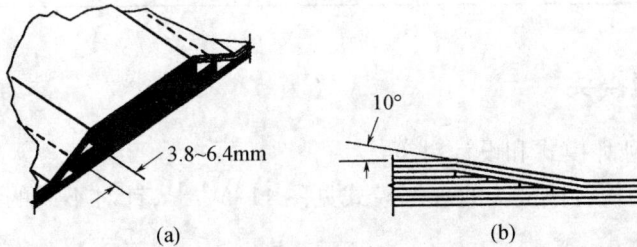

图 11.4 附加铺层时的注意事项
（a）各层的阶梯幅度;（b）过渡斜角。

11.5 接 头

复合材料结构的连接方式中,机械螺接接头和胶接接头大有不同,各种类型特点列于表 11.1 中。以下对不同的接头方式介绍设计要点。

表 11.1 机械连接接头和胶接接头的特点

接头方式	机 械 连 接	胶 接
优点	· 可靠性高 · 可直接使用金属连接用的工具和技术 · 连接部位检查方便 · 连接部位可重复使用	· 重量轻 · 无开孔,无应力集中 · 薄的部件也可连接 · 可直接密封 · 不要求机械连接螺孔周边的衬垫 · 便于借用复合材料修理操作方法 · 很容易得到空气动力学要求的平滑过渡的形状

（续）

接头方式	机 械 连 接	胶 接
限 制 （缺点）	• 重 • 孔边有应力集中 • 针对密封要求，需二次密封 • 调整接缝时产生应力 • 因为复合材料特有的破坏特性和各向异性特性，即使使用传统金属的连接方案，也必须进行设计 • 螺栓可发生腐蚀	• 与机械连接相比可靠性差 • 有粘接工艺操作（粘接而必须表面处理） • 需要胶接工装 • 胶接部位的吸湿使胶接强度下降 • 在完全破坏前很难检查胶接部位的品质 • 拆卸困难 • 胶接强度随温/湿度不同，变化较大 • 检查困难，所以检查成本高 • 野外作业困难

11.5.1 机械接头

1. 接头的破坏模式和设计对策

复合材料结构机械接头的破坏模式见图 11.5[11.1]，针对不同的破坏模型设计对策如下：

（1）剪切破坏（见图 11.5(a)）及断裂破坏（见图 11.5(d)）。

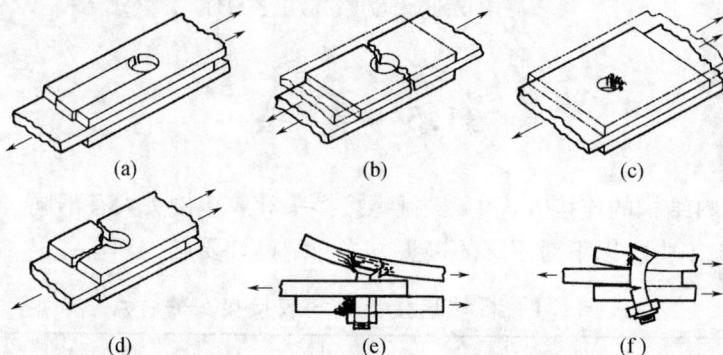

图 11.5 复合材料结构螺栓连接接头破坏模型
(a) 剪切破坏；(b) 拉伸破坏；(c) 挤压破坏；
(d) 拉伸开裂；(e) 螺栓拉脱；(f) 螺栓剪断。

① 复合材料螺接其端部距离要大于金属材料（$e/d \geq 3$；参照图 11.6）；

② 铺层结构中 ±45°层占 40%以上；

③ 铺层结构中 90°层占 10%以上。

（2）拉伸破坏（见图 11.5(b)）。

① 与金属材料设计相比螺孔的间距也要加大（$s/d \geq 5$；参见图 11.6[11.1]）；

② 为减少横断面应力,需加衬垫。

(3) 挤压破坏(见图 11.5(c))。

① 用挤压强度设计接头;

② 加衬垫;

③ 在铺层结构中 45°层要占 40% 以上(见图 11.7[11.1]);

④ 高夹紧力的螺帽下要有垫圈,并加大螺孔直径;

⑤ 尽可能使用六角型和圆头拉紧型螺栓。

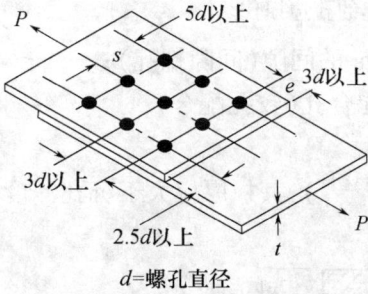

图 11.6　复合材料结构螺栓连接
　　　　方式中螺栓的配置

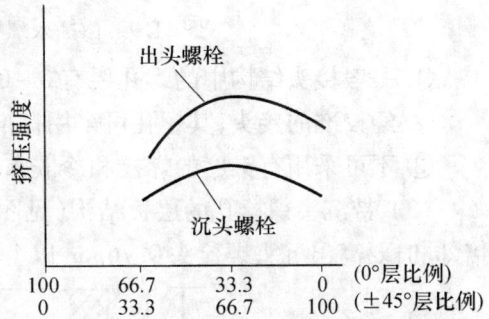

图 11.7　挤压强度与铺层结构

(4) 螺栓剪切破坏(见图 11.5(e)和(f))。

① 使用大直径螺栓;

② 使用高剪切强度的螺栓;

③ 设计上避免剪切破坏。

2. 接头设计要点

在设计机械连接接头时,应注意如下几点:

(1) 复合材料结构中有多排螺(栓)孔时,其外侧螺栓几乎承受全部载荷,所以结构效率低。因此,尽可能只用 2 排螺栓连接(见图 11.8[11.1])。

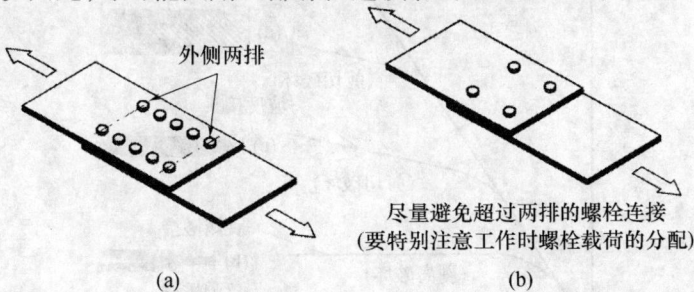

图 11.8　针对符合材料结构多排螺栓接头的注意事项

(a) 多排接头(尽量避免使用);(b) 2 排接头(建议使用)。

（2）关于螺孔，螺栓插入时为不使孔周边产生损伤，应注意如下几点（见图 11.9[11.1]）。

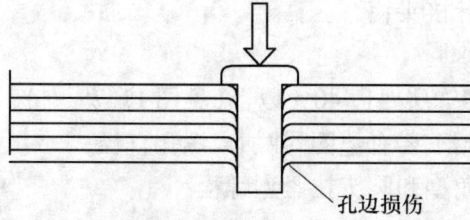

图 11.9　由插入螺栓时引起的孔边损伤

① 一般接头结构中的螺孔要有 $0 \sim 0.076 mm$ 的间隙（间隙螺孔）；

② 经校准的接头，其螺孔可采用标准的紧配合孔（铰孔配合）；

③ 不可采用有锥度的螺栓和冷嵌入的螺栓。

（3）带沉头螺栓孔的层板结构（见图 11.10[11.1]），其板厚应大于沉孔深度 1.5 倍，同时要高出沉头螺栓头 0.76mm 以上。

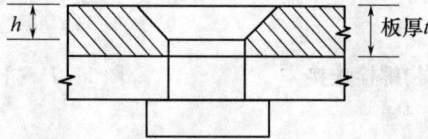

图 11.10　复合材料结构的沉头孔

11.5.2　胶接接头

图 11.11[11.1] 给出了各种胶接方案接头的强度与板厚的关系，楔型（斜劈）搭接方案可传递较大的载荷。

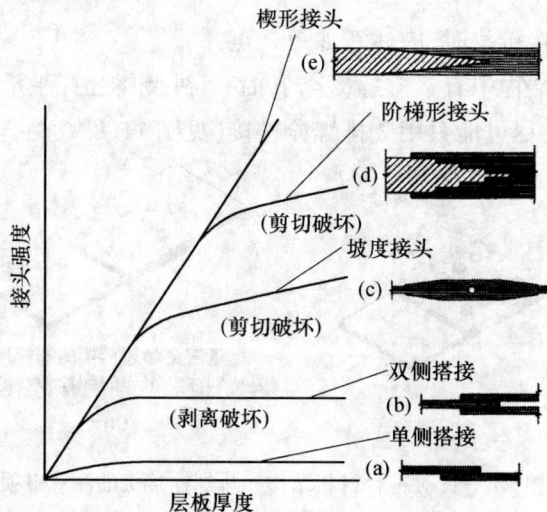

图 11.11　各种胶接接头的强度

设计采用胶接接头时,要点如下:

(1) 胶接长度短一些有利于在胶接部位避开剪切应力峰值引起的剪切破坏(见图11.12[11.1]);

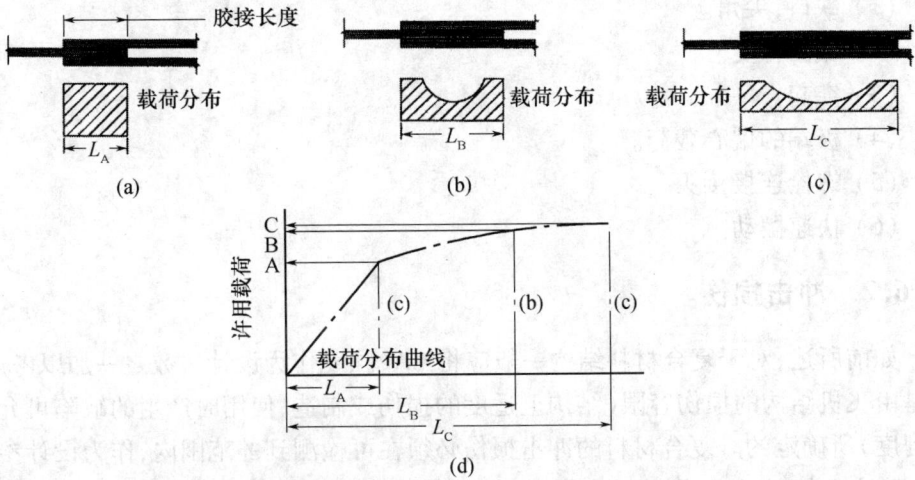

图 11.12 胶接接头的搭接长度对强度的影响

(a) 搭接长度小;(b) 搭接长度中;(c) 搭接长度大;(d) 不同搭接长度的比较。

(2) 为减少剥离应力,接头层板端部要设置如图 11.13 所示的斜坡(度)或倒角[11.1];

(3) 层合板外表面不可使用 90°层(建议使用 ±45°或 0°)。

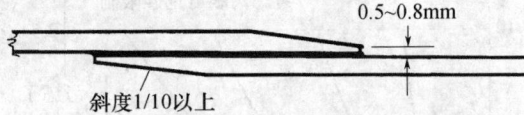

图 11.13 减少剥离应力的胶接层板接头端部形状

11.6 疲劳及冲击损伤

复合材料结构的疲劳设计与金属材料相比,必须考虑温度、湿度及冲击损伤等复合材料特有的因素。另外,复合材料结构一般要将受冲击后的压缩强度(CAI 强度)作为一个设计参数,大多情况下,冲击损伤在结构设计中覆盖了疲劳问题。下面论述复合材料结构的疲劳和冲击损伤的关注要点。

11.6.1 疲劳

一般情况下,复合材料的拉—拉疲劳优于金属。在正交层合板时疲劳或交变载荷作用下的开裂相对稳定,比金属开裂扩展的慢。对复合材料必须注意受冲击后的压缩、剪切及层间剪切在交变载荷作用下,引起的疲劳破坏。疲劳引起的早期破坏的要因如下,设计时必须考虑。

(1) 缺口,尖角。

(2) 截面骤变。

(3) 突起。

(4) 极端的偏心载荷。

(5) 螺栓连接接头。

(6) 快速摆动。

11.6.2 冲击损伤

如前所述,对于复合材料结构一般应将 CAI 强度作为设计参数之一加以考虑,这是由飞机结构的损伤容限(结构上适度的损伤或制造、使用时产生的缺陷可允许的程度)所确定的。复合材料的冲击损伤必须在可检测到的范围内,作为设计参数(ULT)之一加以考虑,即使存在肉眼不可见的损伤,也要确保结构不发生破坏损伤状态的压缩强度值作为设计参数之一,这点请参照第 8 章及第 10 章。

改善冲击损伤的损伤容限,可以在碳纤维材料中加入凯芙拉或玻璃纤维,可以提高碳纤维层板的耐损伤性。还有如图 11.14[11.1] 所示,必须注意同样的冲击能由于板厚或结构形式的不同,肉眼可视的程度将有很大的区别。

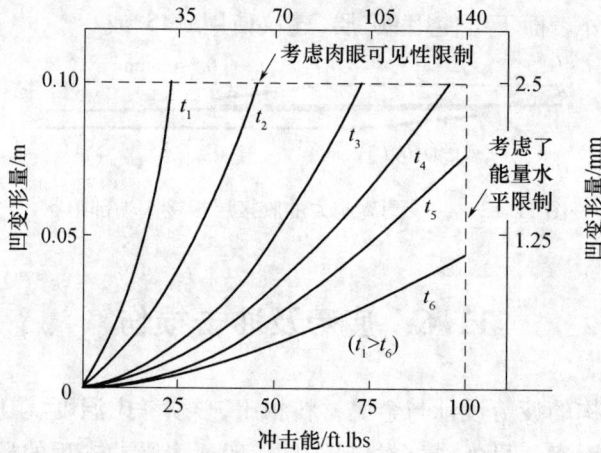

图 11.14 层板厚度与冲击损伤的关系

参考文献

[11.1] M.C.Y.Niu: *Composite Airframe Structures*, Conmilit Press LTD., Hong Kong, 1992.

12 飞机、火箭结构方面的应用实例

12.1 引　言

为减轻飞机和火箭的重量,先进复合材料的应用每年都在扩大。最近的趋势是若不使用先进复合材料,机身减重的可行性无从谈起。本章将简单地展望一下这种趋势,例举一些历史上先进复合材料应用的重要实例,并就已成为现在主流的按照新标准开发的飞机等结构中使用复合材料的计划加以概述。

12.2　先进复合材料在飞机中的应用

减轻结构重量对在天空飞翔的飞机来说是一个永恒的话题,自从其诞生以来,就在不断地追求使用轻质、高强即高比强材料。在具有优异的高比强度的先进复合材料特别是 CFRP 材料出现以来,其在飞机结构中的应用在持续扩大,最近大有急剧加速的趋势。图 12.1 显示了先进复合材料在飞机机体中应用比例的历史变化情况。CFRP 的应用最初是在军用飞机上,大量的应用常常是从军用飞机开始,民用飞机的应用空客公司一直是先行,进入 21 世纪我们从报道中得知在飞机上先进复合材料的使用比例正在激增。

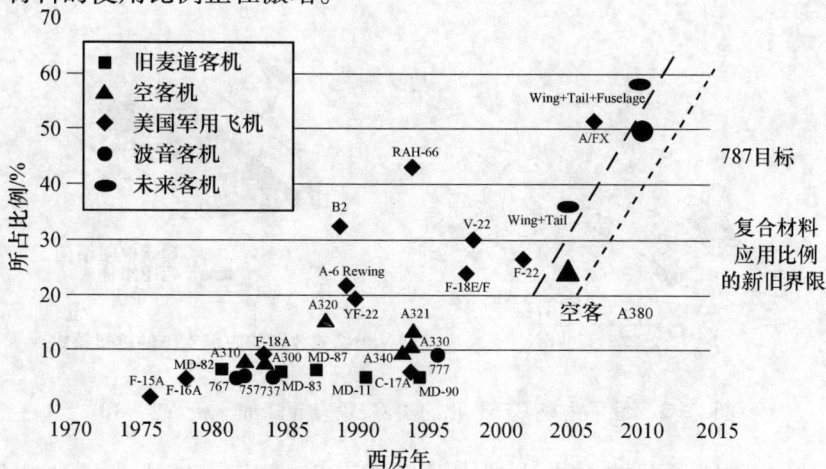

图 12.1　先进复合材料在飞机结构中所占比例的变迁

下面例举几个历史上在飞机上使用先进复合材料的重要实例。首先,从 1950年报道中出现碳纤维以来经过了十多年后,军用飞机使用的第一个例子是美国 F-15 战斗机上的刹车片,见图 12.2。此时,其在结构重量中占的比例是 1%。其次,在图 12.1 中未被显示但 1970 年年末才开始的主翼 CFRP 化的垂直起降战斗机 AV-8B 的 CFRP 的使用部位和主翼内结构[12.1]如图 12.3 所示。既采用了具有特征的正弦腹板桁架,且使用比例占到了接近全机结构重量的 15%,这在当时应该说是超群的。在日本国的应用也随纤维技术的发展而发展。

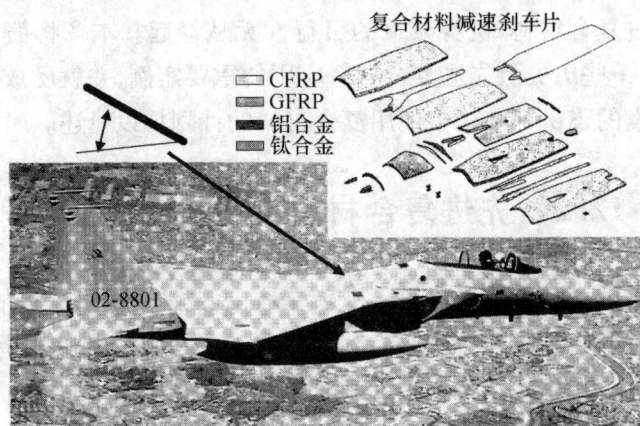

图 12.2　作为 CFRP 在飞机中最早应用实例的战斗机 F-15 的减速刹车片

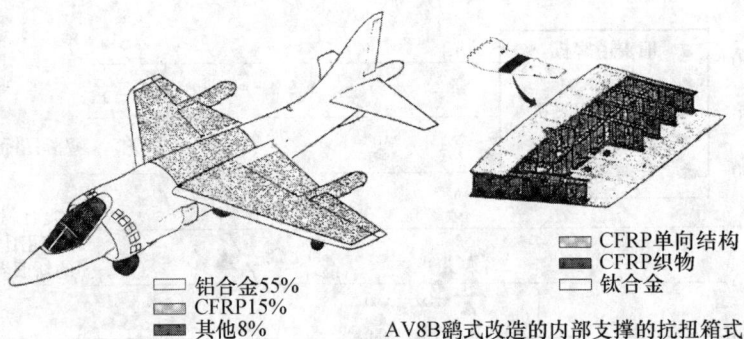

图 12.3　最早主翼 CFRP 化的实例,垂直起降战斗机 AV-8B

图 12.4 是日本国首次在主翼上使用 CFRP 的 XF-2 战斗机的整机的照片[12.2],碳纤维复合材料的使用率约 18%。

图 12.4　日本国首次在主翼上使用 CFRP 的 XF - 2 战斗机

　　图 12.5 是民用飞机最早大量使用复合材料的空客 A320 的复合材料使用部位,典型的是三个尾翼、地板梁及发动机罩使用了 CFRP。在 1980 年复合材料的使用率达到了划时代的 16%。复合材料在空客 A320 上的使用,成了空客客机应用复合材料的标杆,而其后波音公司开发的波音客机,最早大量使用复合材料的是 B777,也沿袭了三个尾翼、地板梁及发动机罩上的使用方式。空客公司继承其传统,在 21 世纪就早早决定开发超大型的 A380 客机,由于是超大型的,所以更加强烈地要求轻量化,结果先进复合材料的使用量由最初计划阶段的 20%,到设计阶段达到了 23% 的程度[12.3]。图 12.6 显示了空客 A380 中使用复合材料的部位。该机沿袭上述模式在三个尾翼使用 CFRP 的同时,要特别指出的是 CFRP 也被一举用在了主要承载部位的主翼中央翼中。之所以将 CFRP 使用于如此重要的部位,一方面是因为材料的可靠性,另一方面可以说是体现了尽可能减重的愿望。中央翼照片见图 12.7[12.4]。

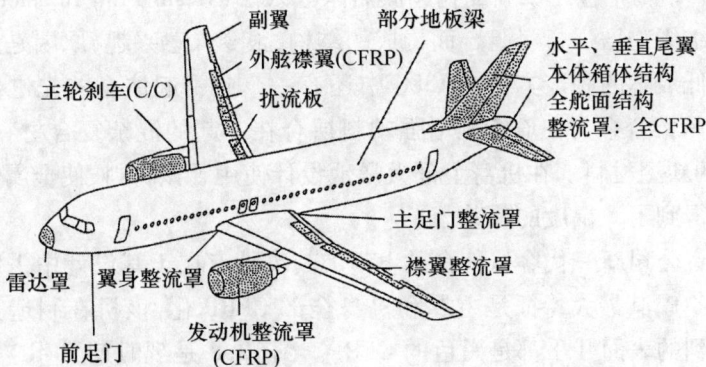

图 12.5　民用飞机空客 A320 大量使用 CFRP 的应用部位

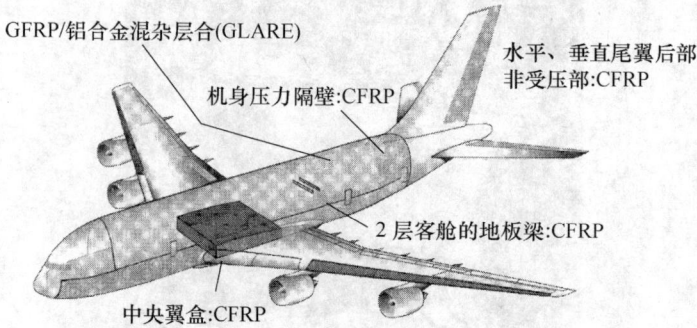

GFRP/铝合金混杂层合(GLARE)

机身压力隔壁:CFRP

水平、垂直尾翼后部
非受压部:CFRP

2 层客舱的地板梁:CFRP

中央翼盒:CFRP

图 12.6　正在研制开发中的 A380 超大型民用客机的先进复合材料的使用部位

图 12.7　空客 A380 全 CFRP 制的中央翼盒(照片提供:空客公司)

另外要着重提到的使用实例是,所占重量并不大的尾部压力间壁的 CFRP 化。在这个 CFRP 结构中应用了新的树脂膜熔融注入法(Resin Film Infusion,RFI)和无卷曲的碳纤维织物增强材料组合而构成的结构,很令人感兴趣,原因是选择了一种旨在尽可能低成本的制造方法。A380 中还有一个应引起注意的先进复合材料不是 CFRP,而是铝合金与玻璃纤维增强塑料层合在一起的混杂复合材料,其商品名为 GLARE 的新型材料。在机身上部大量地设计使用了该材料,使金属蒙皮疲劳寿命低的弱点得到了大幅度的改善。

承担波音公司新一代客机使命的 B787,其决胜点在于其设计中占结构重量的 50% 使用 CFRP,其最大特征是主翼和机身全部 CFRP 化,该机在制造完成后涂装之前所能见到的表面几乎都是黑色的 CFRP。图 12.8 是现时期 CFRP 等复合材料使用构想及材料的构成比例[12.5],该机预计在 2008 年飞行,主翼等主要结构在日本国制造。

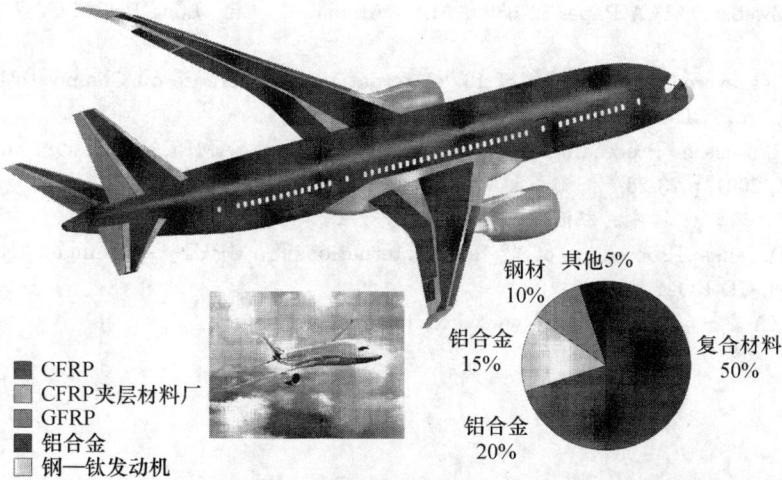

图 12.8　波音公司正在开发的高性能民用飞机 B787 上使用复合材料的部位

12.3　CFRP 在运载火箭上的应用

对于一次性使用的运载火箭,下段燃料占重量的比例很大,由于液氢是在极低温度下保存,这种情况下 CFRP 的性能还不清楚,所以主结构燃料罐还是使用铝合金。但是如图 12.9[12.6]所示,H – ⅡA 火箭上已开始在其 1 ~ 2 级间使用了 CFRP 夹层结构,CFRP 化也在逐渐推进。

图 12.9　JAXA 火箭 H – ⅡA 级间和固体发动机容器上 CFRP 的应用

12.4　本 章 小 结

由于先进复合材料所具有的优异轻量化特性,以飞机、运载火箭 CFRP 的应用为中心,先进复合材料的应用正展现出逐年扩大的趋势。

参考文献

[12.1] C. Zweben: AIAA Paper 81-0894, AIAA Annual Meeting, Long Beach, CA USA, 1981, p.5.

[12.2] M. Kageyama: Proceedings of 13th International Conference on Composite Materials, 2001, p.7, CD-ROM.

[12.3] J. Hinrichsen: Proceedings of 7th Japan International SAMPE Symposium and Exhibition, 2001, p.23-28.

[12.4] エアバスジャパン社，私信.

[12.5] M.D. Jenks: Proceedings of 8th Japan International SAMPE Symposium and Exhibition, 2003, CD-ROM.

[12.6] JAXA ホームページ, http://www.jaxa.jp.

13 复合材料的无损检测

13.1 引　言

　　制造过程中为保证产品品质而进行的检查和产品在使用期间对其可靠性进行的检查都要求是非破坏性的。通常,在不破坏产品和半成品的前提下来了解其缺陷的存在和位置、大小、形状所作的试验叫非破坏性试验。非破坏性试验有超声检测试验,X射线检测试验、浸透检测试验以及涡流检测试验等,针对复合材料常用超声检测试验和X射线检测试验。根据非破坏性试验的结果,按照标准的规定进行合格与否判定的方法,就叫非破坏性检查。非破坏性检查是针对层间剥离和空隙那样的外观不可见的缺陷为判定基准,通过非破坏性试验对产品的品质进行确认。近年来随着复合材料应用部位的扩大,由部件一体化而导致的复杂化和大型化在不断推进,从而相对于历来检查方法,检查速度和检查精度有必要提高。

13.2　检测方法种类和应用

　　表13.1[13.1]所列的是归纳的几种有代表性的适用于复合材料的检查方法。如上所述,虽然多数采用的是超声检测试验和X射线检测试验,但旨在加快检查速度的非接触型的激光全息摄影和热成像法也在开发中。

表 13.1

缺陷种类 \ 检查法	X射线	超声波	AE	超声波AE	激光全息摄影	涡电流	微波
异物混入	○	○	△	△	×	○	○
分层	△	○	○	○	○	○	○
气泡	○	○	×	○	△	×	○
树脂过多	○	△	×	△	×	△	×
固化度	×	○	×	×	×	△	△
纤维方向	○	△	×	×	×	×	○
开裂(树脂开裂)	○	○	×	○	△	×	△

（续）

检查法 缺陷种类	X 射线	超声波	AE	超声波 AE	激光全息摄影	涡电流	微波
含水量	×	△	×	○	△	○	△
纤维断裂	△	○	○	○	○	○	○
冲击损伤	△	○	○	○	○	○	○
密度	○	○	×	○	×	○	×

注：○—可用；△—依尺寸和材质而异；×—不可用。

在对宇航领域复合材料结构进行检查时，由于存在很多种连接方式如 CFRP 制品与金属制品的螺栓连接，胶接连接或 CFRP 与 GFRP 等其他种类复合材料的胶接连接等，因此，非破坏性检查方法及非破坏性检查基准要依据产品的不同而必须有所区别。

13.3　采用超声检测技术的无损检测

超声检测是用探头对被测物体发射 1～15MHz 的超声波脉冲，通过测定超声波的反射或衰减，来了解被测物体的内部缺陷的位置及大小的方法。

在这里首先对超声波及其一些性质加以说明。所谓超声波是指可在固体物质中传播的弹性波中频率超过 20kHz 的区间的波段。由于是弹性波，物体震动面与波的前进方向一致的为纵波，物体振动面与波的前进方向垂直的为横波，只在固体表面可见的为表面波。其中，通常的超声检测主要是用纵波，特殊情况下也使用横波。除最近新开发的一种激光激发超声检测技术外，一般不使用表面波。

超声波的基本属性为音速、波长和频率。音速随介质弹性模量的大小和波的种类而变化。

对于各向同性材料，超声波严格按纵波和横波分开，其速度 C_L 与拉伸弹性横量 E、剪切弹性横量 G、泊松比 ν、密度 ρ 的关系为

$$纵波 \quad C_L = \sqrt{\frac{E(1-\nu)}{\rho(1+\nu)(1-2\nu)}} \tag{13.1}$$

$$横波 \quad C_T = \sqrt{\frac{G}{\rho}} \tag{13.2}$$

几种典型各向同性材料中的声速（m/s）如下：

$$钢：C_L = 5900, C_T = 3230, 铝合金：C_L = 6260, C_T = 3080 \tag{13.3}$$

必须注意的是像复合材料那样的各向异性材料，在纤维方向及垂直纤维方向

的弹性主轴以外,不存在严格意义上的纵波和横波。正交各向异性材料的弹性主轴方向弹性系数 C_{ij} 与声速的关系比较简单,例如,2 方向的纤维垂直时的纵波和横波关系由下式给出。

$$纵波:C_{L2} = \sqrt{\frac{C_{22}}{\rho}};横波 1:C_{T1} = \sqrt{\frac{C_{66}}{\rho}};横波 3:C_{T3} = \sqrt{\frac{C_{44}}{\rho}} \qquad (13.4)$$

其中:第 1 式的 C_{22} 即为实际上的 CFRP 的弹性模量,代入密度计算,声速 C_{L2} 约为 3000m/s,可知与超声波检测中使用的板厚方向上的纵波音速非常一致。CFRP 板厚方向的音速无正确的测定值时,可用此数据。

其次作为重要的性质,还有波长 λ 和频率 f。这里有如下的关系式成立,已知声速的情况下,一个参数确定后另一个参数也就确定了,即

$$\lambda = \frac{C_n}{f} \qquad (13.5)$$

式中:n 表示我们正讨论的波型。

超声波在固体中传播时,超声波束的自身扩散强度将下降,即扩散损失。在固体中,局部不均匀的界面(若是合金则为结晶粒界,若是复合材料则为纤维与树脂界面)使波速散乱产生强度下降的散乱衰减,沿声源方向随远离声源而强度下降。还有通过均质的不同介质时,与光相同也产生音速的差,而发生折射与反射。从而,当声波通过复合材料层间剥离层时,在固体和空气的剥离面,发生激烈的反射和折射[13.2],这就是超声波检测原理。

以下就实际的超声波检测法加以说明。检测的分类通常有探头与被检体的位置关系、介质的使用方法等的分类。探头与被检体以硅油为接触介质而直接接触检测的直接接触法;将被检体浸没于水中的水浸没法;以及将被检查体伴随用水喷射进行检测的水喷射法;被检体与探头之间放置一个充满水的装置,通过移动该装置进行检测的局部水浸法等检测方法。

按检测原理来分类,有利用超声波通过缺陷时超声波发生散射,因接收的超声波强度下降而探知缺陷的透过法;有利用超声波在缺陷处产生反射,通过测定反射波的强度和发射时间而探知缺陷深度的反射法;对缺陷从斜向发射超声波,接收探头与被检体界面的折射角信息的斜角检测法。反射法与透过法简要说明见图13.1,这是描述上述检测法的示意图。以前飞机部件的完工检查,广泛使用水喷射法,但这种方法无法获得缺陷深度的信息。所以,以研究为目的的反射法被广泛使用,也增加了反射法实际应用的机会。针对反射法,图 13.2 给出了详细的说明。A 显示屏(超声波沿时间轴变化的示波显示)照片说明了复合材料完好部位与缺陷部位。因此,反射法的优点是可通过测量表面回波和剥离面反射回波的声速差来确定剥离面的深度(波束的路程)。

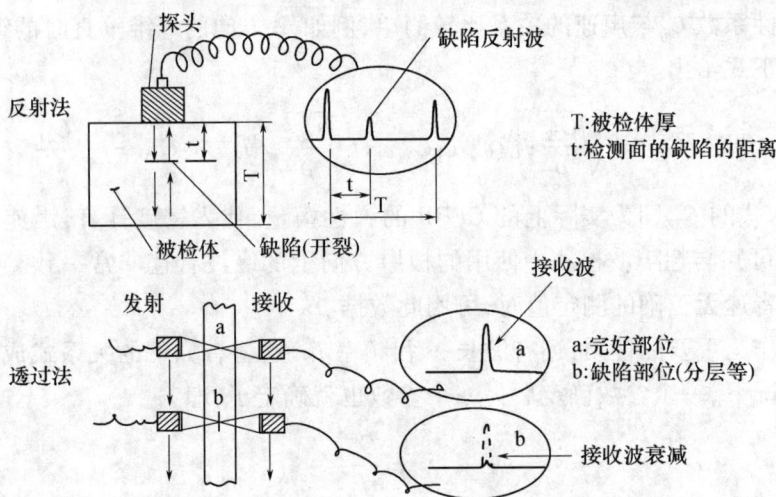

图 13.1　超声检测（反射法和透过法原理）

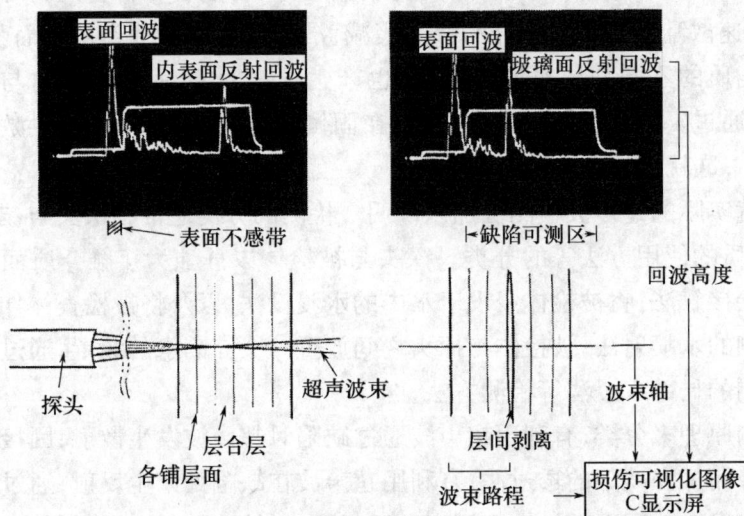

图 13.2　对层合板进行的反射法超声检测示意图

　　另一方面,该方法的缺点是,在被检体表面和底面,产生了强烈的回波(反射波),那么邻近存在的信号是否是由缺陷产生就难以判断了。因此,以质保观点出发长期以来反射法不被采用,但随外围设备能力的提高,加之使用窍门的确定,反射法也逐渐向检查现场渗透[13.3],图 13.3[13.3]是全水浸没式检测装置实物照片。

172

图 13.3　普通超声检测试验装置[13.3]

13.4　采用 X 射线透过法检测技术和 X 射线 CT 检测技术的无损检测

X 射线透过法检测有对被检体进行 X 射线照射,透过物体后在胶片上感光的胶片法和加入荧光板观察并对数据进行处理的透过荧光法(透视法),主要适用于开裂、气泡和异物等的检查。X 射线检查的概念示于图 13.4。在以研究为目的的场合多数与含有 X 射线透过率差的造影剂并用。图 13.5 示出了某种 CFRP 面内各向同性层合板因拉伸造成的树脂开裂和分层情况下使用带有造影剂的胶片法摄影实例。在该实例中,存在中间分层区域,与层板中间载荷成 90°角的铺层可清楚见到左右贯通的树脂开裂。该项技术已近完成。

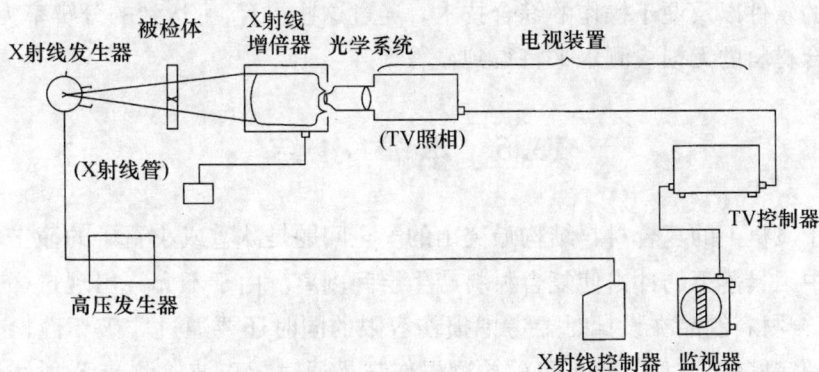

图 13.4　X 射线透过检查:透过荧光法的概要

X 射线 CT(Computed Tomography)检测技术是从被检体全方向照射 X 射线,将各部分的 X 射线吸收系数叠加积分,从所得数据中发现缺陷。过去的工业用 X 射线 CT 的分辨率为 0.2mm,检测气泡状缺陷足够了。但对于复合材料的层间剥离边缘或树脂的开裂却不能满足要求。

图 13.5 为经拉伸产生树脂开裂和层间剥离的 CFRP 层板的胶片法获得的 X 射线透视检查的实例。

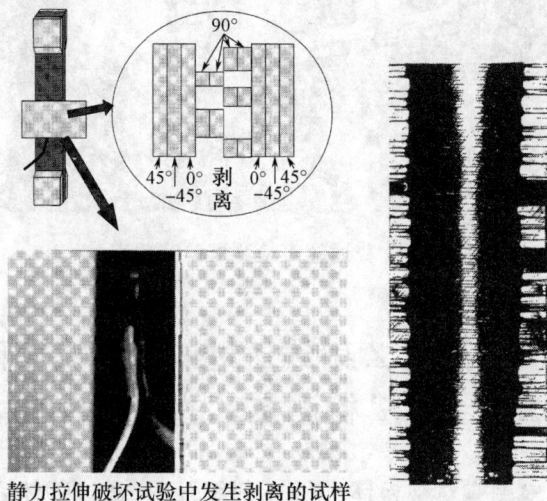

静力拉伸破坏试验中发生剥离的试样

图 13.5　经拉伸产生树脂开裂和层间剥离的 CFRP 层板的胶片法获得的 X 射线透视检查的实例

最近,微距 X 射线 CT 技术取得了进步,虽然仍处于研究阶段,但它适用于复合材料的无损检测。其关键技术是尽可能获得小尺寸的 X 射线源的微距 X 射线管、高清晰的 X 射线增幅荧光板、用于数据处理的半导体感光元件(CCD)、使其组合起来的软件以及便于操作的综合技术。通过这些组合,可达到的分辨率为 $5\mu m$,这样复合材料的无损检测水平将得到显著提升。

13.5　本章小结

用于飞机上的复合材料结构最突出的安全问题是冰雹或小石子的撞击以及维修过程中工具落下的冲击使复合材料产生层间剥离。由于不允许出现这样有害的缺陷,复合材料制品在设计时要考虑损伤容限的同时还要通过非破坏性检查以确认制品的完好性。对于飞机,目前检测损伤都是通过超声波检测或 X 射线透过检查完成的,以确认是否存在有害的缺陷,进而确认其完好性。特别是在飞机营运公司,一般不使用高精度、快速昂贵的检测设备,而是寻求设备成本更低的检测方法,若有了这样的检测方法,势必在短时间内就可在飞机制造公司得到普及。

参考文献

[13.1] 内田盛也 編,先端複合材料の設計と加工,工業調査会,1988.

[13.2] (社) 日本非破壊検査協会,超音波入門,CD-ROM.

[13.3] パナメトリクス社ホームページ,http://www.panametrics.com/.

14 飞机用复合材料试验指南和试验方法

14.1 引 言

本章针对飞机用高分子复合材料特性数据的测试试验,以美军复合材料手册的试验指南为基础作简要说明。

14.2 用积木构建法对复合材料结构进行验证

复合材料结构的可靠性评价必须是理论分析加实验验证。复合材料的特性是对面外载荷敏感及破坏形式多样,所以用传统的强度分析手段将有很多不能验证的部分。作为理论分析的补足手段,图 14.1 给出用了积木构建法(Building Block Approach)的实验证实方法。根据此方法,环境影响事先就作为载荷因素,可在室温进行满刻度试验,或也可于事前就设定可证实疲劳载荷频率的满负荷水平。积木构建法主要分为以下几个步骤:

(1)进行材料基本特性和初始设计许用值的设定。

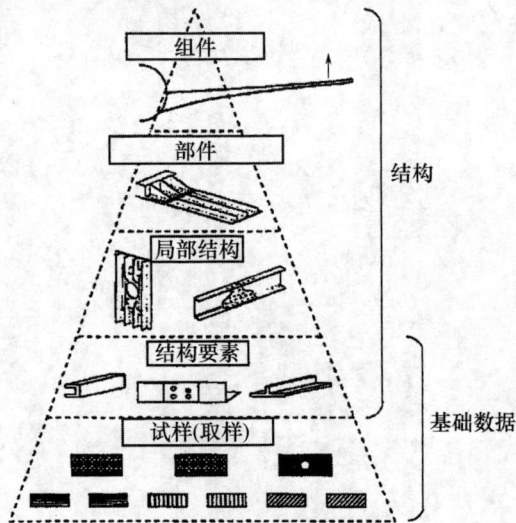

图 14.1 试验计划金字塔

（2）通过设计分析选定需要进行试验验证的部位（评价部位）。

（3）设定每个设计部位的标准破坏模式。

（4）设定导致标准破坏模式的试验环境条件。特别要选定基体敏感的破坏模式（例如：压缩、面外剪切及胶接面等）及面外载荷和刚性变化（接缝设计部位）更为严酷的局部强度为对象。

（5）针对每个破坏模式和载荷条件来进行试样的设计和试验。（必要时）通过比较理论预测建立分析模型，对设计允许值进行修正。

（6）针对多种理论预测破坏模式，为评定所有模式的破坏都不发生，而需建立更为复杂的载荷状态试验方案进行试验。比较理论的预测按需要修订解析模型。

（7）提出确认结构可靠性的满尺寸组件静强度和疲劳试验方案（包括评价载荷增量影响因数），并实施试验，然后与理论分析进行比较。

14.3　试验水平与数据的使用

试验内容要根据结构的复杂性和数据的适用性两方面的组合进行整理，如表 14.1 所列，这两个方面被区分成不同级别。

表 14.1　试验计划基础

结构复杂性	数据适用性				
	选材	材料品质确认	材料接收判定	材料通用性确认	结构试验
原材料	1				
单层板	2		4		
层合板			5		7
结构要素	3		6		8
部件					9

14.3.1　按结构复杂性分类

根据结构的复杂性，试验分为：原材料、单层板、层合板、结构要素及结构部件5个等级。

（1）原材料试验：关于纤维和基体树脂的特征评价试验。典型特征是密度、拉伸强度及拉伸模量。

（2）单向板试验：纤维和树脂组合成预浸料的基本性能试验。主要性能为纤维线密度、树脂含量、空隙率、固化后的板厚、单向板的拉伸强度和模量、单向板的压缩强度和模量及单向板的剪切强度和模量。

（3）层合板试验：给定铺层的层板特性评价试验。主要性能为层合板的拉伸强度和模量、压缩强度和模量、剪切强度和模量、层间破坏韧性及疲劳特性。

（4）结构要素试验：一般指对层板不连续部位的载荷试验。主要性能为对开孔及预留孔的拉伸强度和压缩强度、冲击后的压缩（CAI）强度及接头部位的面内压缩和面内压缩与其他方受力的组合强度。

（5）结构部件（以及大于部件规模的）试验：较复杂的组合结构特性和破坏模式的评价试验，根据结构不同而不同，在 MIL‒HDBK‒17 中没有特定的方法。

14.3.2　按数据适用性分类

依数据适用性的材料特性试验有选材、品质确认、接收判定、通用性确认及结构验证 5 个层次。

（1）选材试验：面向预想结构适用的候选材料的评价。以在最严酷的环境条件下和载荷条件下对新材料体系做初期评价为目的。MIL‒HDBK‒17 试验基础中给出了如何确定单向板及层合板两方向上的强度和模量、其他力学性能平均值、如何排除不理想的材料及如何进行计划设计和其后的详细分析以筛选出真正新材料的试验指南。

（2）品质确认试验：材料及工艺与材料的试样要求是否一致的试验，也是确认初始峰值的试验。严格的试验包含了数据处理，与理论上直接给出的设计允许值或通过部分结构试验验证的设计允许值相关联。在各种采样或统计方法中，程序必须明确定义，MIL‒HDBK‒17 的统计方法与目的相一致，更加强调要注意试验方法，破坏模式及数据行文。

（3）接收判定试验：通过对制品的定期取样和对主要原材料特性的评价来证实材料性能稳定性的试验。通过小试样的试验统计数据与过去数据的对比，以确认原材料的批生产工艺没有重要的改变。

（4）通用性确认试验：如何用新材料替代已经过所有试验测试的材料，对新材料必须进行与原来材料等价性评定试验。目的是对全新试验基数进行对比以判断是否能不断地降低成本并处理全部基础数据。本方法也常用作备用材料的评价，最常用的还是验证材料是否存在有害成分，材料生产工艺、部件成型工艺是否变更，之前也用于验证 MIL‒HDBK‒17 给出的数据。

（5）结构验证实验：结构是否满足使用要求的试验。设定设计允许值也是该工作的一部分。本工作在理论上可以通过品质检验工作直接完成，也可以间接的完成。美国国防部将此工作称为结构品质确认，美国联邦航空局将此工作称为结构适用性确认。

根据以上结构复杂性和数据分类使用的观点，可以将大型结构试验策划法做基础进行整理。将其中零散的元素收集起来，用积木构建法总括出全部试验计划。型号表示了适用研发于宇航结构开发工作的标准顺序，总之是从左上向右下展开。

在 MIL – HDBK –17 中虽未特别规定部件和验证试验的具体方法,但在美国标准 ASTM 或美国业界联盟 SACMA(标准)中制定了针对原材料、单层板、层合板及结构要素的推荐试验标准 SRM,规定了具体的材料试验方法。

14.4 试 验 计 划

列举一些对试验计划的实施有影响的因素,这些适用于试验的基础都应事先设定好。

(1)试验基础(试验类型、各种条件下的试验量)。

(2)数据的采样和多少、统计学处理。

(3)试验方法选定、针对采样形状的特例。

(4)材料与工艺的多样性。

(5)环境条件和非常温下实施实验的课题。

(6)数据的正规化和书面化。

(7)适用于结构的特殊试验。

14.5 试 验 模 型

筛选材料时,必须明确材料的机械性能和优缺点,表 14.2 中给出一般的以环氧树脂为基体的复合材料推荐特性筛选试验的例子。实验在低温、常温和高温三种环境条件下进行。

表 14.2 材料筛选试验

试验	试件数			评价对象
	低温/干燥	室温	高温/湿润	
单向板				
0°拉伸	3	3	3	纤维
0°压缩		3		纤维和基体材料
±45°拉伸		3		剪切
层合板				
有孔压缩(OHC)		3	3	应力集中
有孔拉伸（OHT）		3		应力集中
螺栓挤压		3		挤压
冲击后压缩(CAI)		3		冲击损伤

品质确认时要求的机械性能试验基础示于表 14.3 中。在 MIL 标准中置信度 95% 为基准,95% 以上定义为 A 值,90% 以上 95% 以下定义为 B 值。MIL – HDBK – 17 中,此时适用于 B 值。不使用变量的方法,为得到 B 值,在统计上必须要有 29 个样本数。因为也考虑了批量变动的影响,MIL – HDBK – 17 中,至少要准备 5 个批次,每批 6 个,合计 30 个样本来测取强度值。

表 14.3　层合板品质确认试验基础

试验	1 批试件数			评价对象
	低温/干燥	室温	高温/湿润	
0°拉伸	6	6	6	90
90°拉伸	6	6	6	90
0°压缩	6	6	6	90
90°压缩	6	6	6	90
层合板	6		6	90
面内剪切	6	6	6	90
短梁冲击剪切	—	6	—	90
				480

注:至少要作 5 批的试验。短梁冲击剪切只在筛选和制造工程管理时使用。

其他也规定了层合板或结构要素,对应于按用途分类数据的试验基础。在所有场合,试样数量都是庞大的,所以要求对多批次的试验进行统计整理。

14.6　本 章 小 结

针对飞机用高分子复合材料的特性测试试验以 MIL – HDBK – 17 中的试验指南为基础进行了概述。原著中的介绍是非常详细的,感兴趣的读者请务必一读。书面上省略了试验方法的说明,关于试验概要登载在 CD – ROM 中,请一并参考。

参考文献

[14.1] Composite Materials Handbook, MIL-HDBK-17F, Technomic Publishing Co., Lancaster, 2002.

15 发动机用复合材料结构的特征

15.1 引　言

本章就复合材料在飞机喷气发动机上是如何使用的,以及从现在起到将来喷气发动机用材料的开发动向加以叙述。在对目前喷气发动机结构用材料和未来动向概述之后,分别对各种复合材料作具体的介绍。

15.2 喷气发动机用结构材料与复合材料的位置

喷气发动机性能的典型指标是推重比(推力与发动机重量之比),一般推重比又与涡轮入口温度(TIT)相关。

1960 年初的推重比为 5,而现在提高到了 8~9 的程度。为了达到这样的指标, TIT 从 800℃提高到了 1600℃。TIT 提高不仅使推重比上升,也使燃料消费效率提高了,因此最新开发的民用飞机用发动机要求具有与军用飞机一样的 TIT。图 15.1给出了 TIT 的变迁,显示了未来将继续上升的倾向,国内外进一步提高推重比及 TIT 的研究开发在持续进行中。

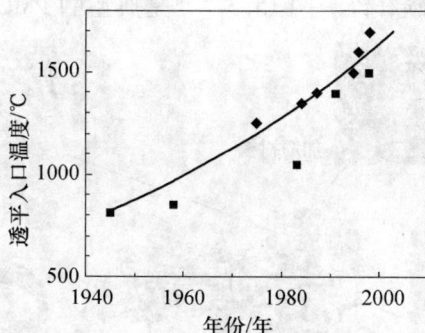

图 15.1　透平入口温度的变迁

喷气发动机的性能提升与结构材料的高性能化密切相关。图 15.2 显示了喷气发动机用结构材料的变迁,老式的喷气发动机多用铁基合金,高温部位的燃烧器,涡轮动静翼(叶片)和盘用的材料为镍基合金,工作温度在 1000℃以下。而最近从风扇到压缩机大量使用钛合金,涡轮动翼是镍单晶合金,涡轮静翼使用的是氧化物分散强化合金,涡轮盘使用的是粉末合金。更进一步地,空气导管部件已在使用耐热树脂基复合材料了,而最新开发的发动机使用了陶瓷基复合材料[15.1]。

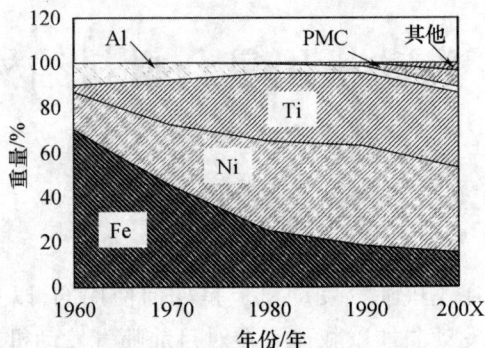

图 15.2　喷气发动机结构材料的变迁

在这个发动机结构材料高性能化的潮流中,复合材料以其特殊的高比强度和高比刚度(强度、刚度与材料的密度比)的优势,得到越来越多的应用,有可能因其使用率越高,发动机的性能就越高。

15.3　树脂基复合材料(PMC)

树脂基复合材料(Polymer Matrix Composites,PMC)是最早开发应用的结构用复合材料。耐用温度最高在 300℃ 左右,其适用部位主要是风扇部分。使用的树脂基体为环氧树脂、聚碳酸酯、聚醚亚胺、聚酰亚胺及聚醚醚酮等,增强材料按不同要求分别有玻璃纤维和碳纤维。图 15.3[15.2] 是典型的 PMC 部件。

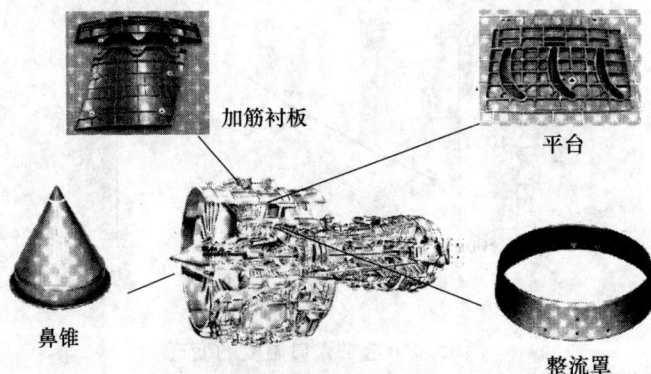

图 15.3　航空发动机(V2500)PMC 部件实例[15.2]

这里的 PMC 部件大多是静载荷件,但近年波音 777 采用的美国 GE90(见图 15.4)的风扇叶片(动翼)即为复合材料研制,目前 PMC 已经进入用于旋转部件的新阶段。图 15.5 显示了 GE90 的复合材料叶片与其他机种风扇叶片的比较。随着应用业绩的积累,复合材料有希望不断扩大向其他机种旋转部位的应用。

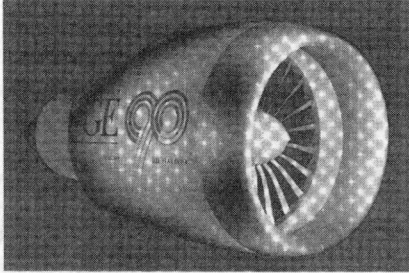

图 15.4　美国 GE 公司的 GE90 发动机[15.3]

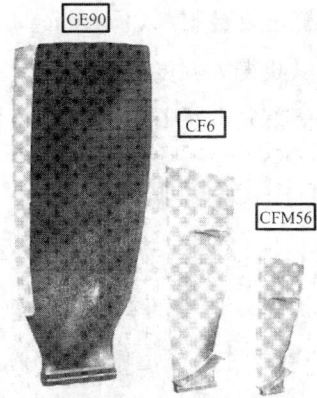

图 15.5　风扇叶片对比

15.4　金属基复合材料(MMC)

金属基复合材料(Matal Matrix Composites,MMC)即为纤维增强金属材料,并不是像 PMC 那样的轻质材料,而是对金属材料的强度、刚度要求高的部分加入纤维进行增强,提高了比强度和比刚度以提高喷气发动机的性能。这样在基体材料铝合金、镁合金、钛合金及镍合金中加入增强纤维如碳化硅纤维及硼纤维等来开发 MMC。作为适用的方法,是在部件的一部分使用 MMC 以求提高特定部位的强度和刚度。旋转部件还处在重要的试制阶段,风扇叶片和涡轮(Bling)等有试制的例子。见图 15.6 和图 15.7[15.5,15.6]。现状是 MMC 原材料价格高,技术上批量生产困难,一般达到广泛使用还需时日。

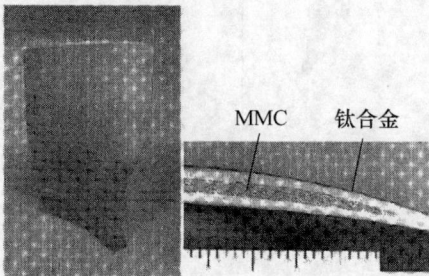

图 15.6　风扇叶片

图 15.7　MMC 涡轮

183

15.5 陶瓷基复合材料(CMC)

陶瓷基复合材料(Ceramic Matrix,CMC)是通过将碳纤维和陶瓷纤维与陶瓷基体组合以获得大幅度超过耐热合金耐热温度的耐高温材料,是十分令人期待的材料。本章首先介绍 CMC 的基本材料陶瓷纤维,其次介绍 CMC 成型。

15.5.1 陶瓷纤维的特征

CMC 的增强纤维以碳化硅纤维和氧化镁纤维为主流,特别是碳化硅纤维的耐热性优异。典型的有日本碳素的"尼卡隆"和宇部兴产的"奇拉诺"。这些纤维在1200℃时仍有足够的强度,但问题是到了1300℃附近就发生分解使强度下降。

为了抑制热分解,通过采用电子束照射工艺以减少纤维中的氧,开发出了"高尼卡隆"。进而通过控制 Si 与 C 的比例,使其无限达到 SiC 的理论当量比,开发出"高尼卡隆 S 型"纤维(见图15.8)。该纤维具有高结晶性、高模量及优异的高温蠕变性[15.7]。另一方面,开发了"奇拉诺"纤维不用经电子束照射控制氢含量的 ZMI纤维[15.8],以及高温结晶性纤维"奇拉诺 SA"纤维。"奇拉诺 SA"纤维是经1800℃超高温烧结工艺制备的,具有优异的耐热性[15.9]。图15.9 显示了"奇拉诺 SA"纤维断面电镜照片可以确认 SiC 的结晶粒。

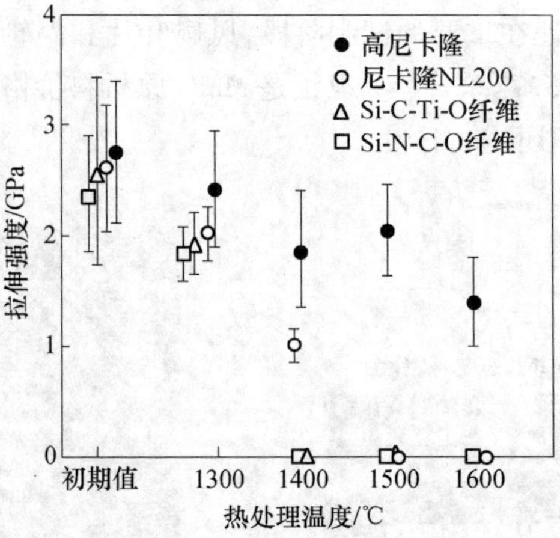

图 15.8 SiC 系纤维的高温暴露后的残存强度比较[15.7]

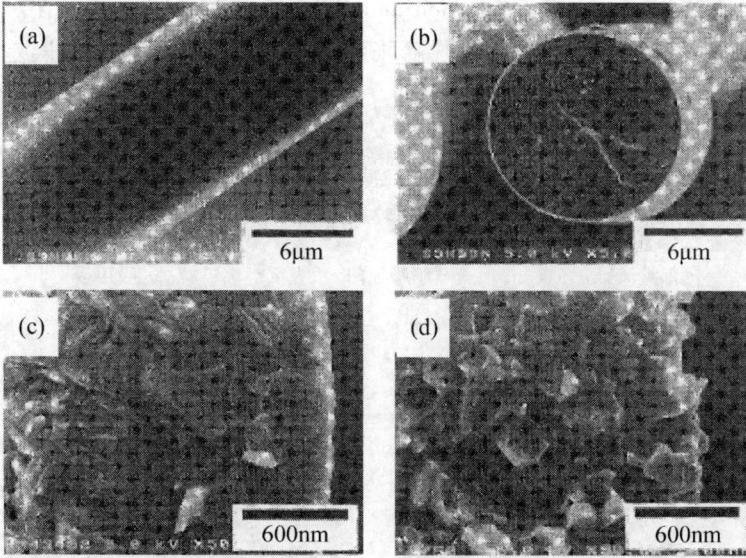

图 15.9   奇拉诺 SA 纤维的电镜照片[15.9]

15.5.2   CMC 的特征

CMC 基体从微观上看已经破坏但在纤维仍然承载的情况下宏观上并未破坏，类似于常见的金属的塑性变形行为[15.10]（见图 15.10）。适合使用 CMC 的部位有排气咀、尾喷管、燃烧室及涡轮部件等，适用温度为 1000 ~ 1400℃。在部件结构特征上，比较容易制造薄壁产品，因此正在开展板状和筒状产品的适用性研究。图 15.11 和图 15.12 是静载结构部件（SiC 纤维/SiC 基体）的应用实例，图 15.13 是三维增强 CMC（SiC 纤维/SiC 基体）涡轮部件（叶片与转盘一体化的涡轮）[15.11 ~ 15.13]。一般来说，CMC 的制造是以陶瓷纤维作基体再用气相浸渍法或浸

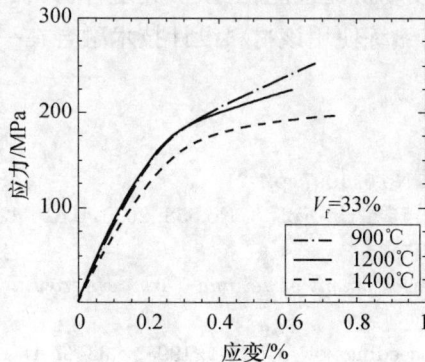

图 15.10   CMC 的应力—应变曲线[15.10]

渍聚合物炭化法（Polymer Impregnation and Pyrolysis，PLP）使之致密化。另外要设法回避安装部位的结构由于与金属热膨胀系数的不同而产生的装配误差。

尾部整流锥　　　　　喷嘴风门　　　　　吸声板

图 15.11　发动机排气部位的 CMC 静载部件[15.11,15.12]

图 15.12　CMC 尾部整流罩的试车状态[15.11]　　　图 15.13　一体化涡轮[15.13]

近年来，随着纤维强度和耐热性的提高，低孔隙的基体成型技术也得到不断地发展，高温强度得到提高。但是，在超过数千小时的耐久性方面还不十分过关，防止氧化耐环境涂料（Enviranmental Barrier Coating，EBC）的研究也方兴未艾，美国还在进行涂覆 EBC 的 CMC 制燃烧器数千小时的耐久试验。

15.6　本 章 小 结

为进一步提高喷气发动机的性能，必须扩大复合材料的使用，为此很好地将轻量化、耐热性材料技术与熟练使用该材料设计技术融合在一起是十分重要的。

参考文献

[15.1] 正木彰樹：月刊 JADI, No.6, 1997, p.1-21.

[15.2] 盛田英夫：日本航空宇宙学会誌, vol.48, No.558, 2000, p.416-421.

[15.3] GE 社エンジンカタログより.

[15.4] B. Gunstton: *The Development of Jet and Turbine Aero Engines*, Parick Stephens Limited, 1995.

[15.5] N.Kameya et al: Proceedings of ACCM-1, 1998, p.334(1-4).

[15.6] T.Honda et al: Proceedings of 32nd SAMPE International Technical Conference, 2000.

[15.7] 市川 宏：SiC 繊維ニカロンと CMC への応用 31 [8] p.662-665, 1996.

[15.8] K. Kumagawa et al: *Ceramic Engineering & Science Proceedings*, Vol.18, Issue 3,1997, p.113-118.

[15.9] T. Ishikawa et al: *Nature*, vol.391, No.6669, 1998, p.773-775.

[15.10] T. Yoshida et al: CIMTEC 1998, Florence.

[15.11] S. Nishide: Proceedings of the 3rd HYPR Symposium, Tokyo, 1999, p.199-202.

[15.12] T. Araki et al: Proceedings of the 4th Japan International SAMPE Symposium, Tokyo, 1995, p.374-379.

[15.13] T. Araki et al: Ceramic Engineering & Science Proceedings, Vol.23, Issue 3, 2002, p.581-588.

[15.14] Jefferey R.P. et al: ASME, 1999, 99-GT-351.

16 人造卫星的复合材料结构

16.1 引 言

人造卫星结构材料或搭载设备用材料的必要特性首先是轻质,同时还要具备发射时在巨大的振动载荷下不发生共振的充分的刚度以及要具备在振动、音响、冲击等载荷条件下的足够强度。在复合材料中,特别是碳纤维增强的 CFRP(Carbon Fiber Reinforced Plastics,CFRP)与一般的金属结构材料相比,比强度和比刚度要高出一个数量级。因此 CFRP 很早就应用于人造卫星主体结构和太阳能电池板等结构。在宇宙严酷的温度条件下,要始终保持定位精度并进行通信及观测服务的材料,对温度变化具有高度的尺寸稳定性是十分重要的,比金属材料的热膨胀系数小一个数量级的 CFRP 在这一点上也是十分优秀的。

16.2 人造卫星结构的重要部件

人造卫星是由为卫星工作供给电力的太阳能电池板、维持状态的调控系统、对搭载设备或太阳光等外部热量进行控制的控热系统所构成。为理解卫星系统的构成,以"桥梁"号通信广播卫星的构造为例[16.1],如图 16.1 所示。

人造卫星是搭载于火箭进行发射,首先其结构必须符合搭载要求,而主要的限制就是重量。即使使用 H-Ⅱ 这样最大级别的运载火箭能送入静止轨道的质量也仅为 2.2t。在这个限制中,为最大限度地发射有效载荷设备,而设备的结构重量就要尽可能减轻。另外,容积的限制也非常严格。卫星搭载部分(整流罩)的尺寸,在 H-Ⅱ 的基本直径也被限制为 3.7m(可能达到 4.6m),高度 10m。所有的结构都要被收入到这个范围内,所以结构要薄要紧凑。大型天线、在轨时提供电力的太阳能电池板等采用了发射时折叠收纳,进入轨道后再打开的结构方案。

搭载于火箭的卫星在发射时除伴有一定的加速度之外还要经历火箭推进时的振动载荷,超声速飞行时喷射气体引起的音响载荷,发动机分离或卫星分离伴随的冲击载荷等各种形式的载荷,为此卫星结构仅为耐受这些动载就需要有足够

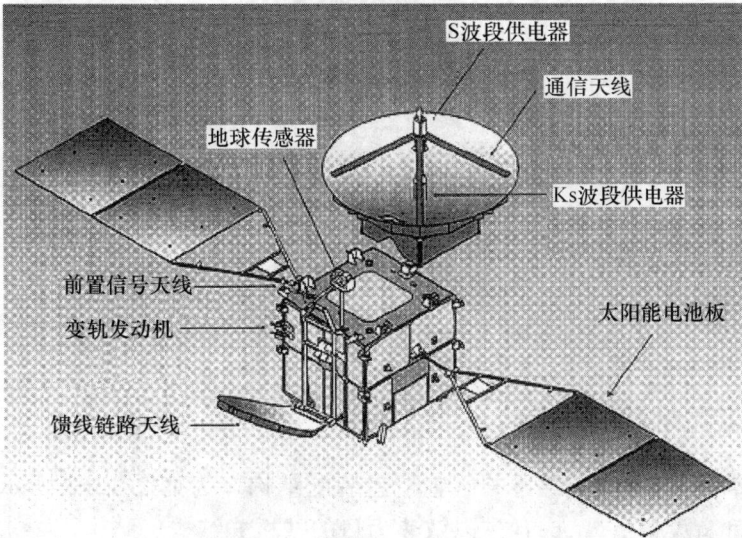

图 16.1　人造卫星系统构造实例

的强度和刚度。另一方面,进入轨道后的重要问题是热防护问题。由于宇宙是真空绝热环境,与外部的热交换只有辐射。因此就是有热防护材料保护的卫星内部构件,温度范围也是从下限负 40~50℃ 到上限 80~100℃ ,与地球相比温度变化范围非常之大。而对于像天线反射板、太阳能电池板等需要置于卫星主体之外的设备,朝向太阳时温度达到 130~170℃ ,而朝向地球或自身阴影处最大可冷却到 -170℃ 。因此,卫星用材料的耐热性和耐热冲击性或耐热交变性是十分必要的。

16.3　人造卫星用复合材料结构实例

16.3.1　作为基本结构的蜂窝夹层板

在卫星和搭载设备的结构设计中,关键因素是为避免发射时产生共振的刚度。这里要使用高刚性结构,用铝合金或 CFRP 薄板作为蒙皮,铝蜂窝作为芯材将他们粘合在一起的蜂窝夹层材料多被用作人造卫星的最基本的结构材料。例如,天线反射面和太阳能电池板的基板就是 CFRP 蒙皮夹层结构,卫星外壳结构也是铝合金蒙皮的蜂窝夹层结构。图 16.2 是通信卫星用太阳能电池板的照片。

图 16.2　太阳能电池板 CFRP 基板

16.3.2　卫星运载舱

最近成为主流的通信卫星的三轴卫星装配结构多为如图 16.3 所示的正方体结构,各面都有设备搭载,或者是以散热为目的的板式结构。结构板要求足够的强度和刚度,同时要求具有将设备产生的热量快速向全体结构扩散的热传导能力以及保证卫星状态稳定和确保搭载设备定位精度的尺寸稳定性。

图 16.3　三轴卫星实例(DS - 2000)

若从热传导能力角度看,迄今铝合金蒙皮的蜂窝类夹层材料是主要的舱用材料,但自从热传导性超过铝的 CFRP 出现后,CFRP 就成为卫星舱合适的首选材料了。在舱的壁板内或壁板间,作为提高热输送能力的手段通常要在芯子中埋入热管。这种情况下,就不是简单地用 CFRP 来替换铝蒙皮,如果积极地灵活运用 CFRP 铺层方向的可设计性,就可能使壁板整体的热输送能力提高。图 16.4 即为此概念的示意图。搭载设备产生的热量首先沿热管流动,在与之垂直的方向上设计铺放 500W/(mK)水平的超高导热率的 CFRP 蒙皮,形成导热路径,通过这两个热传导路径的组合,可以实现更高效的热扩散。图 16.5 是为了卫星舱的散热,入轨后展开的散热板(扩展式散热器)在技术试验卫星 8 号上开发使用的模型[16.2]。

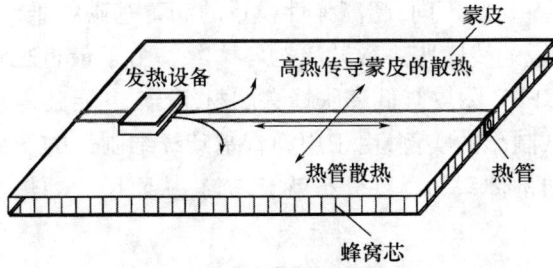

图 16.4 热管壁板的热扩散

蒙皮采用 CFRP 材料之后,与铝合金相比与之相当的散热能力时重量减少1/2。

图 16.5 CFRP 扩展式散热器

其次,从控制热变形角度看,介绍一下沥青基 CFRP 用于卫星舱板的优点。图 16.6 是卫星舱用蜂窝夹层的线膨胀系数的比较。高刚性的 PAN 系(聚丙烯腈) CFRP 蒙皮自身线膨胀系数几乎为零,但是由于铝蜂窝芯材的影响,最多也不过是

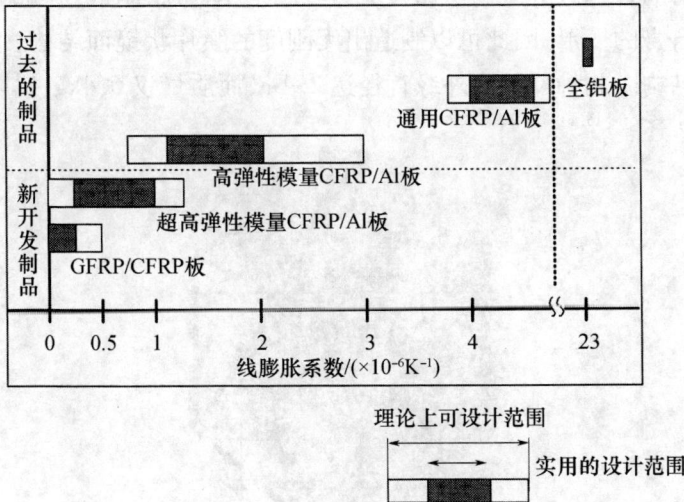

图 16.6 卫星舱板用蜂窝夹层板的热膨胀系数范围

$1 \times 10^{-6} \mathrm{K}^{-1}$的程度。与此不同,超高弹性模量的沥青基碳纤维作为蒙皮时,其与铝蜂窝组合后的夹层板的线膨胀系数几乎为零[16.3]。由于最近也可获得 CFRP 的蜂窝芯材,零膨胀的 CFRP 蒙皮与低膨胀蜂窝芯材组合,也能制得超低热膨胀的卫星舱板。图 16.7 是试制品的实例,由于用沥青基碳纤维制得的低膨胀卫星结构板具有高的热传导性,结构体系的温度分布就能均匀,从而尺寸的热稳定性效果得到成倍提升。

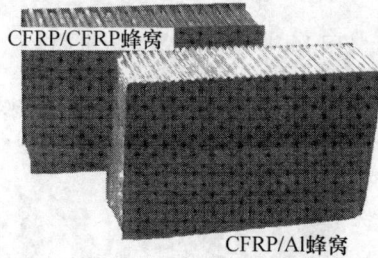

图 16.7　低热膨胀系数卫星舱板用蜂窝夹层板

16.3.3　天线反射面

碳纤维的高热传导性,低热膨胀特性大大地推动了天线反射面性能的提高。最近的商用卫星搭载的天线反射面通过对反射面的几何形状进行修整,提升电波辐射效率的镜面修整反射面已成为主流产品,对镜面材料尺寸稳定性的严格要求超过了以往的抛物线反射面,而高热传导性、低热应变性的沥青基 CFRP 恰恰符合这些要求。将沥青基碳纤维与吸湿变形小的氰酸酯树脂制成新型的 CFRP 后,可以抑制镜面自身的变形,因此可以制造出无刚度的膜片状镜面结构。图 16.8 是试制的反射面结构。此种反射面外缘直径达 2.4m,而质量仅 6.4kg,比以前结构的质量减少了 1/2 还多[16.4]。

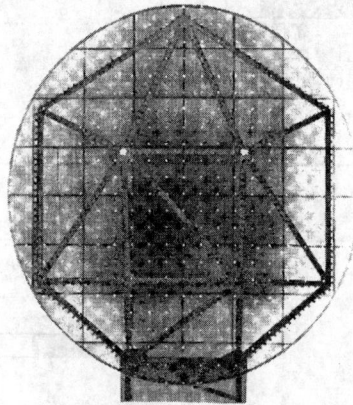

图 16.8　超轻量天线反射面

16.3.4　宇宙望远镜结构

　　CFRP 的热传导性和热尺寸稳定性的提高,使其材料潜力达到了可用于光学用结构材料水平的高度。对于光反射型望远镜的结构材料对低热膨胀系数的要求比电磁波反射天线的要求更为苛刻。如图 16.9 所示典型实例,望远镜结构是由主镜、副镜等光学反射镜、镜片及支撑它们的光钳组成,之前的反射镜通常是由零膨胀玻璃制造,光钳是低膨胀合金殷钢制造,使用 CFRP 结构仅停留在简单的桁架管上。2005 年发射的 SOLAR – 13 太阳望远镜,作为结构材料的 CFRP 是以氰酸酯树脂为基体,经精密的铺层设计及热应变分析,实现了线膨胀系数为 $10^{-8} \mathrm{K}^{-1}$ 的水平。还有该主镜与副镜支撑结构的碳纤维蒙皮蜂窝夹层板之间的连接废弃了金属连接方案,而采用了 CFRP 结构,在低热应变的同时也大幅度减轻了结构重量。

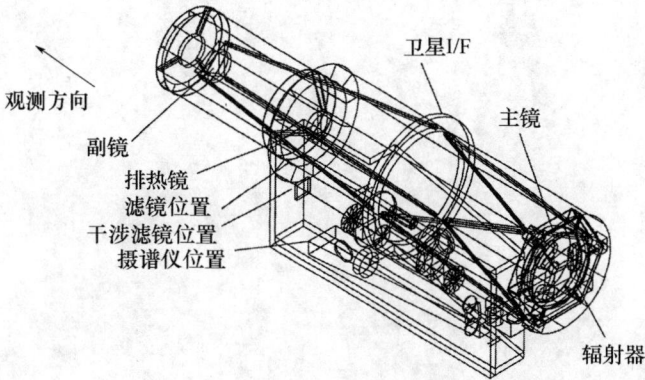

图 16.9　卫星搭载光学元件结构

16.4　本章小结

　　虽然复合材料结构很久以来在人造卫星上就得到了应用,但是由于其用途和环境的特殊性,一直到现在也只不过是利用其高比强度和高比刚度等机械特性和低热膨胀特性。正如本章所述,具有新特性和功能的先进复合材料得到快速地发展,随其应用范围的扩大,设计上要从机械设计不断向功能设计扩展,今后应考虑使智能化不断增加的多样先进复合材料结构实用化。

参考文献

[16.1]　通信放送技術衛星 (COMETS)「かけはし」. 宇宙開発事業団パンフレット, 1998.

[16.2]　Ozaki, T. et. al; Proceedings of 51th International Astronautical Congress, I-6-11, 2000.

[16.3]　Kabashima, S.; Proceedings of ICCM11, VI, 1997, p.762-769.

[16.4]　三菱電機株式会社; 平成 7 年度 (社) 日本航空宇宙工業会委託開発成果報告書, 1995.